Python 3.8

从入门到精通（视频教学版）

王英英　编著

U0284463

清华大学出版社

北京

内 容 简 介

本书用于 Python 3.8 编程快速入门，注重实战操作，帮助读者循序渐进地掌握 Python 3.8 开发中的各项技术。本书提供了所有例子的源代码，以供读者直接查看和调用。同时，还提供了近 20 小时培训班形式的教学视频，详细讲解书中每一个知识点和数据库操作技巧。另外，本书还提供技术支持 QQ 群，专为读者答疑解难。

本书分为 22 章，内容包括认识 Python 的概念、开发环境配置方法、Python 的基础语法、列表、元组和字典、字符串、程序的控制结构、使用函数的方法、对象与类、程序调试和异常处理、模块与类库、日期和时间、迭代器、生成器与装饰器、文件与文件系统、基于 tkinter 的 GUI 编程、Python 高级技术、数据库应用、网络编程、CGI 程序设计和 Web 网站编程，最后通过 4 个综合项目案例，进一步讲述 Python 在实际工作中的应用。

本书既适合 Python 编程初学者、Python 编程爱好者、Python 程序开发人员阅读，也适合高等院校和培训机构的师生教学参考。

图书在版编目（CIP）数据

Python 3.8 从入门到精通：视频教学版/王英英编著.— 北京：清华大学出版社，2020.3（2022.7 重印）
ISBN 978-7-302-55211-6

Ⅰ. ①P… Ⅱ. ①王… Ⅲ. ①软件工具－程序设计 Ⅳ. ①TP311.561

中国版本图书馆 CIP 数据核字（2020）第 046751 号

责任编辑：夏毓彦
封面设计：王　翔
责任校对：闫秀华
责任印制：朱雨萌

出版发行：清华大学出版社
　　　　网　　　址：http://www.tup.com.cn，http://www.wqbook.com
　　　　地　　　址：北京清华大学学研大厦 A 座　　　　邮　　编：100084
　　　　社 总 机：010-83470000　　　　邮　　购：010-62786544
　　　　投稿与读者服务：010-62776969，c-service@tup.tsinghua.edu.cn
　　　　质 量 反 馈：010-62772015，zhiliang@tup.tsinghua.edu.cn

印 装 者：三河市龙大印装有限公司
经　　销：全国新华书店
开　　本：190mm×260mm　　　印　　张：29.5　　　字　　数：802 千字
版　　次：2020 年 5 月第 1 版　　　印　　次：2022 年 7 月第 3 次印刷
定　　价：89.00 元

产品编号：081509-01

前　言

目前国内 Python 程序开发需求旺盛，各大知名企业均高薪招聘技术能力强的 Python 程序开发人员。为满足这样的需求，本书以 Python 3.8 + PyCharm 为基础，内容注重实战，通过实例的操作与分析，引领读者快速学习和掌握 Python 程序开发技术。

本书内容

第 1 章主要介绍 Python 概述、选择 Python 的理由、搭建 Python 的编程环境、Python 自带的开发工具 IDLE、交互式运行 Python 命令行、使用 PyCharm 作为编程工具。

第 2 章介绍程序结构、Python 的输入和输出、变量、标识符与保留字、简单数据类型、Python 结构数据类型、运算符和优先级。

第 3 章介绍列表的基本操作、元组的基本操作、字典的基本操作。

第 4 章介绍字符串的常用操作、字符串运算符、格式化字符串、内置的字符串方法。

第 5 章介绍程序流程概述、基本处理流程、多样的赋值语句、顺序结构、布尔表达式、选择结构与语句、循环控制语句。

第 6 章介绍使用函数的优势、调用内置函数、定义函数、函数的参数、有返回值的函数和无返回值的函数、形参和实参、变量作用域、返回函数、递归函数、匿名函数、偏函数、函数的内置属性和命名空间、输入和输出函数。

第 7 章介绍如何理解面向对象程序设计、类的定义、类的构造方法和内置属性、类实例、类的内置方法、重载运算符、类的继承、类的多态、类的封装、Python 的垃圾回收机制。

第 8 章介绍什么是异常、常见错误和异常、熟悉内置异常、使用 try…except 语句处理异常、全捕捉、异常中的 else、异常中的 pass、异常类的实例、清除异常、抛出异常、自定义异常、程序调试。

第 9 章介绍什么是模块、什么是类库、模块和类库的基本操作、模块的名称空间、自定义模块、将模块打包、熟悉运行期服务模块、掌握字符串处理模块。

第 10 章介绍日历模块、time 模块、datetime 模块、日期和时间的常用操作。

第 11 章介绍迭代器、生成器和装饰器的基本操作。

第 12 章介绍如何打开文件、读取文件、写入文件、关闭和刷新文件。

第 13 章介绍常用的 Python GUI、使用 tkinter 创建 GUI 程序、认识 tkinter 的控件、几何位置的设置、tkinter 的事件、Button 控件、Canvas 控件、Checkbutton 控件、Entry 控件、Label 控件、Listbox 控件、Menu 控件、Message 控件、Radiobutton 控件、Scale 控件、Scrollbar 控

件、Text 控件、Toplevel 控件、对话框。

第 14 章介绍图像的处理、语音的处理、numpy 模块、正则表达式和线程。

第 15 章介绍平面数据库、内置数据库 SQLite、操作 MySQL 数据库。

第 16 章介绍网络概要、socket 模块、HTTP 库、urllib 库、ftplib 模块、电子邮件服务协议、新闻群组、远程连接计算机。

第 17 章介绍 CGI 简介、cgi 模块、创建和执行脚本、使用 cookie 对象、使用模板、上传和下载文件、脚本的调试。

第 18 章介绍 XML 编程基础、XML 语法基础、Python 解析 XML、XDR 数据交换格式、JSON 数据解析、Python 解析 HTML。

第 19 章介绍经典游戏应用——开发弹球游戏。

第 20 章介绍网络爬虫应用——豆瓣电影评论的情感分析。

第 21 章介绍大数据分析应用——开发数据智能分类系统。

第 22 章介绍数据挖掘应用——话题模型和词云可视化。

本书特色

内容全面：知识点由浅入深，涵盖了所有 Python 程序开发的基础知识，循序渐进地讲解了 Python 程序开发技术。

图文并茂：注重操作，图文并茂。在介绍案例的过程中，每一个操作均有对应步骤和过程说明。这种图文结合的方式使读者在学习过程中能够直观、清晰地看到操作的过程以及效果，便于读者更快地理解和掌握。

易学易用：颠覆传统"看"书的观念，把本书变成一本能"操作"的图书。

案例丰富：把知识点融汇于系统的案例实训当中，并且结合综合案例进行讲解和拓展。进而达到"知其然，并知其所以然"的效果。

提示技巧：本书对读者在学习过程中可能会遇到的疑难问题以"提示"和"技巧"的形式进行说明，以免读者在学习的过程中走弯路。

超值资源：本书下载资源包括 400 多个详细实例和 4 个完整的项目源代码，能让读者在实战应用中掌握 Python 程序开发的每一项技能。还包括近 20 小时培训班形式的视频教学录像，使本书真正体现"自学无忧"，令其物超所值。

技术支持：本书以 Python 最佳的学习模式来分配内容结构。遇到问题可学习本书同步教学视频，也可以通过在线技术支持，让老程序员为你答疑解惑。本书技术支持 QQ 群参见下载资源中的相关文档。

源码、课件、视频下载

　　本书配套的示例源代码、课件与教学视频可以通过扫描右边的二维码获得。如果下载有问题，请联系 booksaga@163.com，邮件主题为"Python 3.8 从入门到精通"。

读者对象

　　本书是一本完整介绍 Python 程序开发技术的教程，内容丰富、条理清晰、实用性强，适合以下读者学习使用：

- Python 程序开发初学者。
- 希望快速、全面掌握 Python 程序开发的人员。
- 高等院校的老师和学生。
- 培训机构的老师和学生。
- 初中级 Python 程序开发人员。

鸣谢

　　本书由王英英编写，还有张工厂、李小威、刘增产、王秀荣、王天护、刘增杰、刘玉萍、皮素芹、王猛、王攀登、胡同夫、王维维等人参与编写工作，在此表示感谢。虽然本书倾注了编者的努力，但由于水平有限，书中难免有疏漏之处，敬请广大读者谅解。如果遇到问题或有意见和建议，敬请与我们联系，我们将全力提供帮助。

编　者
2020 年 1 月

目　　录

第 1 章　感受 Python 精彩世界

 内容导航 | Navigation

Python 语言是一种开放源代码、免费的跨平台语言，是一种面向对象的解释型计算机程序设计语言。它的语法简洁清晰，具有丰富和强大的库，同时还有高可移植性等优势，越来越受开发者的青睐。本章重点学习 Python 的环境搭建与开发工具的选择等知识。

学习目标 | Objective

- 熟悉 Python 的概念
- 了解 Python 语言的优点
- 掌握搭建 Python 编辑环境的方法
- 熟悉 Python 自带的开发工具
- 掌握运行 Python 命令行的方法
- 掌握编辑和运行 Python 程序的方法

1.1　Python 概述

Python 是一种面向对象的解释型计算机程序设计语言，由荷兰人 Guido van Rossum 于 1989 年发明，并于 1991 年发布第一个公开发行版。Python 是纯粹的自由软件，语法简洁清晰，特色之一是强制使用空白符作为语句缩进。Python 具有丰富和强大的库，常被称为"胶水语言"，能够把用其他语言制作的各种模块很轻松地连在一起。

通常情况下，程序员使用 Python 快速生成程序的原型，然后将其中有特别要求的部分用更合适的语言改写，如 3D 游戏中的图形渲染模块。性能要求特别高的，可以用 C/C++重写，而后封装为 Python 可以调用的扩展类库。当然，在调用这些扩展库时，程序员需要考虑跨平台的问题。

Python 不仅有完整的面向对象特性，还可以在多种操作系统下运行，如 Microsoft Windows、Linux 及 Mac OS 等。Python 的程序代码简洁，并提供大量的程序模块，这些程序模块可以帮助用户快速创建网络程序。与其他的语言相比，Python 往往只需要数行程序代码就可以做到其他语言需要数十行程序代码才能完成的工作。

Python 的解释器是使用 C 语言写成的，程序模块大部分也是使用 C 语言写成的。Python 的程序代码是完全公开的，无论是作为商业用途还是个人使用，用户都可以任意地复制、修改或者传播这些程序代码。

由于 Python 是一种解释执行的计算机语言，因此它的应用程序运行起来要会比编译式的计算机语言慢一些。

1.2　选择 Python 的理由

与 C++、Java、Perl 等编程语言比较起来，Python 的优点说明如下。

1. 易读性

Python 的语法简洁易读，无论是初学者还是已经有数年软件开发经验的专家，都可以快速地学会 Python，并且创建出满足实际需求的应用程序。

2. 高支持性

Python 的程序代码是公开的，全世界有无数的人在搜索 Python 的漏洞并修改它，而且不断地新增功能，让 Python 成为更高效的计算机语言。

3. 快速创建程序代码

Python 提供内置的解释器，可以让用户直接在解释器内编写、测试与运行程序代码，而不需要额外的编辑器，也不需要经过编译的步骤。用户也不需要完整的程序模块才能测试，只需要在解释器内编写测试的部分就可以。Python 解释器非常有弹性，其允许用户嵌入 C++程序代码作为扩展模块。

4. 可重用性

Python 将大部分的函数以模块（module）和类库（package）来存储。大量的模块以标准 Python 函数库的形式与 Python 解释器一起传输。用户可以先将程序分割成数个模块，然后在不同的程序中使用。

5. 高移植性

除了可以在多种操作系统中运行之外，不同种类的操作系统使用的程序接口也是一样的。用户可以在 Mac OS 上编写 Python 程序代码，在 Linux 上测试，然后加载到 Windows 上运行。当然这是对大部分 Python 模块而言的，还有少部分的 Python 模块是针对特殊的操作系统而设计的。

1.3　搭建 Python 的编程环境

因为 Python 可以运行在常见的 Windows、Linux 等系统的计算机中，所以在安装 Python 之前，首先要根据不同的操作系统和系统的位数下载对应的 Python 版本。

1.3.1　在 Windows 下安装 Python

下面将介绍在 Windows 下 Python 安装和运行的方法。

在浏览器地址栏中输入 https://www.python.org/downloads/并按 Enter 键确认，进入 Python 下载页面，如图 1-1 所示。单击按钮【Download Python 3.8.0】，在弹出的对话框中单击【保存】按钮，保存安装文件到指定的位置。

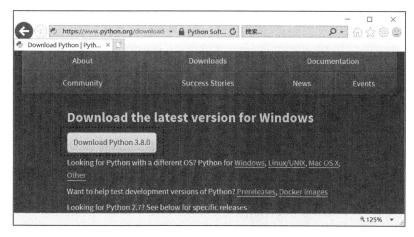

图 1-1　Python 下载页面

下载完毕后，即可安装 Python 3.8.0，具体操作步骤如下：

步骤01 运行 Python-3.8.0.exe，弹出安装窗口。Python 提供了两种安装方式，即 Install Now（立即安装）和 Customize installation（自定义安装），这里选择 Customize installation 选项，并选中 Add Python 3.8 to PATH 复选框，如图 1-2 所示。

注　意
这里需要选中 Add Python 3.8 to PATH 复选框，这样可将 Python 添加到环境变量中，后面才能直接在 Windows 的命令提示符下运行 Python 3.8 解释器。

步骤02 进入 "Optional Features（可选功能）" 窗口，这里保持默认方式，单击 "Next（下一步）" 按钮，如图 1-3 所示。

图 1-2　Python 3.8.0 安装窗口

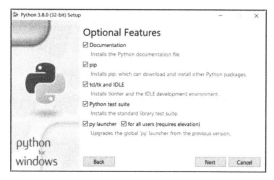

图 1-3　"Optional Features（可选功能）" 窗口

步骤 03 进入"Advanced Options（高级选项）"窗口，选中"Install for all users（针对所有用户）"复选框，此时细心的读者就会发现安装目录发生了变化，单击"Install（安装）"按钮，如图 1-4 所示。

步骤 04 Python 开始自动安装。安装成功后，进入"Setup was successful（安装成功）"窗口，单击"Close（关闭）"按钮即可完成 Python 的安装，如图 1-5 所示。

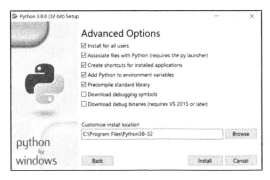

图 1-4　"Advanced Options（高级选项）"窗口　　图 1-5　"Setup was successful（安装成功）"窗口

1.3.2　在 Linux 下安装 Python

在 Linux 操作系统中，安装 Python 3.8 的方法有以下两种：

1. 使用安装命令安装 Python

在 Fedora、CentOS 等 Linux 操作系统中，可以使用 yum 命令安装 Python，命令如下：

```
yum install python3
```

在 Debian 操作系统中，可以使用 Apt-get 命令安装 Python，命令如下：

```
Apt-get install python3
```

提　示
在使用安装命令安装 Python 时，需要保持网络稳定。

2. 直接到 Python 官网下载源码并编译安装

读者也可以先在官网上下载 Python 安装包，然后在终端命令模式下使用以下命令解压下载的压缩包：

```
tar -xzvf Python-3.8.0.tar.xz
```

在终端命令模式下，进入解压后的子目录，使用以下命令进行安装：

```
./configure
make install
make
```

1.4　Python 自带的开发工具 IDLE

IDLE（Python GUI）是在 Windows 内运行的 Python 3.8 解释器（包括调试功能）。单击"开始"按钮，在弹出的菜单中选择"所有程序"→"Python 3.8"→IDLE（Python 3.8 64-bit）命令，如图 1-6 所示。用户也可以在搜索框中直接输入 IDLE 快速查找。

启动 Python 3.8.0 Shell 窗口，用户可以在该窗口中直接输入 Python 命令，并按 Enter 键运行，例如输入"print("感受 Python 的精彩世界")"，运行结果如图 1-7 所示。

图 1-6　启动 IDLE　　　　　　　　图 1-7　Python 3.8.0 Shell 窗口

读者可以在 IDLE 中一边输入程序，一边运行程序，从而实现交互式命令行操作环境。另外，还可以使用以下两种方法运行 Python 命令行。

（1）在 Windows 搜索框中输入 cmd，选择"命令提示符"，进入"命令提示符"窗口，输入 python 并按 Enter 键确认，即进入 Python 交互窗口。

（2）Python 自带命令行是在 MS-DOS 模式下运行的 Python 3.8 解释器。单击"开始"按钮，在弹出的菜单中选择"所有程序"→"Python 3.8"→"Python 3.8 (32-bit)"命令，即可启动 Python 3.8.0(32-bit)窗口。

读者可以在这两种方法打开的窗口中直接输入 Python 命令进行交互式对话。

1.5　使用 PyCharm 作为编程工具

PyCharm 是一种 Python IDE，带有一整套可以帮助用户在使用 Python 语言开发时提高其效率的工具，比如调试、语法高亮、Project 管理、代码跳转、智能提示、自动完成、单元测试、版本控制。它非常适合 Python 编程初学者和 Python 专业开发人员使用。

> **注　意**
>
> 　　本书选用 PyCharm Community 版本作为编程工具，方便读者快速执行 Python 示例代码，也方便在 PyCharm 中调试代码，以提高学习效率。

1. PyCharm 的下载和安装

PyCharm 的下载地址为：http://www.jetbrains.com/pycharm/。进入 Download 页面后可以选择不同的版本，收费的专业版和免费的社区版。我们选择免费的社区版 2019.3.1 的版本即可，如图 1-8 所示。

图 1-8　下载 PyCharm Community 免费版

下载下来后的安装比较简单，这里就不展开说了。

2. 使用 PyCharm 创建程序

单击桌面上新生成的 PyCharm 图标进入 PyCharm 程序界面，第一次启动时需要按界面提示要求，对程序存储进行定位并设置界面风格。

接下来就可以创建一个新的工程了，如图 1-9 所示。单击 "Create New Project" 选项，即可创建一个 Python 项目。

图 1-9　PyCharm 创建工程界面

打开 "New Project" 窗口，在 "Location" 右侧的文本框中可以输入项目的路径和名称，选择"Existing interpreter"单选按钮，然后在"Interpreter"右侧的选项中选择前面安装的 Python 3.8 的编辑器，如图 1-10 所示。

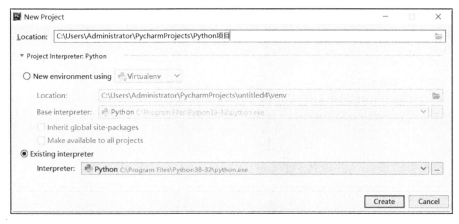

图 1-10　"New Project"窗口

进入 PyCharm 主界面中，选择这里创建的"Python 项目"，右击并在弹出的快捷菜单中选择"New"→"Python File"菜单项，如图 1-11 所示。

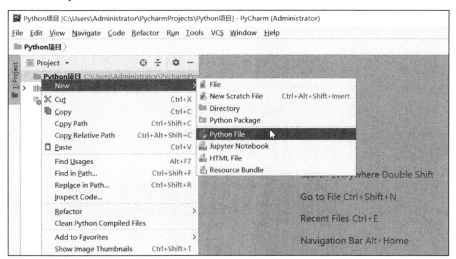

图 1-11　PyCharm 主界面

打开"New Python file"对话框，在"Name"文本框中输入文件名称，这里输入"古诗"，单击"New Python file"按钮，如图 1-12 所示。

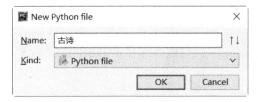

图 1-12　"New Python file"对话框

返回 PyCharm 主界面中，在右侧的窗口输入代码即可，如图 1-13 所示。

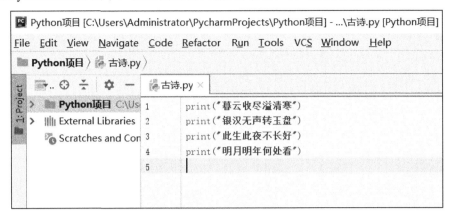

图 1-13　输入代码

菜单栏中选择"Run"→"Run'古诗'"菜单项，或者直接右击"古诗.py"文件名，在弹出的快捷菜单中选择"Run'古诗'"，都可以查看代码运行的效果，结果如图 1-14 所示。

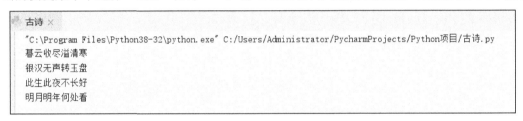

图 1-14　程序运行结果

如果要使用 PyCharm 运行本书的示例代码，可以在 Python 主界面中选择"File"→"Open"菜单项，如图 1-15 所示。

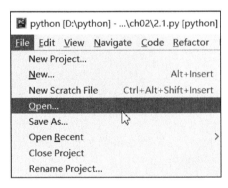

图 1-15　选择"Open"菜单项

打开"Open File or Project"对话框，选择本书示例的文件夹，单击"OK"按钮，如图 1-16 所示。

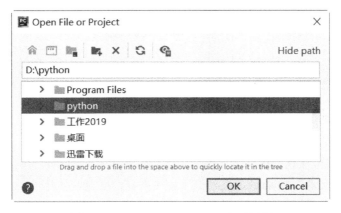

图 1-16　"Open File or Project" 对话框

返回 Python 主界面中，在左侧的列表中即可查看到本书所有的示例源代码，选择一个需要查看的文件双击，即可在右侧的窗口中查看该文件的源代码，如图 1-17 所示。

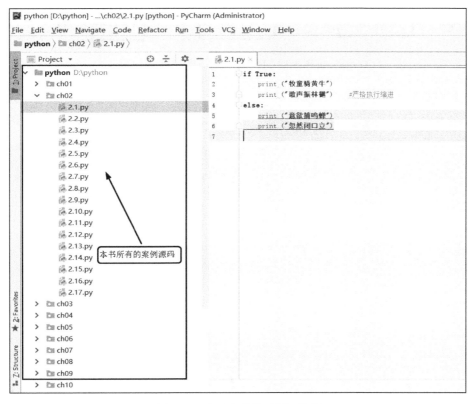

图 1-17　查看本书的示例源代码

1.6 疑难解惑

疑问 1：Python 程序的运行过程是什么？

Python 运行过程大致分为以下 3 个步骤。

首先，由开发人员编写程序代码，也就是编码阶段。

其次，解释器将程序代码编译为字节码，字节码是以后缀为.pyc 的文件形式存在的，默认放置在 Python 安装目录的_pycache_文件夹下，主要作用是提高程序的运行速度。

最后，解释器将编译好的字节码载入一个 Python 虚拟机（Python Virtual Machine）中运行。

Python 的整个运行过程如图 1-18 所示。

图 1-18　Python 程序运行过程

疑问 2：如何查看当前 Python 的版本？

在"命令提示符"窗口中使用以下命令可以查看 Python 的版本：

```
python -V
Python 3.8.0
```

第 2 章　Python 的基础语法

内容导航!Navigation

要想精通一门编程语言，首先需要学会基本的语法和语义规范。Python 的语言特性简洁明了，当运行一个功能时，Python 通常只使用一种固定的方式。虽然不像其他计算机语言有丰富的语法格式，但是 Python 可以完成其他计算机语言所能完成的功能，而且更容易。本章主要讲述 Python 的一些基本语法。

学习目标!Objective

- 熟悉 Python 的程序结构
- 掌握 Python 的输入和输出方法
- 熟悉定义和使用变量的方法
- 熟悉标识符和保留字
- 掌握简单数据类型的使用方法
- 熟悉 Python 中的结构数据类型
- 掌握运算符的使用方法

2.1　程序结构

学习 Python 开发之前，首先需要了解 Python 的程序结构。

2.1.1　缩进分层

与其他常见的语言不同，Python 的代码块不使用大括号（{}）来控制类、函数及其他逻辑判断。Python 语言的主要特色就是用缩进分层来写模块。

【例 2.1】严格执行缩进（源代码\ch02\2.1.py）。

```
if True:
    print ("牧童骑黄牛")
    print ("歌声振林樾")        #严格执行缩进
else:
    print ("意欲捕鸣蝉")
    print ("忽然闭口立")
```

保存并运行程序，结果如下所示。

牧童骑黄牛

歌声振林樾

Python 程序中缩进的空白数量虽然是可变的，但是所有代码块语句必须包含相同的缩进空白数量，这个要严格执行。

【例 2.2】没有严格执行缩进（源代码\ch02\2.2.py）。

```
if True:
    print ("牧童骑黄牛")
print ("歌声振林樾")      #没有严格执行缩进
else:
    print ("意欲捕鸣蝉")
    print ("忽然闭口立")
```

保存并运行程序，报错结果信息如下所示。

```
SyntaxError: invalid syntax
```

除了保证相同的缩进空白数量，还要保证相同的缩进方式，因为有的使用 Tab 键缩进，有的使用两个或四个空格缩进，需要改为相同的方式。

注　意
Python 的编程规范指出：缩进最好采用空格的形式，每一层向右缩进 4 个空格。

2.1.2　换行问题

在 Python 语言中，常见的换行问题如下：

1. 换行符

如果是 Linux/UNTX 操作系统，换行字符为 ASCII LF（linefeed）；如果是 DOS/Windows 操作系统，换行字符为 ASCII CR LF（return + linefeed）；如果是 Mac OS 操作系统，换行字符为 ASCII CR（return）。

例如，在 Windows 操作系统中换行：

```
print ("牧童骑黄牛\n 歌声振林樾")
```

运行结果如下所示。

牧童骑黄牛
歌声振林樾

2. 程序代码超过一行

如果程序代码超过一行，可以在每一行的结尾添加反斜杠（\），继续下一行，这与 C/C++ 的语法相同。例如：

```
if 1900 < year < 2100 and 1 <=month <=12\
    and 1 <= day <= 31 and 0 <= hour < 24 \
    and 0 <= minute < 60 and 0 <= second < 60:    #多个判断条件
```

注　意
每个行末的反斜杠（\）之后不加注释文字。

如果是以小括号()、中括号[]或大括号{}包含起来的语句，不必使用反斜杠（\）就可以直接分成数行。例如：

```
month_names = ['Januari', 'Februari', 'Maart',
        'April',   'Mei',     'Juni',
        'Juli',    'Augustus', 'September',
        'Oktober', 'November', 'December']
```

3. 将数行表达式写成一行

如果要将数行表达式写成一行，只需在每一行的结尾添加上分号（;）即可。例如：

```
x = 100; y = 200; z = 300
print (x)
print (y)
print (z)
```

代码运行结果如下。

```
100
200
300
```

2.1.3　代码注释

Python 中的注释有单行注释和多行注释。Python 中单行注释以#开头，例如：

```
# 这是一个注释
print("Hello, World!")
```

多行注释用 3 个单引号（'''）或 3 个双引号（"""）将注释括起来。

（1）3 个单引号

```
'''
这是多行注释，用 3 个单引号
这是多行注释，用 3 个单引号
这是多行注释，用 3 个单引号
'''
print("这是 Python 语言的注释")
```

（2）3 个双引号

```
"""
这是多行注释，用 3 个双引号
这是多行注释，用 3 个双引号
这是多行注释，用 3 个双引号
"""
print("这是 Python 语言的注释")
```

2.2　Python 的输入和输出

Python 的内置函数 input()和 print()用于输入和输出数据。下面将讲述这两个函数的使用方法。

2.2.1　接收键盘输入

Python 提供的 input() 函数从标准输入读入一行文本，默认的标准输入是键盘。input()函数的基本语法格式如下：

```
input([prompt])
```

其中，prompt 是可选参数，用来显示用户输入的提示信息字符串。用户输入程序所需要的数据时，就会以字符串的形式返回。

【例 2.3】测试键盘的输入（源代码\ch02\2.3.py）。

```
x= input("请输入最喜欢的水果：")
print(x)
```

上述代码用于提示用户输入水果的名称，然后将名称以字符串的形式返回并保存在 x 变量中，以后可以随时调用这个变量。

当运行此句代码时，会立即显示提示信息"请输入最喜欢的水果："，之后等待用户输入信息。当用户输入"葡萄"并按下 Enter 键时，程序就接收了用户的输入。最后调用 x 变量，就会显示变量所引用的对象——用户输入的水果名称。

测试结果如下所示。

```
请输入最喜欢的水果：葡萄
葡萄
```

从结果可以看出，添加提示用户输入信息是比较友好的，对于编程时所需要的友好界面非常有帮助。

注　意
用户输入的数据全部以字符串形式返回，如果需要输入数值，就必须进行类型转换。

2.2.2　输出处理结果

print()函数可以输出格式化的数据，与 C/C++的 printf()函数功能和格式相似。print()函数的基本语法格式如下：

```
print(value,…, sep=' ' ,end='\n')        #此处只说明了部分参数
```

上述参数的含义如下：

（1）value 是用户要输出的信息，后面的省略号表示可以有多个要输出的信息。

（2）sep 用于设置多个要输出信息之间的分隔符，其默认的分隔符为一个空格。

（3）end 是一个 print()函数中所有要输出信息之后添加的符号，默认值为换行符。

【例 2.4】测试处理结果的输出（源代码\ch02\2.4.py）。

```
print("牧童骑黄牛","歌声振林樾")                #输出测试的内容
print("牧童骑黄牛","歌声振林樾",sep='*')         #将默认分隔符修改为'*'
print("牧童骑黄牛","歌声振林樾",end='>')         #将默认的结束符修改为'>'
print("牧童骑黄牛","歌声振林樾")                #再次输出测试的内容
```

保存并运行程序，结果如下所示。这里调用了 4 次 print()函数。其中，第 1 次为默认输出，第 2 次将默认分隔符修改为'*'，第 3 次将默认的结束符修改为'>'，第 4 次再次调用默认的输出：

```
牧童骑黄牛 歌声振林樾
牧童骑黄牛*歌声振林樾
牧童骑黄牛 歌声振林樾>牧童骑黄牛 歌声振林樾
```

从运行结果可以看出，第一行为默认输出方式，数据之间用空格分开，结束后添加了一个换行符；第二行输出的数据项之间以'*'分开；第三行输出结束后添加了一个'>'，与第 4 条语句的输出放在了同一行中。

注　意
从 Python 3 开始，将不再支持 print 输出语句，例如 print "Hello Python"，解释器将会报错。

如果输出的内容既包括字符串，又包含变量值，就需要将变量值格式化处理。例如：

```
x = 100
print ("x = %d" % x)
```

运行结果如下所示。

```
x=100
```

这里要将字符串与变量之间以（%）符号隔开。

如果没有使用（%）符号将字符串与变量隔开，Python 就会输出字符串的完整内容，而不会输出格式化字符串。例如以下代码：

```
x = 100
print ("x = %d",x)
```

运行结果如下所示。

```
x = %d 100
```

【例 2.5】实现不换行输出（源代码\ch02\2.5.py）。

```
a="春风又绿江南岸，"
b="明月何时照我还。"
#换行输出
print( a )
print( b )


print('---------')
# 不换行输出
print( a, end=" " )
print( b, end=" " )
print()
```

保存并运行程序，结果如下所示。

```
春风又绿江南岸，
明月何时照我还。
---------
春风又绿江南岸， 明月何时照我还。
```

在本示例中，通过在变量末尾添加 end=""，可以实现不换行输出的效果。读者从结果可以看出换行和不换行的不同之处。

2.3 变量

在 Python 解释器内可以直接声明变量的名称，不必声明变量的类型，Python 会自动判别变量的类型。例如，声明一个变量 x，其值为 100：

```
x =100
print(x)
```

输出结果如下所示。

```
100
```

例如，声明一个变量 y，其值为 15：

```
y=15
```

```
print(y)
```

输出结果如下所示。

```
15
```

读者可以在解释器内直接做数值计算。例如：

```
100 + 200
```

输出结果如下所示。

```
300
```

当用户输入一个变量后，Python 会记住这个变量的值。例如：

```
x =20
y =x + 30
print(y)
```

输出结果如下所示。

```
50
```

Python 中的变量不需要声明。每个变量在使用前都必须赋值，变量赋值以后才会被创建。如果创建变量时没有赋值，会提示错误。例如：

```
u
```

输出结果如下所示。

```
Traceback (most recent call last):
  File "<pyshell#0>", line 1, in <module>
    u
NameError: name 'u' is not defined
```

在 Python 中，变量就是变量，没有类型，这里所说的"类型"是变量所指的内存中对象的类型。等号（=）用来给变量赋值。等号运算符左边是一个变量名，等号运算符右边是存储在变量中的值。

Python 允许用户同时为多个变量赋值。例如：

```
a =b =c =100
print(a,b,c)
```

输出结果如下所示。

```
100 100 100
```

创建一个整型对象，值为 100，3 个变量被分配到相同的内存空间上。

也可以同时为多个对象指定不同的变量值。例如：

```
a, b, c = 100, 200, "春花秋月何时了"
```

```
print(a,b,c)
```

输出结果如下所示。

```
100 200 春花秋月何时了
```

两个整型对象 100 和 200 分配给变量 a 和 b，字符串对象"春花秋月何时了"分配给变量 c。两个变量可以相互赋值。例如：

```
a = 50
b = 10
a,b = b,a
print(b)
```

输出结果如下所示。

```
50
```

2.4   标识符与保留字

标识符用来识别变量、函数、类、模块及对象的名称。Python 的标识符可以包含英文字母（A-Z、a-z）、数字（0-9）及下画线符号（_），但它有以下几个方面的限制：

（1）标识符的第 1 个字符必须是字母表中的字母或下画线（_），并且变量名称之间不能有空格。

（2）Python 的标识符有大小写之分，如 Data 与 data 是不同的标识符。

（3）在 Python 3 中，非 ASCII 标识符也被允许使用。

（4）保留字不可以当作标识符。

保留字也叫关键字，不能把它们用作任何标识符名称。读者可以使用以下命令查看 Python 的保留字：

```
import keyword
print(keyword.kwlist)
```

输出结果如下所示。

```
['False', 'None', 'True', 'and', 'as', 'assert', 'async', 'await', 'break',
'class', 'continue', 'def', 'del', 'elif', 'else', 'except', 'finally', 'for',
'from', 'global', 'if', 'import', 'in', 'is', 'lambda', 'nonlocal', 'not', 'or',
'pass', 'raise', 'return', 'try', 'while', 'with', 'yield']
```

2.5   简单数据类型

Python 3 中有两个简单的数据类型，即数字类型和字符串类型。

2.5.1 数字类型

Python 3 支持 int、float、bool、complex（复数）4 种数字类型。

注　意
在 Python 2 中是没有 bool（布尔型）的，用数字 0 表示 False，用 1 表示 True。在 Python 3 中，把 True 和 False 定义成了关键字，但它们的值还是 1 和 0，可以和数字相加。

1. int（整数）

下面是整数的示例：

```
a = 123456
print(a)
```

输出结果如下所示。

```
123456
```

可以使用十六进制数值来表示整数，十六进制整数的表示法是在数字之前加上 0x，如 0x80120000、0x100010100L。

例如：

```
a=0x4EEFFFFF
print(a)
```

输出结果如下所示。

```
1324351487
```

2. float（浮点数）

浮点数的表示法可以使用小数点，也可以使用指数的类型。指数符号可以使用字母 e 或 E 来表示，指数可以使用+/−符号，也可以在指数数值前加上数值 0，还可以在整数前加上数值 0。

例如：

```
3.14    10.    .001    1e100    3.14E-10    1e010    08.1
```

使用 float()内置函数可以将整数数据类型转换为浮点数数据类型。例如：

```
f=float(150)
print(f)
```

输出结果如下所示。

```
150.0
```

3. bool（布尔值）

Python 的布尔值包括 True 和 False，只与整数中的 1 和 0 有对应关系。例如：

```
print(True==1)
print(True==2)
print(False==0)
print(False==-1)
```

输出结果如下所示。

```
True
False
True
False
```

这里利用符号（==）判断左右两边是否绝对相等。

4. complex（复数）

复数的表示法是使用双精度浮点数来表示实数与虚数的部分，复数的符号可以使用字母 j 或 J。

例如：

```
1.5 + 0.5j       1J       2 + 1e100j        3.14e-10j
```

可以使用 real 与 imag 属性分别取出复数的实数和虚数部分。例如：

```
a=2.6+0.8j
print(a.real)
print(a.imag)
print(a)
```

输出结果如下所示。

```
2.6

0.8
(2.6+0.8j)
```

可以使用 complex(real,imag)函数将 real 与 imag 两个数值转换为复数。real 参数是复数的实数部分，imag 参数是复数的虚数部分。例如：

```
x = complex(2.6,0.8)
print(x)
```

输出结果如下所示。

```
(2.6+0.8j)
```

数值之间可以通过运算符进行运算操作。例如：

```
a = 50 + 40   # 加法
b = 5.6 - 2   # 减法
```

```
c = 30 * 15      # 乘法
d = 1/2          # 除法，得到一个浮点数
e = 1//2         # 除法，得到一个整数
f = 15 % 2       # 取余
g = 2 ** 10      # 乘方
print(a,b,c,d,e,f,g)
```

输出结果如下所示。

```
90 3.5999999999999996 450 0.5 0 1 1024
```

在数字运算时，需要注意以下问题：

（1）数值的除法（/）总是返回一个浮点数，要获取整数使用（//）操作符。

（2）在整数和浮点数混合计算时，Python 会把整型转换为浮点数。

用户可以将数值使用在函数内。例如：

```
r = round(12.32, 1)
print(r)
```

输出结果如下所示。

```
12.3
```

可以对数值进行比较。例如：

```
x = 2
y=0 < x < 5
print(y)
```

输出结果如下所示。

```
Ture
```

但不可以对复数进行比较。例如：

```
z=0.5 + 1.5j < 2j
print(z)
```

输出错误信息如下所示。

```
Traceback (most recent call last):
  File "C:/Users/Administrator/PycharmProjects/untitled/1.2.py", line 1, in
<module>
    z=0.5 + 1.5j < 2j
TypeError: '<' not supported between instances of 'complex' and 'complex'
```

可以将数值做位移动（shifting）或屏蔽（masking）。例如：

```
a=16 << 2
b=30 & 0x1B
c=2 | 5
d=3 ^ 5
e=~2
print(a,b,c,d,e)
```

输出结果如下所示。

```
64 26 7 6 -3
```

2.5.2 字符串类型

Python 将字符串视为一连串的字符组合。例如，字符串"Parrot"在 Python 内部被视为"P" "a" "r" "r" "o" "t"6 个字符的组合。因为第 1 个字符的索引值永远是 0，所以存取字符串"Parrot"的第 1 个字符" P"时使用"Parrot"[0]。例如：

```
p1="Parrot"[0]
p2="Parrot"[1]
print(p1,p2)
```

输出结果如下所示。

```
P a
```

要创建一个字符串时，可以将数个字符以英文单引号、双引号或三引号包含起来。例如：

```
a = "Parrot"
b = 'Parrot'
c = '''Parrot'''
print(a,b,c)
```

输出结果如下所示。

```
Parrot Parrot Parrot
```

注　意
字符串开头与结尾的引号要一致。

下面的示例将字符串开头使用双引号、结尾使用单引号。

```
a = "Parrot'
```

输出错误信息如下：

```
Traceback (  File "<interactive input>", line 1
    a = "Parrot'
          ^
SyntaxError: invalid token
```

由此可见，当字符串开头与结尾的引号不一致时，Python 会显示一个 invalid token 的信息。

注　意

当字符串长度超过一行时，必须使用三引号将字符串包含起来，因为单引号与双引号不可以跨行。例如：

```
a="""Content-type: text/html
 <h1>Hello Python</h1>
 <a href="http://www.python.org">Go to Python</a>"""
print(a)
```

输出结果如下所示。

```
'Content-type: text/html\n<h1>Hello Python</h1>\n<a href="http://www.
python.org">Go to Python</a>'
```

2.5.3　数据类型的相互转换

有时候，用户需要对数据内置的类型进行转换。数据类型的转换，只需要将数据类型作为函数名即可。以下几个内置的函数可以执行数据类型之间的转换，这些函数返回一个新的对象，表示转换的值。

1. 转换为整数类型

语法格式如下：

```
int(x)
```

将 x 转换为一个整数。例如：

```
i=int(3.6)
print(i)
```

输出结果如下所示。

```
3
```

2. 转换为小数类型

语法格式如下：

```
float(x)
```

上面的代码是将 x 转换为一个浮点数。例如：

```
f = float (10)
print(f)
```

输出结果如下所示。

```
10.0
```

3. 转换为字符串类型

语法格式如下：

```
str(x)
```

下面的代码是将 x 转换为一个字符串。例如：

```
s=str(567)
print(s)
```

输出结果如下所示。

```
567
```

2.6 Python 结构数据类型

Python 语言中结构数据类型有很多种，常见的就是集合类型、列表类型、元组类型和字典类型。本节先了解这 4 种结构数据类型的基本概念。

2.6.1 集合类型（Sets）

Sets（集合）是一个无序不重复元素的集。它的主要功能是自动清除重复的元素。创建集合时用大括号（{}）来包含其元素。

例如：

```
goods = {'冰箱', '洗衣机','空调', '冷风扇'}
print(goods)              # 输出集合的内容
```

输出结果如下所示。

```
{'冰箱', '洗衣机','空调', '冷风扇'}
```

如果集合中有重复的元素，就会自动将其删除。

例如：

```
goods = {'冰箱', '洗衣机', '冰箱', '冰箱', '冷风扇'}
print(goods)                    # 删除重复的
```

输出结果如下所示。

```
{'冰箱', '洗衣机', '冷风扇'}
```

注　意

如果要创建一个空集合，就必须使用 set() 函数，例如：

```
goods = set()
```

2.6.2　列表类型（List）

List（列表）是 Python 中使用比较频繁的数据类型。列表可以完成大多数集合类的数据结构实现。列表中元素的类型可以不相同，支持数字、字符串，甚至可以包含列表（所谓嵌套）。列表是写在中括号（[]）之间、用逗号分隔开的元素列表。

要创建一个列表对象，使用中括号（[]）来包含其元素。例如：

```
s = [10,20,30,40]
```

列表对象 s 共有 4 个元素，可以使用 s[0]来返回第 1 个元素、s[1]来返回第 2 个元素，以此类推。访问列表中元素的方法如下所示。

```
s = [10,20,30,40]
print(s[0], s[1], s[2], s[3])
```

输出结果如下所示。

```
10 20 30 40
```

如果索引值超出范围，Python 就会抛出一个 IndexError 异常。

Python 为访问最后一个列表元素提供了一种特殊语法。通过将索引指定为-1，可以让 Python 返回一个列表元素。例如：

```
b = [100,200,300,400]
print(b[-1])
```

输出结果如下所示。

```
400
```

在不知道列表长度的情况下，上述方法很实用。以此类推，索引-2 表示倒数第二个列表的元素。

2.6.3　元组类型（Tuple）

Tuple（元组）对象属于序数对象，是一群有序对象的集合，并且可以使用数字来做索引。元组对象与列表对象类似，差别在于元组对象不可以新增、修改与删除。要创建一个元组对象，可以使用小括号()来包含其元素。其语法如下：

```
variable = (element1, element2, ...)
```

下面创建一个元组对象，含有 4 个元素：100、200、300 和 400。

```
c=(100,200,300,400)
print(c)                    #查看元组的元素
```

输出结果如下所示。

```
(100, 200, 300, 400)
```

也可以省略小括号()，直接将元素列出。

```
c = 100,200,300,400        #省略小括号
print(c)                   #查看元组的元素
```

输出结果如下所示。

```
(100, 200, 300, 400)
```

与列表的索引一样，元组索引从 0 开始。例如：

```
t=(100,200,300)
print(t[0])
```

输出结果如下所示。

```
100
```

2.6.4 字典类型（Dictionary）

Dictionary（字典）是 Python 内非常有用的数据类型。字典使用大括号{}将元素列出。元素由键值（key）与数值（value）组成，中间以冒号（:）隔开。键值必须是字符串、数字或元组，这些对象是不可变动的。数值则可以是任何数据类型。字典的元素排列没有一定的顺序，因为可以使用键值来取得该元素。

创建字典的语法格式如下：

```
字典变量={关键字 1:值 1,关键字 2:值 2, ……}
```

注　意
在同一个字典之内，关键字必须互不相同。

例如，创建字典并访问字典中的元素。

```
bb={'一部': '销售部','二部': '财务部','三部': '市场部'}
print(bb ['一部'])
print(bb ['二部'])
print(bb ['三部'])
```

输出结果如下所示。

```
销售部
财务部
市场部
```

2.7   运算符和优先级

在 Python 语言中，支持的运算符包括算术运算符、比较运算符、赋值运算符、逻辑运算

符、位运算符、成员运算符和身份运算符。

2.7.1　算术运算符

Python 语言中常见的算术运算符如表 2-1 所示。

表2-1　算术运算符

运算符	含义	举例
+	加，两个对象相加	1+2=3
-	减，得到负数或一个数减去另一个数	3-2=1
*	乘，两个数相乘或返回一个被重复若干次的字符串	2*3=6
/	除，返回两个数相除的结果，得到浮点数	4/2=2.0
%	取模，返回除法的余数	21%10=1
**	幂，a**b 表示返回 a 的 b 次幂	$10**21=10^{21}$
//	取整除，返回相除后结果的整数部分	7/3=2

【例 2.6】使用算术运算符（源代码\ch02\2.6.py）。

```
x = 10
y = 12
z = 30
#加法运算
a = x + y
print ("a 的值为：", a)
#减法运算
a =x - y
print ("a 的值为：", a)
#乘法运算
a = x * y
print ("a 的值为：", a)
#除法运算
a = x / y
print ("a 的值为：",a)
#取模运算
a= x % y
print ("a 的值为：", a)
#修改变量 x 、y、z
x = 10
y = 12
z = x**y
print ("z 的值为：", z)
#整除运算
x=15
y = 3
z = x//y
print ("z 的值为：", z)
```

保存并运行程序，结果如下所示。

```
a 的值为： 22
a 的值为： -2
a 的值为： 120
a 的值为： 0.8333333333333334
a 的值为： 10
z 的值为： 1000000000000
z 的值为： 5
```

2.7.2 比较运算符

Python 语言支持的比较运算符如表 2-2 所示。

表2-2　比较运算符

运算符	含义	举例
==	等于，比较对象是否相等	(1==2) 返回 False
!=	不等于，比较两个对象是否不相等	(1!=2) 返回 True
>	大于，x>y 返回 x 是否大于 y	2>3 返回 False
<	小于，x<y 返回 x 是否小于 y	2<3 返回 True
>=	大于等于，x>=y 返回 x 是否大于等于 y	3>=1 返回 True
<=	小于等于，x<=y 返回 x 是否小于等于 y	3<=1 返回 False

【例 2.7】使用比较运算符（源代码\ch02\2.7.py）。

```
a = 16
b = 4
# 判断变量 a 和 b 是否相等
if ( a == b ):
    print ("a 等于 b")
else:
    print ("a 不等于 b")
# 判断变量 a 和 b 是否不相等
if ( a != b ):
    print ("a 不等于 b")
else:
    print ("a 等于 b")
# 判断变量 a 是否小于 b
if ( a < b ):
    print ("a 小于 b")
else:
    print ("a 大于等于 b")
# 判断变量 a 是否大于 b
if ( a > b ):
    print ("a 大于 b")
else:
    print ("a 小于等于 b")
```

```
# 修改变量 a 和 b 的值
a = 15;
b = 32;
# 判断变量 a 是否小于等于 b
if ( a <= b ):
   print ("a 小于等于 b")
else:
   print ("a 大于 b")
# 判断变量 b 是否大于等于 a
if ( b >= a):
   print ("b 大于等于 a")
else:
   print ("b 小于 a")
```

保存并运行程序，结果如下所示。

```
a 不等于 b
a 不等于 b
a 大于等于 b
a 大于 b
a 小于等于 b
b 大于等于 a
```

2.7.3　赋值运算符

赋值运算符表示将右边变量的值赋给左边变量，常见的赋值运算符的含义如表 2-3 所示。

表2-3　赋值运算符

运算符	含义	举例
=	简单的赋值运算符	c＝a＋b 将 a＋b 的运算结果赋值为 c
+=	加法赋值运算符	c += a 等效于 c＝c＋a
-=	减法赋值运算符	c -= a 等效于 c＝c - a
*=	乘法赋值运算符	c *= a 等效于 c＝c * a
/=	除法赋值运算符	c /= a 等效于 c＝c / a
%=	取模赋值运算符	c %= a 等效于 c＝c % a
**=	幂赋值运算符	c **= a 等效于 c＝c ** a
//=	取整除赋值运算符	c //= a 等效于 c＝c // a

【例 2.8】使用赋值运算符（源代码\ch02\2.8.py）。

```
a = 24
b = 8
c = 6
#简单的赋值运算
c = a + b
print ("c 的值为: ", c)
```

```
#加法赋值运算
c += a
print ("c 的值为: ", c)
#乘法赋值运算
c *= a
print ("c 的值为: ", c)
#除法赋值运算
c /= a
print ("c 的值为: ", c)
#取模赋值运算
c = 12
c %= a
print ("c 的值为: ", c)
#幂赋值运算
a=3
c **= a
print ("c 的值为: ", c)
#取整除赋值运算
c //= a
print ("c 的值为: ", c)
```

保存并运行程序，结果如下所示。

```
c 的值为: 32
c 的值为: 56
c 的值为: 1344
c 的值为: 56.0
c 的值为: 12
c 的值为: 1728
c 的值为: 576
```

2.7.4 逻辑运算符

Python 支持的逻辑运算符如表 2-4 所示。

表2-4 逻辑运算符

运算符	含义	举例
and	布尔"与", x and y 表示如果 x 为 False, 那么 x and y 返回 False, 否则返回 y 的计算值	3<2 and 5 返回 False 3>2 and 5 返回 5
or	布尔"或", x or y 表示如果 x 是 True, 就返回 True, 否则返回 y 的计算值	3<2 or 5 返回 5 3>2 or 5 返回 True
not	布尔"非", not x 表示如果 x 为 True, 就返回 False。如果 x 为 False, 它返回 True	not (True) 返回 False

【例 2.9】使用逻辑运算符（源代码\ch02\2.9.py）。

```
a = 12
b = 24
#布尔"与"运算
if ( a and b ):
    print ("变量 a 和 b 都为 true")
else:
    print ("变量 a 和 b 有一个不为 true")
#布尔"或"运算
if ( a or b ):
    print ("变量 a 和 b 都为 true，或其中一个变量为 true")
else:
    print ("变量 a 和 b 都不为 true")
# 修改变量 a 的值
a = 0
if ( a and b ):
    print ("变量 a 和 b 都为 true")
else:
    print ("变量 a 和 b 有一个不为 true")
if ( a or b ):
    print ("变量 a 和 b 都为 true，或其中一个变量为 true")
else:
    print ("变量 a 和 b 都不为 true")
# 布尔"非"运算
if not( a and b ):
    print ("变量 a 和 b 都为 false，或其中一个变量为 false")
else:
    print ("变量 a 和 b 都为 true")
```

保存并运行程序，结果如下所示。

```
变量 a 和 b 都为 true
变量 a 和 b 都为 true，或其中一个变量为 true
变量 a 和 b 有一个不为 true
变量 a 和 b 都为 true，或其中一个变量为 true
变量 a 和 b 都为 false，或其中一个变量为 false
```

2.7.5　位运算符

在 Python 中，位运算符把数字看作二进制来进行计算。Python 支持的位运算符如表 2-5 所示。

表2-5　位运算符

运算符	含义	举例
&	按位与，参与运算的两个值，如果两个相应位都为1，则该位的结果为1，否则为0	(12&6)=4，二进制为：0000 0100
|	按位或，只要对应的两个二进位有一个为1，结果位就为1	(12|6)=14，二进制为：0000 1110
^	按位异或，当两个对应的二进位相异时，结果为1，否则为0	(12^6)=10，二进制为：0000 1010
~	按位取反，对数据的每个二进制位取反，即把1变为0、把0变为1	(~6)=-7，二进制为：1000 0111
<<	左移动，把"<<"左边的运算数的各二进位全部左移若干位，由"<<"右边的数指定移动的位数，高位丢弃，低位补0	(12<<2)=48，二进制为：0011 0000
>>	右移动，把">>"左边的运算数的各二进位全部右移若干位，">>"右边的数指定移动的位数	(12>>2)=3，二进制为：0000 0011

【例2.10】使用位运算符（源代码\ch02\2.10.py）。

```
a = 12          # 12 =0000 1100
b = 6           # 6= 0000 0110
c = 0
#按位与运算
c = a & b;      # 4 = 0000 0100
print ("c 的值为：", c)
#按位或运算
c = a | b;      # 14 = 0000 1110
print ("c 的值为：", c)
#按位异或运算
c = a ^ b;      # 10 = 0000 1010
print ("c 的值为：", c)
#按位取反运算
c = ~a;         # -13 = 1000 1101
print ("c 的值为：", c)
#左移动运算
c = a << 2;     # 48 = 0011 0000
print ("c 的值为：", c)
#右移动运算
c = a >> 2;     # 3 = 0000 0011
print ("c 的值为：", c)
```

保存并运行程序，结果如下所示。

```
c 的值为： 4
c 的值为： 14
c 的值为： 10
c 的值为： -13
c 的值为： 48
c 的值为： 3
```

2.7.6　成员运算符

Python 还支持成员运算符，测试实例中包含了一系列的成员，如字符串、列表、元组。成员运算符包括 in 和 not in，x in y 表示若 x 在 y 序列中则返回 True；x not in y 表示若 x 不在 y 序列中则返回 True。

【例 2.11】使用成员运算符（源代码\ch02\2.11.py）。

```python
a ='洗衣机'
b = '风扇'
goods = ['电视机', '空调', '洗衣机', '冰箱', '电脑' ];
# 使用 in 成员运算符
if ( a in goods ):
    print ("变量 a 在给定的列表 goods 中")
else:
    print ("变量 a 不在给定的列表 goods 中")
# 使用 not in 成员运算符
if ( b not in goods ):
    print ("变量 b 不在给定的列表 goods 中")
else:
    print ("变量 b 在给定的列表 goods 中")
# 修改变量 a 的值
a = '冷风扇'
if ( a in goods ):
    print ("变量 a 在给定的列表 goods 中")
else:
    print ("变量 a 不在给定的列表 goods 中")
```

保存并运行程序，结果如下所示。

```
变量 a 在给定的列表 goods 中
变量 b 不在给定的列表 goods 中
变量 a 不在给定的列表 goods 中
```

2.7.7　身份运算符

Python 支持身份运算符为 is 和 not is。其中，is 判断两个标识符是不是引用自一个对象；is not 判断两个标识符是不是引用自不同对象。

【例 2.12】使用身份运算符（源代码\ch02\2.12.py）。

```
a = '风扇'
b = '冷风扇'
#使用 is 身份运算符
if ( a is b):
    print ("a 和 b 有相同的标识")
else:
    print ("a 和 b 没有相同的标识")
#使用 is not 身份运算符
if ( a is not b ):
    print ("a 和 b 没有相同的标识")
else:
    print ("a 和 b 有相同的标识")
# 修改变量 a 的值
a = '冷风扇'
if ( a is b):
    print ("修改后的 a 和 b 有相同的标识")
else:
    print ("修改后的 a 和 b 仍然没有相同的标识")
```

保存并运行程序，结果如下所示。

```
a 和 b 没有相同的标识
a 和 b 有相同的标识
修改后的 a 和 b 有相同的标识
```

2.7.8   运算符的优先级

下面是 Python 的运算符，以处理顺序的先后排列。

（1）()、[]、{}。

（2）object。

（3）object[i]、object[1:r]、object.attribute、function()。

"."符号用来存取对象的属性与方法。下面的示例调用对象 t 的 append()方法，在对象 t 的结尾添加一个字符"t"：

```
t = ["P","a","r","r","o"]
t.append("t")
print(t)
```

输出结果如下所示。

```
['P', 'a', 'r', 'r', 'o', 't']
```

（4）+x、-x、~x。

（5）x**y：x 的 y 次方。

（6）x * y、x / y、x % y：x 乘以 y、x 除以 y、x 除以 y 的余数。

（7）x + y、x – y：x 加 y、x 减 y。

（8）x << y、x >> y：x 左移 y 位、x 右移 y 位。例如：

```
x = 4
y = x << 2
print(y)
```

输出结果如下所示。

```
16
```

（9）x & y：位 AND 运算符。

（10）x ^ y：位 XOR 运算符。

（11）x | y：位 OR 运算符。

（12）<、<=、>、>=、==、!=、<>、is、is not、in、not in。

in 与 not in 运算符应用在列表（list）上。is 运算符检查两个变量是否属于相同的对象。is not 运算符则是检查两个变量是否不属于相同的对象。

!=与<>运算符是相同功能的运算符，都用来测试两个变量是否不相等。Python 建议使用!= 运算符，而不要使用<>运算符。

（13）not。

（14）and。

（15）or、lambda args:expr。

使用运算符时注意下面的事项：

① 除法应用在整数时，其结果会是一个浮点数。例如，8/4 会等于 2.0，而不是 2。余数运算会将 x / y 所得的余数返回来，如 7%4 =3。

② 如果将两个浮点数相除取余数的话，那么返回值也会是一个浮点数，计算方式是 x – int(x / y) * y。例如：

```
a = 7.0 % 4.0
print(a)
```

输出结果如下所示。

```
3.0
```

③ 比较运算符可以连在一起处理，如 a < b < c < d，Python 会将这个式子解释成 a < b and b < c and c < d。像 x < y > z 也是有效的表达式。

④ 如果运算符（operator）两端的运算数（operand），其数据类型不相同，Python 就会将其中一个运算数的数据类型转换为与另一个运算数一样的数据类型。转换顺序为：若有一个

运算数是复数，则另一个运算数也会被转换为复数；若有一个运算数是浮点数，则另一个运算数也会被转换为浮点数。

⑤ Python 有一个特殊的运算符——lambda。利用 lambda 运算符能够以表达式的方式创建一个匿名函数。lambda 运算符的语法如下：

```
lambda args : expression
```

args 是以逗号（,）隔开的参数列表 list，而 expression 则是对这些参数进行运算的表达式。例如：

```
a=lambda x,y:x + y
print (a(3,4))
```

输出结果如下所示。

```
7
```

x 与 y 是 a()函数的参数，a()函数的表达式是 x+y。lambda 运算符后只允许有一个表达式。要达到相同的功能也可以使用函数来定义 a，如下所示：

```
def a(x,y):          #定义一个函数
    return x + y       #返回参数的和
print (a(3,4))
```

输出结果如下所示。

```
7
```

【例 2.13】运算符的优先级（源代码\ch02\2.13.py）。

```
a = 10
b = 6
c = 4
d = 2
e = 0
e = (a + b) * c / d       #(16 *4 ) / 2
print ("(a + b) * c / d 运算结果为: ", e)
e = ((a + b) * c) / d      # (16 *4 ) /2
print ("((a + b) * c) / d 运算结果为: ", e)
e = (a + b) * (c / d);     # (16) * (4/2)
print ("(a + b) * (c / d) 运算结果为: ", e)
e = a + (b * c) / d;       # 10 + (24/2)
print ("a + (b * c) / d 运算结果为: ", e)
```

保存并运行程序，结果如下所示。

```
(a + b) * c / d 运算结果为:  32.0
((a + b) * c) / d 运算结果为:  32.0
```

```
(a + b) * (c / d) 运算结果为： 32.0
a + (b * c) / d 运算结果为： 22.0
```

2.8 疑难解惑

疑问 1：该编写什么样的注释？

编写注释的目的是表述代码的主要功能。对于分开开发系统的合作团队，清晰明了的注释显得尤为重要，这也是一个专业程序员必须掌握的一项技能。作为新手，最好的习惯就是在代码中编写清晰、简洁的注释。

疑问 2：如何查看变量的类型？

内置的 type() 函数可以用来查询变量所指的对象类型。例如：

```
a, b, c, d = 20, 5.5, True, 4+3j
print(type(a), type(b), type(c), type(d))
<class 'int'> <class 'float'> <class 'bool'> <class 'complex'>
```

第3章 列表、元组和字典的基本操作

 **内容导航** | Navigation

数据结构是通过某种方式组织在一起的数据元素的集合，这些元素可以是数字或字符。Python 有许多特殊的数据结构，常用的就是列表、元组和字典。其中，列表与元组属于序数（sequence）类型，它们是数个有序对象的组合；字典则属于映像（mapping）类型，是由一个对象集合来作为另一个对象集合的键值索引。本章将讲述列表、元组和字典的基本操作。

学习目标 | Objective

- 熟悉列表对象的特性
- 掌握操作列表的常见方法
- 熟悉列表的内置函数和方法
- 熟悉元组对象的特性
- 掌握元组内置函数的使用方法
- 熟悉字典对象的特性
- 掌握字典的内置函数和方法

3.1 列表的基本操作

列表对象属于序数对象，是一群有序对象的集合，并且可以使用数字来做索引。列表对象可以做新增、修改和删除的操作。

3.1.1 列表对象的特性

列表由一系列按特定顺序排列的元素组成。在 Python 中，用方括号"[]"来表示列表，用逗号来分割其中的元素。例如：

```
aa=["泠泠七弦上，","静听松风寒。","古调虽自爱，","今人多不弹。"]
print(aa)
```

保存并运行程序，结果如下所示。

```
['泠泠七弦上，', '静听松风寒。', '古调虽自爱，', '今人多不弹。']
```

从结果可以看出，Python 不仅输出列表的内容，还包括方括号。

列表的常见特性如下：

（1）列表对象中的元素可以是不同的类型。例如：

```
aa = [12,"何当共剪西窗烛",1.66,5+3j]
```

（2）列表对象中的元素可以是另一个列表。例如：

```
aa = [12,"何当共剪西窗烛",1.66,["一夕轻雷落万丝","雾光浮瓦碧参差",3.66]]
```

（3）访问列表中对象的方法比较简单，列表中的序号是从 0 开始的。例如，访问下面列表中的第 4 个元素。

```
aa = [12,"何当共剪西窗烛",1.66,["一夕轻雷落万丝","雾光浮瓦碧参差",3.66]]
print(aa[3])
```

输出结果如下所示。

```
['一夕轻雷落万丝', '雾光浮瓦碧参差', 3.66]
```

（4）列表是可以嵌套的，如果要读取列表对象中嵌套的另一个列表，可使用另一个中括号[]来做索引。例如：

```
aa = [12,"何当共剪西窗烛",1.66,["一夕轻雷落万丝","雾光浮瓦碧参差",3.66]]
print(aa[3][1])
```

输出结果如下所示。

雾光浮瓦碧参差

提　示
in 运算符用于判断一个元素是否存在于列表中，例如： ``` a = 1 in [1, 2, 3] print(a) ```

输出结果如下所示。

```
True
```

3.1.2　列表的常见操作

列表创建完成后，还可以对其进行相关的操作。

1. 获取某个元素的返回值

使用列表对象的 index(c)方法（c 是元素的内容）来返回该元素的索引值。例如：

```
aa = [12,"何当共剪西窗烛",1.66,["一夕轻雷落万丝","雾光浮瓦碧参差",3.66]]
bb = aa.index("何当共剪西窗烛")
cc = aa.index(1.66)
print(bb)
print(cc)
```

输出结果如下所示。

```
1
2
```

2. 改变列表对象的元素值

列表中的元素值是可以改变的。例如，修改列表中的第 2 个元素：

```
aa = [12,"何当共剪西窗烛",1.66,["一夕轻雷落万丝","霏光浮瓦碧参差",3.66]]
aa[1] = "却话巴山夜雨时"
print(aa)
```

输出结果如下所示。

```
[12, '却话巴山夜雨时', 1.66, ['一夕轻雷落万丝', '霏光浮瓦碧参差', 3.66]]
```

3. 在列表中插入新元素

例如，在列表的第 4 个位置插入两个新元素：

```
aa = [12,"何当共剪西窗烛",1.66]
aa[3:] = ["却话巴山夜雨时",1.12]    #3：表示从左侧数第 4 个位置开始添加新元素
print(aa)
```

输出结果如下所示。

```
[12, '何当共剪西窗烛', 1.66, '却话巴山夜雨时', 1.12]
```

4. 删除列表中的元素

使用 del 语句可以删除列表对象中的元素。
例如，删除列表中的第 3 个元素：

```
aa = [12,"何当共剪西窗烛",1.66]
del aa[2]
print(aa)
```

输出结果如下所示。

```
[12, '何当共剪西窗烛']
```

如果想从列表中删除最后一个元素，可以使用序号-1。例如：

```
aa= [100, ['A', 'B', 'C']]
del aa[-1]   #-1 表示从右侧数第一个元素
print(aa)
```

输出结果如下所示。

```
[100]
```

> **提　示**
>
> 如果想一次清除所有的元素，可以使用 del 语句操作，命令如下：
>
> ```
> del aa[:]
> ```

3.1.3　列表的操作符+和*

列表的常用操作符包括+和*。其中，列表对+和*的操作与字符串相似。+号用于组合列表，*号用于重复列表。

+号操作符经常用于字符串和列表元素的组合。例如：

```
aa = [1,2,3]+ [4,5,6] + [7,8,9]
print(aa)
```

输出结果如下所示。

```
[1, 2, 3, 4, 5, 6, 7, 8, 9]
```

下面的例子访问列表的元素。

```
aa = ["苹果","葡萄","柚子","桃子","橙子"]
bb = "我最喜欢的水果是"+aa[1]
print(bb)
```

输出结果如下所示。

```
我最喜欢的水果是葡萄
```

*号运算符经常用于重复列表中的元素。例如，将列表中的元素重复 3 次：

```
aa = [100,200,300,400]*3
print(aa)
```

输出结果如下所示。

```
[100, 200, 300, 400, 100, 200, 300, 400, 100, 200, 300, 400]
```

如何才能创建一个占有 10 个元素空间而又不包括任何内容的列表呢？

空列表可以简单地通过中括号来表示（[]），如果想创建占有 10 个元素空间而又不包括内容的列表，可以使用*号来实现，如[]*10，这样就生成了一个包含 10 个空元素的列表。然而，有时候可能需要一个值来代表空值，表示没有放置任何元素，可以使用 None。None 是 Python 的内建值。例如：

```
aa = [None]*10
print(aa)
```

输出结果如下所示。

```
[None, None, None, None, None, None, None, None, None, None]
```

3.1.4 内置的函数和方法

列表对象有许多的内置函数和方法，下面学习这些函数和方法的使用技巧。

1. 列表的函数

列表内置的函数包括 len()、max()、min()和 list()。

（1）len()函数返回列表的长度。例如：

```
aa=[1, 2, 3, 4, 5, 6, 7, 8, 9, 10]
bb=len(aa)
print(bb)
```

输出结果如下所示。

```
10
```

（2）max()函数返回列表元素中的最大值。例如求取列表中的最大值：

```
aa=[1, 2, 3, 4, 5, 6, 7, 8, 9, 10]
ma=max(aa)
bb=['a', 'b', 'c', 'd', 'e', 'f', 'g', 'h', 'o', 'p']
mb=max(bb)
print(ma)
print(mb)
```

输出结果如下所示。

```
10

p
```

> **提　示**
>
> 列表中的元素数据类型必须一致才能使用 max()函数，否则会出错。例如：
> ```
> aa=[100, 200, 300, 400, 'qq']
> ma=max(aa)
> print(ma)
> ```

输出错误信息如下所示。

```
Traceback (most recent call last):
  File "C:/Users/Administrator/PycharmProjects/untitled/3.2.py", line 2, in
<module>
    ma=max(aa)
TypeError: '>' not supported between instances of 'str' and 'int'
```

（3）min()函数返回列表元素中的最小值。例如：

```
aa=[1, 2, 3, 4, 5, 6, 7, 8, 9, 10]
print(min(aa))
bb=['a', 'b', 'c', 'd', 'e', 'f', 'g', 'h', 'o', 'p']
print(min(bb))
```

输出结果如下所示。

```
1

a
```

2. 列表的方法

在 Python 解释器内输入 dir([])，就可以显示这些内置的列表方法。

```
print(dir([]))
```

输出结果如下所示。

```
['__add__', '__class__', '__contains__', '__delattr__', '__delitem__',
'__dir__', '__doc__', '__eq__', '__format__', '__ge__', '__getattribute__',
'__getitem__', '__gt__', '__hash__', '__iadd__', '__imul__', '__init__',
'__init_subclass__', '__iter__', '__le__', '__len__', '__lt__', '__mul__',
'__ne__', '__new__', '__reduce__', '__reduce_ex__', '__repr__', '__reversed__',
'__rmul__', '__setattr__', '__setitem__', '__sizeof__', '__str__',
'__subclasshook__', 'append', 'clear', 'copy', 'count', 'extend', 'index',
'insert', 'pop', 'remove', 'reverse', 'sort']
```

下面将挑选常用的方法进行介绍。

（1）append(object)
append()方法在列表对象的结尾，加上新对象 object。例如：

```
aa = [100,200,300,400]
aa.append(500)
print(aa)
aa.append([600,700])
print(aa)
```

输出结果如下所示。

```
[100, 200, 300, 400, 500]

[100, 200, 300, 400, 500, [600, 700]]
```

（2）clear()
clear()函数用于清空列表，类似于 del a[:]。例如：

```
aa = [100,200,300,400,500,600]
aa.clear()                      #清空列表
print(aa)
```

输出结果如下所示。

```
[]
```

（3）copy()

copy()函数用于复制列表。例如：

```
aa = ['苹果', '香蕉', '柚子', 1.88, 2.66, 3.86]
bb = aa.copy()
print(bb)
```

输出结果如下所示。

```
['苹果', '香蕉', '柚子', 1.88, 2.66, 3.86]
```

（4）count(value)

count(value)方法针对列表对象中的相同元素值value计算其数目。例如，计算出列表值为166的元素个数：

```
aa = [100,133,166,188,166,266]
bb = aa.count(166)
print(bb)
```

输出结果如下所示。

```
2
```

（5）extend(list)

extend(list)方法将参数list列表对象中的元素加到此列表中，成为此列表的新元素。例如：

```
aa = [100, 200, 300, 400]
aa.extend([500,600,700,800])
print(aa)
```

输出结果如下所示。

```
[100, 200, 300, 400, 500, 600, 700, 800]
```

（6）index(value)

index(value)方法将列表对象中元素值为value的索引值返回。例如：

```
aa = [100, 200, 300, 400, 500, 600, 700, 800]
ia = aa.index(800)
print(ia)
```

输出结果如下所示。

```
7
```

（7）insert(index, object)

insert(index, object)方法将在列表对象中索引值为index的元素之前插入新元素object。例如：

```
aa = [100, 200, 300, 400, 500, 600, 700, 800]
aa.insert(1,"新元素")
print(aa)
```

输出结果如下所示。

```
[100, '新元素', 200, 300, 400, 500, 600, 700, 800]
```

（8）pop([index])

pop([index])方法将列表对象中索引值为 index 的元素删除。如果没有指定 index 的值，就将最后一个元素删除。例如，删除第 2 个元素和删除最后一个元素：

```
aa = [100, 200, 300, [400, 500, 600]]
aa.pop(1)
print(aa)
aa.pop()
print(aa)
```

输出结果如下所示。

```
[100, 300, [400, 500, 600]]

[100, 300]
```

（9）remove(value)

remove(value)方法将列表对象中元素值为 value 的删除。例如，删除值为 300 的元素：

```
aa= [100, 200, 300, 400]
aa.remove(300)
print(aa)
```

输出结果如下所示。

```
[100, 200, 400]
```

（10）reverse()

reverse()方法将列表对象中的元素颠倒排列。例如：

```
aa = [100, 200, 300, 400]
aa.reverse()
print(aa)
```

输出结果如下所示。

```
[400, 300, 200, 100]
```

（11）sort()

sort()方法将列表对象中的元素依照大小顺序排列。例如：

```
aa = [100, 600, 800,400,500,200,300,700]
```

```
aa.sort()
print(aa)
```

输出结果如下所示。

```
[100, 200, 300, 400, 500, 600, 700, 800]
```

3.1.5 递推式构造列表

从 Python 2.0 开始，可以使用递推式构造列表（list comprehension）的功能。所谓递推式构造列表，是使用列表内的元素创建新的列表。

递推式构造列表的语法如下所示：

```
[ expression for expression1 in sequence1
    [for expression2 in sequence2]
        [... for expressionN in sequenceN]
            [if condition] ]
```

sequence 代表序数对象，如字符串、元组、列表等。在列表包容的结果中，新列表的元素数目是所有序数对象的元素数目相乘的结果。

下面的示例将字符串对象 aa 与列表对象 laa 做列表包容，创建一个新的列表对象。

```
aa = "ab"
laa = [100,200,300,400]
bb = [ (x,y) for x in aa for y in laa]
print(bb)
```

输出结果如下所示。

```
[('a', 100), ('a', 200), ('a', 300), ('a', 400), ('b', 100), ('b', 200), ('b',
300), ('b', 400)]
```

aa 字符串对象有两个元素，laa 列表对象有 4 个元素，列表包容产生的新列表有 8 个元素。

毕达哥拉斯三元数组是数形结合的一个典型例子。毕达哥拉斯学派研究出了一个公式：若 m 是奇数，则 m、(m^2-1)/2 及(m^2+1)/2 便是三元数组，分别表示一个直角三角形的两条直角边和斜边。

下面的递推式构造列表创建了毕达哥拉斯三元组：

```
aa=[(x,y,z) for x in range(1,30) for y in range(x,30) for z in range(y,30) if
x**2 + y**2 == z**2]
print(aa)
```

输出结果如下所示。

```
[(3, 4, 5), (5, 12, 13), (6, 8, 10), (7, 24, 25), (8, 15, 17), (9, 12, 15),
(10, 24, 26), (12, 16, 20), (15, 20, 25), (20, 21, 29)]
```

3.2 元组的基本操作

与列表相比，元组对象不能修改，同时元组使用小括号、列表使用方括号。元组创建很简单，只需要在括号中添加元素并使用逗号隔开即可。

3.2.1 元组对象的常用操作

上一章已经讲过创建元组的方法，这里继续学习元组的常用操作方法。

1. 创建只有一个元素的元组

如果创建的元组对象只有一个元素，就必须在元素之后加上逗号（,），否则 Python 会认为此元素是要设置给变量的值。

```
a = (100,)
print(a)
a = (100)
print(a)
```

输出结果如下所示。

```
(100,)

100
```

2. 元组的对象值不能修改

在元组中，不可以修改元组对象内的元素值，否则会提示错误。

```
aa = (100, 200,300,400)
#以下修改元组元素操作是非法的
aa[1] = 500
```

输出错误信息如下所示。

```
Traceback (most recent call last):

  File "C:/Users/Administrator/PycharmProjects/untitled/1.2.py", line 3, in
<module>

    aa[1] = 500

TypeError: 'tuple' object does not support item assignment
```

3. 删除元组内的对象

虽然元组内的元素值不能修改，但是可以删除，从而达到更新元组对象的效果。
例如，在下面的示例中删除元组中的 a[1]：

```
a = (100,200,300,400)
a = a[0],a[2],a[3]
print(a)
```

输出结果如下所示。

```
(100, 300, 400)
```

4. 获取元组对象的元素值

元组对象支持使用索引值的方式来返回元素值。

```
a = (100,200,300,400)
print(a[0])
print(a[1])
print(a[2])
print(a[3])
```

输出结果如下所示。

```
100

200

300

400
```

5. 组合元组

虽然元组的元素值不能修改，但是可以组合。例如，组合元组 aa 和元组 bb 为新元组 cc：

```
aa = (100,200)
bb = ('河汉清且浅', '相去复几许')
# 组合成一个新的元组 cc
cc = aa + bb
print(cc)
```

输出结果如下所示。

```
(100, 200, '河汉清且浅', '相去复几许')
```

6. 删除整个元组

使用 del 语句可以删除整个元组。例如：

```
aa = (100,200, 300,400)        #定义新元组 aa
print(aa)                      #输出元组 aa
del aa                         #删除元组 aa
print(aa)                      #再次输出元组 aa 时将报错
```

输出结果如下所示。

```
(100, 200, 300, 400)

Traceback (most recent call last):

  File "C:/Users/Administrator/PycharmProjects/untitled/1.2.py", line 4, in
<module>

    print(aa)                                #再次输出元组 aa 时将报错

NameError: name 'aa' is not defined
```

从报错信息可以看出，元组已经被删除，再次访问该元组时会提示错误信息。

3.2.2　元组的内置函数

元组的内置函数包括 len()、max()、min()和 tuple()。下面将分别讲述这几个内置函数的使用方法。

1. len()函数

len()函数返回元组的长度。例如：

```
la = (100,200,300,400,500,600,700,800,900)
print(len(la))
```

输出结果如下所示。

```
9
```

2. max()函数

max()函数返回元组或列表元素中的最大值。例如：

```
aa=(100,200,300,400,500,600,700,800,900)
print(max(aa))
bb=['a', 'c', 'd', 'e', 'f', 'g', 'h', 'o', 'p']
print(max(bb))
```

输出结果如下所示。

```
900

p
```

注　意
元组中的元素数据类型必须一致才能使用 max()函数，否则会出错。

3. min()函数

min()函数返回元组或列表元素中的最小值。例如：

```
aa=(100,200,300,400,500,600,700,800,900)
print(min(aa))
bb=['a', 'c', 'd', 'e', 'f', 'g', 'h', 'o', 'p']
print(min(bb))
```

输出结果如下所示。

```
100

a
```

注　意
元组中的元素数据类型必须一致才能使用 min()函数，否则会出错。

4. sum()函数

sum()函数返回元组中所有元素的和。

```
aa=(100,200,300,400,500,600,700,800,900)
sm = sum(aa)
print(sm)
```

输出结果如下所示。

```
4500
```

3.3　字典的基本操作

与列表和元组有所不同，字典是另一种可变容器模型，且可存储任意类型的对象。本节将学习字典的基本操作。

3.3.1　字典对象的常用操作

字典的对象使用大括号{}将元素列出。字典的元素排列并没有一定的顺序，因为可以使用键值来取得该元素。

下面的示例将创建一个字典对象：

```
dd = {"名称":"冰箱", "产地":"北京", "价格":"6500"}
print(dd)
```

输出结果如下所示。

```
{'名称': '冰箱', '产地': '北京', '价格': '6500'}
```

1. 获取字典中的元素值

通过使用键值作为索引，可以返回字典中的元素。例如：

```
dd = {"名称":"冰箱", "产地":"北京", "价格":"6500"}
print(dd["名称"])
print(dd["产地"])
print(dd["价格"])
```

输出结果如下所示。

```
冰箱

北京

6500
```

在获取字典中的元素值时，必须保证输入的键值在字典中是存在的，否则 Python 会产生一个 KeyError 错误。

```
dd = {"名称":"冰箱", "产地":"北京", "价格":"6500"}
print(dd["姓名"])
```

输出结果如下所示。

```
Traceback (most recent call last):
  File "C:/Users/Administrator/PycharmProjects/untitled/1.2.py", line 2, in
<module>
    print(dd["姓名"])
KeyError: '姓名'
```

从报错信息可以看出，这里不存在"姓名"的键值。

2. 修改字典中的元素值

字典中的元素值是可以修改的。例如：

```
dd = {"名称":"冰箱", "产地":"北京", "价格":"6500"}
dd["名称"] = "洗衣机"
print(dd)
```

输出结果如下所示。

```
{'名称': '洗衣机', '产地': '北京', '价格': '6500'}
```

3. 删除字典中的元素

使用 del 语句可以删除字典中的元素。例如：

```
dd = {"名称":"冰箱", "产地":"北京", "价格":"6500"}
del dd["名称"]
print(dd)
```

输出结果如下所示。

```
{'产地': '北京', '价格': '6500'}
```

4. 定义字典键值时需要注意的问题

字典键值是不能随便定义的，需要注意以下两点：

（1）不允许同一个键值多次出现。创建时如果同一个键值被赋值多次，那么只有最后一个值有效，前面重复的键值将会被自动删除。例如：

```
dd = {"名称":"冰箱", "产地":"北京", "价格":"6500","产地":"上海", "价格":"8500"}
print(dd)
```

输出结果如下所示。

```
{'名称': '冰箱', '产地': '上海', '价格': '8500'}
```

（2）因为字典键值必须不可变，所以可以用数字、字符串或元组充当，列表则不行。如果用列表作为键值，将会报错。例如：

```
dd = {["名称"]:"冰箱", "产地":"北京", "价格":"6500"}
```

输出结果如下所示。

```
Traceback (most recent call last):

  File "C:/Users/Administrator/PycharmProjects/untitled/1.2.py", line 1, in
<module>

    dd = {["名称"]:"冰箱", "产地":"北京", "价格":"6500"}

TypeError: unhashable type: 'list'
```

3.3.2　字典的内置函数和方法

本节主要讲述字典的内置函数和方法。

1. 字典的内置函数

字典的内置函数包括 len()、str()和 type()。

（1）len(dict)：计算字典元素个数，即键值的总数。例如：

```
dd = {"名称":"冰箱", "产地":"北京", "价格":"6500"}
ld = len(dd)
print(ld)
```

输出结果如下所示。

```
3
```

（2）str(dict)：将字典的元素转化为可打印的字符串形式。例如：

```
dd = {"名称":"冰箱", "产地":"北京", "价格":"6500"}
```

```
sd = str(dd)
print(sd)
```

输出结果如下所示。

```
{'名称': '冰箱', '产地': '北京', '价格': '6500'}
```

（3）type(variable)：返回输入的变量类型，如果变量是字典，就返回字典类型。例如：

```
dd = {"名称":"冰箱", "产地":"北京", "价格":"6500"}
print(type(dd))
```

输出结果如下所示。

```
<class 'dict'>
```

2. 字典的内置方法

字典对象有许多内置方法，在 Python 解释器内输入 dir({})，就可以显示这些内置方法的名称，输出结果如下所示。

```
dir({})
['__class__', '__contains__', '__delattr__', '__delitem__', '__dir__',
'__doc__', '__eq__', '__format__', '__ge__', '__getattribute__', '__getitem__',
'__gt__', '__hash__', '__init__', '__init_subclass__', '__iter__', '__le__',
'__len__', '__lt__', '__ne__', '__new__', '__reduce__', '__reduce_ex__',
'__repr__', '__reversed__', '__setattr__', '__setitem__', '__sizeof__', '__str__',
'__subclasshook__', 'clear', 'copy', 'fromkeys', 'get', 'items', 'keys', 'pop',
'popitem', 'setdefault', 'update', 'values']
```

下面挑选常用的方法进行讲解。

（1）clear()：清除字典中的所有元素。例如：

```
dd = {"名称":"冰箱", "产地":"北京", "价格":"6500"}
dd.clear()
print(dd)
```

输出结果如下所示。

```
{}
```

（2）copy()：复制字典。例如：

```
cc = {"名称":"冰箱", "产地":"北京", "价格":"6500"}
dd = cc.copy()
print(dd)
```

输出结果如下所示。

```
{'名称': '冰箱', '产地': '北京', '价格': '6500'}
```

（3）get(k [, d])：k 是字典的索引值，d 是索引值的默认值。如果 k 存在，就返回其值，否则返回 d。例如：

```
dd = {"名称":"冰箱", "产地":"北京", "价格":"6500"}
gd = dd.get("名称")
print(gd)
sd = dd.get("品牌","不存在")
print(sd)
```

输出结果如下所示。

```
冰箱
不存在
```

（4）items()：使用字典中的元素创建一个由元组对象组成的列表。例如：

```
dd = {"名称":"冰箱", "产地":"北京", "价格":"6500"}
dd.items()
print(dd)
```

输出结果如下所示。

```
{'名称': '冰箱', '产地': '北京', '价格': '6500'}
```

（5）keys()：使用字典中的键值创建一个列表对象。例如：

```
dd = {"名称":"冰箱", "产地":"北京", "价格":"6500"}
kd = dd.keys()
print(kd)
```

输出结果如下所示。

```
dict_keys(['名称', '产地', '价格'])
```

（6）popitem()：删除字典中的最后一个元素。例如：

```
dd = {"名称":"冰箱", "产地":"北京", "价格":"6500"}
print(dd.popitem())
print(dd)
print(dd.popitem())
print(dd)
```

输出结果如下所示。

```
('价格', '6500')
{'名称': '冰箱', '产地': '北京'}
('产地', '北京')
{'名称': '冰箱'
```

（7）setdefault(k [, d])：k 是字典的键值，d 是键值的默认值。如果 k 存在，就返回其值；否则返回 d，并将新的元素添加到字典中。例如：

```
dd = {"名称":"冰箱", "产地":"北京", "价格":"6500"}
sd = dd.setdefault("名称")
print(sd)
print(dd)
td = dd.setdefault("品牌","海尔")
print(td)
print(dd)
```

输出结果如下所示。

```
冰箱

{'名称': '冰箱', '产地': '北京', '价格': '6500'}

海尔

{'名称': '冰箱', '产地': '北京', '价格': '6500', '品牌': '海尔'}
```

（8）update(E)：E 是字典对象，由字典对象 E 来更新此字典。例如：

```
dd = {"名称":"冰箱", "产地":"北京", "价格":"6500"}
dd.update({"品牌":"海尔"})
print(dd)
```

输出结果如下所示。

```
{'名称': '冰箱', '产地': '北京', '价格': '6500', '品牌': '海尔'}
```

（9）values()：使用字典中键值的数值创建一个列表对象。例如：

```
dd = {"名称":"冰箱", "产地":"北京", "价格":"6500"}
vd = dd.values()
print(vd)
```

输出结果如下所示。

```
dict_values(['冰箱', '北京', '6500'])
```

3.4　疑难解惑

疑问 1：如何将元组转换为列表？

list()函数用于将元组转换为列表。元组与列表是非常类似的，区别在于元组的元素值不能修改，元组是放在括号中的，列表是放在方括号中的。例如：

```
goods = (1200, '冰箱', '北京', 'S1002')
```

```
lgoods = list(goods)
print ("商品的信息为: ",lgoods)
```

输出结果如下所示。

商品的信息为: [1200, '冰箱', '北京', 'S1002']

疑问 2：如何将列表转换为元组？

tuple()函数用于将列表转换为元组。例如：

```
goods =[1200, '冰箱', '北京', 'S1002']
t1 = tuple(goods)
print ("商品的信息为: ", t1)
```

输出结果如下所示。

商品的信息为: (1200, '冰箱', '北京', 'S1002')

第 4 章 熟练操作字符串

内容导航|Navigation

在 Python 语言中，字符串是使用频率很高的数据类型。前面章节已简单地介绍过字符串的基本概念，从本章开始将深入学习字符串的操作方法，包括字符串的常用操作、字符串格式化、字符串的常用方法等。

学习目标|Objective

● 熟悉字符串的常用操作
● 熟练使用字符串运算符
● 掌握格式化字符串的方法
● 掌握内置的字符串常用方法

4.1 字符串的常用操作

前面章节中已经讲述了创建字符串的方法，本节开始学习字符串的常用操作。

4.1.1 访问字符串中的值

Python 访问子字符串变量，可以使用方括号来截取字符串。
与列表的索引一样，字符串索引从 0 开始。例如：

```
a="Believe in yourself"
print(a[0])
b="迟日江山丽,春风花草香。"
print(b[1])
```

输出结果如下所示。

```
B
日
```

字符串的索引值可以为负值。若索引值为负数，则表示由字符串的结尾向前数。字符串的最后一个字符其索引值是-1，字符串的倒数第二个字符其索引值是-2。例如：

```
a="Believe in yourself"
print(a[-1])
b="迟日江山丽,春风花草香。"
```

```
print(b[-2])
```

输出结果如下所示。

```
f
香
```

4.1.2 分割指定范围的字符

4.1.1 小节讲述了访问任何一个位置的元素值的方法,本小节讲述如何分割指定范围的字符。使用冒号（:）来分割指定范围的字符。使用方法如下:

```
a[x:y]
```

这里表示分割字符串 a,中括号（[]）内的第 1 个数字 x 是要分割字符串的开始索引值,第 2 个数字 y 则是要分割字符串的结尾索引值。

提　示
这里获取的字符只包含第 1 个数字 x 为索引值的字符,不包含第 2 个数字 y 为索引值的字符。

例如:

```
a="Believe in yourself"
print(a[0:6])
b="迟日江山丽,春风花草香。"
print(b[1:4])
```

输出结果如下所示。

```
Believ
日江山
```

如果省略开始索引值,分割字符串就由第一个字符到结尾索引值。例如:

```
a="Believe in yourself"
print(a[:10])
b="迟日江山丽,春风花草香。"
print(b[:10])
```

输出结果如下所示。

```
Believe in
迟日江山丽,春风花草
```

如果省略结尾索引值,分割字符串就是开始索引值对应的字符到最后一个字符。例如:

```
a="Believe in yourself"
print(a[0:])
b="迟日江山丽,春风花草香。"
```

```
print(b[1:])
```

输出结果如下所示。

```
Believe in yourself
```

日江山丽,春风花草香。

省略开始索引值与结尾索引值时,分割字符串则是第一个字符到最后一个字符。例如:

```
a="Believe in yourself"
print(a[:])
b="迟日江山丽,春风花草香。"
print(b[:])
```

输出结果如下所示。

```
Believe in yourself
```

迟日江山丽,春风花草香。

注　意
Python 不支持单字符类型,单字符在 Python 中也是作为一个字符串使用的。

4.1.3　更新字符串

默认情况下,字符串被设置后就不可以直接修改。一旦直接修改字符串中的字符,就会弹出错误信息。例如:

```
a="Believe in yourself"
a[1] = "w"
```

输出错误信息如下所示。

```
Traceback (most recent call last):
  File "C:/3.4.py", line 2, in <module>
    a[1] = "w"
TypeError: 'str' object does not support item assignment
```

如果一定要修改字符串,可以使用访问字符串值的方法进行更新操作。例如:

```
a="迟日江山丽,春春花草香。"
a=a[:7] + "风" + a[8:]
print(a)
```

输出结果如下所示。

迟日江山丽,春风花草香。

这里将字符串"迟日江山丽,春春花草香。"更改为"迟日江山丽,春风花草香。"

4.1.4 使用转义字符

有时候需要在字符串内设置单引号、双引号、换行符等，可使用转义字符。Python 的转义字符是由一个反斜杠（\）与一个字符组成的，如表 4-1 所示。

表4-1 Python 的转义字符

转义字符	含义
\（在行尾时）	续行符
\\	反斜杠
\'	单引号（'）
\"	双引号（"）
\a	响铃
\b	退格（Backspace）
\e	转义
\n	换行
\v	纵向制表符
\r	回车
\t	横向制表符
\f	换页
\000	空
\ooo	ooo 是八进制 ASCII 码
\xyy	十六进制数，yy 代表字符

下面挑选几个常用的转义字符进行讲解。

1. 换行字符（\n）

下面的示例是在字符串内使用换行字符（\n）：

```
a="泥融飞燕子\n沙暖睡鸳鸯"
print(a)
```

输出结果如下所示。

```
泥融飞燕子

沙暖睡鸳鸯
```

2. 双引号（\"）

下面的示例是在字符串内使用双引号（"）：

```
a="对别人的意见要表示尊重。千万别说：\"你错了。\""
print (a)
```

输出结果如下所示。

对别人的意见要表示尊重。千万别说："你错了。"

3. 各进制的 ASCII 码

下面的示例显示十六进制数值是 48 的 ASCII 码：

```
a="\x48"
print(a)
```

输出结果如下所示。

```
H
```

下面的示例显示八进制数值是 103 的 ASCII 码：

```
a= "\103"
print(a)
```

输出结果如下所示。

```
C
```

4. 加入反斜杠字符

如果需要在字符串内加上反斜杠字符，就必须在字符串的引号前面加上"r"或"R"字符。下面的示例是字符串包含反斜杠字符。

```
print (r"\d")
print (R"\e,\f,\e")
```

输出结果如下所示。

```
\d
\e,\f,\e
```

4.2　熟练使用字符串运算符

下面介绍常见字符串运算符的使用方法。

1. 加号（+）运算符

使用加号（+）运算符可以将两个字符串连接起来，成为一个新的字符串。例如：

```
a="梨花风起正清明，" + "游子寻春半出城。"
print(a)
```

输出结果如下所示。

```
梨花风起正清明，游子寻春半出城。
```

2. 乘号（*）运算符

使用乘号（*）运算符可以将一个字符串的内容复制数次，成为一个新的字符串。例如：

```
a="万株杨柳属流莺" * 4
print(a)
```

输出结果如下所示。

万株杨柳属流莺万株杨柳属流莺万株杨柳属流莺万株杨柳属流莺

3. 逻辑运算符

使用大于（>）、等于（==）和小于（<）逻辑运算符比较两个字符串的大小。例如：

```
a="hello"
b="world"
print(a>b)
print(a==b)
print(a<b)
```

输出结果如下所示。

```
False

False

True
```

4. in 和 not in 运算符

使用 in 或 not in 运算符测试某个字符是否存在于字符串内。例如：

```
a="hello"
b="world"
print(a>b)
print(a==b)
print(a<b)
```

输出结果如下所示。

```
False

False

True
```

【例 4.1】综合应用算术运算符（源代码\ch04\4.1.py）。

```
a = "客从远方来，"
b = "遗我一端绮。"
print("a + b 输出结果: ", a + b)
print("a * 2 输出结果: ", a * 2)
print("a[1] 输出结果: ", a[1])
print("a[1:4] 输出结果: ", a[1:4])
```

```
#使用 in 关键词
if( "远方" in a) :
    print("远方在变量 a 中")
else :
    print("远方不在变量 a 中")
#使用 not in 关键词
if( "外客" not in b) :
    print("外客不在变量 b 中")
else :
    print("外客在变量 b 中")
```

保存并运行程序，结果如下所示。

```
a + b 输出结果：客从远方来，遗我一端绮。
a * 2 输出结果：客从远方来，客从远方来，
a[1] 输出结果：从
a[1:4] 输出结果：从远方
远方在变量 a 中
外客不在变量 b 中
```

4.3　格式化字符串

Python 支持格式化字符串的输出。字符串格式化使用字符串操作符百分号（%）来实现。在百分号的左侧放置一个字符串（格式化字符串），右侧放置希望被格式的值。可以使用一个值，如一个字符串或数字，也可以使用多个值的元组或字典。例如：

```
a = "目前市场上%s 的价格为每公斤%d 元。"
b = ('苹果',20)
c= a % b
print (c)
```

输出结果如下所示。

目前市场上苹果的价格为每公斤 20 元。

%左边放置了一个待格式化的字符串，右边放置的是希望格式化的值。格式化的值可以是一个字符串或数字。

上述%s 和%d 为字符串格式化符号，标记了需要放置转换值的位置。其中，s 表示百分号右侧的值会被格式化为字符串，d 表示百分号右侧的值会被格式化为整数。

Python 中字符串格式化符号如表 4-2 所示。

表4-2　Python中字符串格式化符号

字符串格式化符号	含义
%c	格式化字符及其 ASCII 码
%s	格式化字符串
%d	格式化整数

（续表）

字符串格式化符号	含义
%u	格式化无符号整型
%o	格式化无符号八进制数
%x	格式化无符号十六进制数
%f	格式化浮点数字，可指定小数点后的精度
%e	用科学计数法格式化浮点数
%p	用十六进制数格式化变量的地址

这里特别指出，若格式化浮点数，则可以提供所需要的精度，即一个句点加上需要保留的小数点位数。因为格式化字符总是以类型的字符结束，所以精度应该放在类型字符前面。例如：

```
a = "今天的苹果的售价为每公斤%.2f 元。"
b =20.16
c= a % b
print (c)
```

输出结果如下所示。

今天的苹果的售价为每公斤 20.16 元。

如果不指定精度，默认情况下就会显示 6 位小数。例如：

```
a = "今天的苹果的售价为每公斤%f 元。"
b = 20.16
c = a % b
print (c)
```

输出结果如下所示。

今天的苹果的售价为每公斤 20.160000 元。

如果要在格式化字符串中包含百分号，就必须使用%%，这样 Python 才不会将百分号误认为格式化符号。例如：

```
a = "今年苹果的销售额比去年提升了：%.2f%%"
b = 20.16
c = a % b
print (c)
```

输出结果如下所示。

今年苹果的销售额比去年提升了：20.16%

另外，还有一种方式也可以实现上述结果，代码如下：

```
a = "今年苹果的销售额比去年提升了：%.2f"
b = 20.16
c = a % b
```

```
print (c+"%")
```

输出结果如下所示。

今年苹果的销售额比去年提升了：20.16%

4.4　内置的字符串方法

在 Python 中，字符串的方法有很多，主要是因为字符串中 string 模块中继承了很多方法。本节将结几种常用的方法进行讲解。

4.4.1　capitalize()方法

capitalize()方法将字符串的第一个字符转化为大写，其他字符转化为小写。
capitalize()方法的语法格式如下：

```
str.capitalize()
```

其中，str 为需要转化的字符串。下面通过示例来学习。

```
str = "i can because I think I can"
tt = str.capitalize()+":我行，因为我相信我行！"
print (tt)
```

输出结果如下所示。

```
I can because i think i can:我行，因为我相信我行！
```

特别需要注意的是，如果字符串的首字符不是字母，那么该字符串中的第一个字符不会转换为大写，而转换为小写。
例如：

```
str = "123 I can because I think I can "
print(str.capitalize())
str = "@ I can because I think I can "
print(str.capitalize())
```

输出结果如下所示。

```
123 i can because i think i can

@ i can because i think i can
```

4.4.2　count()方法

count()方法用于统计字符串里某个字符出现的次数，可选参数为在字符串搜索的开始与结束位置。
count()方法的语法格式如下：

```
str.count(sub, start= 0,end=len(string))
```

其中，sub 为搜索的子字符串；start 为字符串开始搜索的位置，默认为第一个字符，第一个字符索引值为 0；end 为字符串中结束搜索的位置，默认为字符串的最后一个位置。

例如：

```
str="The best preparation for tomorrow is doing your best today"
s='b'
print ("字符 b 出现的次数为: ", str.count(s))
s='best '
print ("best 出现的次数为:", str.count(s,0,6))
print ("best 出现的次数为:", str.count(s,0,40))
print ("best 出现的次数为:", str.count(s,0,80))
```

输出结果如下所示。

```
字符 b 出现的次数为:  2

best 出现的次数为: 0

best 出现的次数为: 1

best 出现的次数为: 2
```

4.4.3　find()方法

find()方法检测字符串中是否包含子字符串。如果包含子字符串，就返回开始的索引值；否则就返回-1。

find()方法的语法格式如下：

```
str.find(str, beg=0, end=len(string)
```

其中，str 为指定检索的字符串；beg 为开始索引，默认为 0；end 为结束索引，默认为字符串的长度。例如：

```
str1 = "青海长云暗雪山，孤城遥望玉门关。"
str2 = "玉门"
print (str1.find(str2))
print (str1.find(str2,10))
print (str1.find(str2,13,15))
```

输出结果如下所示。

```
12

12

-1
```

4.4.4　index()方法

index()方法检测字符串中是否包含子字符串。如果包含子字符串，就返回开始的索引值，否则就会报一个异常。

index()方法的语法格式如下：

```
str.index(str, beg=0, end=len(string))
```

其中，str 为指定检索的字符串；beg 为开始索引，默认为 0；end 为结束索引，默认为字符串的长度。例如：

```
str1 = "青海长云暗雪山，孤城遥望玉门关。"
str2 = "玉门"
print (str1.index(str2))
print (str1.index (str2,10))
print (str1.index(str2,13,15))
```

输出结果如下所示。

```
12

Traceback (most recent call last):

12

  File "C:/4.6.py", line 5, in <module>

    print (str1.index(str2,13,15))

ValueError: substring not found
```

可见，该方法与 find()方法一样，如果 str 不在 string 中，就会报一个异常。

4.4.5　isalnum()方法

isalnum()方法检测字符串是否由字母和数字组成。

isalnum()方法语法格式如下：

```
str.isalnum()
```

如果字符串中至少有一个字符并且所有字符都是字母或数字，就返回 True；否则就返回 False。例如：

```
str1 = "Whateverisworthdoingisworthdoingwell"     #字符串没有空格
print (str1.isalnum())
str1="Whatever is worth doing is worth doing well"  #这里添加了空格
print (str1.isalnum())
```

输出结果如下所示。

```
True
```

```
False
```

4.4.6 join()方法

join()方法用于将序列中的元素以指定的字符连接生成一个新的字符串。
join()方法的语法格式如下：

```
str.join(sequence)
```

其中，sequence 为要连接的元素序列。
例如：

```
s1 = ""
s2 = "*"
s3 = "#"
#字符串序列
e1 = ("黄", "沙", "百", "战", "穿", "金", "甲")
e2 = ("不", "破", "楼", "兰", "终", "不", "还")
print (s1.join( e1 ))
print (s2.join( e2 ))
print (s3.join( e2 ))
```

输出结果如下所示。

```
黄沙百战穿金甲

不*破*楼*兰*终*不*还

不#破#楼#兰#终#不#还
```

> **注 意**
>
> 被连接的元素必须是字符串，如果是其他的数据类型，运行时就会报错。

4.4.7 isalpha()方法

isalpha()方法检测字符串是否只由字母或汉字组成。如果字符串至少有一个字符并且所有字符都是字母或汉字，就返回 True；否则就返回 False。
isalpha()方法的语法格式如下：

```
str.isalpha()
```

例如：

```
s1 = "Believe 相信"
print (s1.isalpha())
s1 = "大漠风尘日色昏，红旗半卷出辕门。"
print (s1.isalpha())
```

输出结果如下所示。

```
True
False
```

4.4.8　isdigit()方法

isdigit()方法检测字符串是否只由数字组成。如果字符串中只包含数字，就返回 True；否则就返回 False。

isdigit()方法的语法格式如下：

```
str.isdigit()
```

例如：

```
s1 = "123456789"
print (s1.isdigit())
s1 = "Believe123456789"
print (s1.isdigit())
```

输出结果如下所示。

```
True

False
```

4.4.9　low()方法

low()方法将字符串中的所有大写字符转化为小写字符。

low()方法的语法格式如下：

```
str.lower()
```

其中，str 为指定需要转化的字符串，该方法没有参数。

例如：

```
s1 = "HAPPINESS"
print('使用low()方法后的效果: ',s1.lower())
s2 = "Happiness"
print('使用low()方法后的效果: ',s2.lower())
```

输出结果如下所示。从结果可以看出，字符串中的大写字母全部转化为小写字母了。

```
使用low()方法后的效果:  happiness

使用low()方法后的效果:  happiness
```

如果想实现"不区分大小写"功能，就可以使用 lower()方法。例如，在一个字符串中查找某个子字符串并忽略大小写：

```
s1 = "HAPPINESS"
```

```
s2 = "Ss"
s1.find(s2)                     #都不转化为小写，找不到匹配的字符串
s1.lower().find(s2)             #被查找字符串转化为小写，找不到匹配的字符串
s1.lower().find(s2.lower())     #全部转化为小写，找不到匹配的字符串
```

输出结果如下所示。从结果可以看出，字符串中的大写字母全部转化为小写字母后，即可匹配到对应的子字符串。

```
-1 -1 7
```

4.4.10　max()方法

max()方法返回字符串中的最大值。
max()方法的语法格式如下：

```
str.max()
```

其中，str 为指定需要查找的字符串，该方法没有参数。
例如：

```
s1 = "abcdefgh"
print(max(s1))
s2 = "abcdefghABCDEFGH "
print(max(s2))
```

输出结果如下所示。从结果可以看出，若出现相同字母的大小写，则小写字母整体大于大写字母。

```
h
h
```

4.4.11　min()方法

min()方法返回字符串中的最小值。
min()方法的语法格式如下：

```
str.min()
```

其中，str 为指定需要查找的字符串，该方法没有参数。
例如：

```
s1 ="abcdefgh"
print(min(s1))
s2 ="abcdefghABCDEFGH "
print(min(s2))
```

输出结果如下所示。从结果可以看出，若出现相同字母的大小写，则大写字母整体小于小写字母。

```
a
```

4.4.12 replace()方法

replace()方法用于把字符串中的旧字符串替换为新字符串。

replace()方法的语法格式如下：

```
str.replace(old, new[, max])
```

其中，old 为将被替换的子字符串；new 为新字符串，用于替换 old 子字符串；max 为可选参数，表示替换不超过 max 次。

例如：

```
s1="最近采购货物为冰箱"
print(s1.replace("冰箱", "洗衣机"))
s1="一片两片三四片 五片六片七八片 九片十片片片飞 飞入芦花皆不见"
print(s1.replace("片","页",1))
print(s1.replace("片","页",2))
print(s1.replace("片","页",10))
print(s1.replace("片","页"))
```

输出结果如下所示。从结果可以看出，若制定第三个参数，则替换从左到右进行，替换次数不能超过指定的次数；若不指定第三个参数，则所有匹配的字符都将被替换。

```
最近采购货物为洗衣机

一页两片三四片 五片六片七八片 九片十片片片飞 飞入芦花皆不见

一页两页三四片 五片六片七八片 九片十片片片飞 飞入芦花皆不见

一页两页三四页 五页六页七八页 九页十页页页飞 飞入芦花皆不见

一页两页三四页 五页六页七八页 九页十页页页飞 飞入芦花皆不见
```

4.4.13 swapcase()方法

swapcase()方法用于对字符串的大小写字母进行转换，即将字符串中小写字母转换为大写、大写字母转为小写。

swapcase()方法的语法格式如下：

```
str.swapcase ()
```

其中，str 为指定需要查找的字符串，该方法没有参数。返回结果为大小写字母转换后生成的新字符串。

例如：

```
s1 ="Happiness is a way station between too much and too little "
print ('原始的字符串: ',s1)
print ('转换后的字符串: ',s1.swapcase())
```

输出结果如下所示。从结果可以看出，调用 swapcase()方法后，字符串中的大小写将会进行相互转换。

```
原始的字符串：Happiness is a way station between too much and too little
转换后的字符串：hAPPINESS IS A WAY STATION BETWEEN TOO MUCH AND TOO LITTLE
```

4.4.14　title()方法

title()方法返回"标题化"的字符串，即所有单词都以大写开始，其余字母均为小写。title ()方法的语法格式如下：

```
str.title()
```

其中，str 为指定需要查找的字符串，该方法没有参数。返回结果为大小写字母转换后生成的新字符串。

例如：

```
s1 ="Happiness is a way station between too much and too little "
print ('原始的字符串：',s1)
print ('转换后的字符串：',s1.title())
```

运行结果如下所示。从结果可以看出，调用 title()方法后，字符串中所有单词都以大写开始，其余字母均为小写。

```
原始的字符串：Happiness is a way station between too much and too little
转换后的字符串：Happiness Is A Way Station Between Too Much And Too Little
```

4.5　Python 3.8 的新特性——f-strings 开始支持等号

在 Python 3.8 版本中增加了 f-strings，可以使用 f 前缀更方便地格式化字符串，同时还能进行计算。例如：

```
x = 100
print(f'{x+10}')
```

输出结果如下所示。

```
110
```

在 Python 3.8 中，f-strings 开始支持等号，通过等号可以拼接运算表达式与结果。例如：

```
x = 100
print(f'{x+10=}')
```

输出结果如下所示。

```
x+10=110
```

4.6 疑难解惑

疑问 1：如何获取字符串中的字符数目？

使用 len 关键词可以得到字符串中的字符数目。例如：

```
print(len("hello"))
```

输出结果如下所示。

```
5
```

疑问 2：字符串是如何存储的？

在 Python 2 中，普通字符串是以 8 位 ASCII 码进行存储的，而 Unicode 字符串则存储为 16 位 unicode 字符串，这样能够表示更多的字符集。使用的语法是在字符串前面添加前缀 u。在 Python 3 中，所有的字符串都是 Unicode 字符串。

疑问 3：如何将字符串转换为数字？

将字符串类型转换成数字类型的方法是使用 int() 内置函数。例如：

```
i = int('123456')
print(i)
```

输出结果如下所示。

```
123456
```

第 5 章　程序的控制结构

内容导航 Navigation

在任何一种语言中，都有程序结构，常见的有顺序结构、分支结构和循环结构。Python 编程中对程序流程的控制主要是通过条件判断、循环控制语句及 continue、break 完成的。本章将重点学习 Python 中控制语句的使用方法和技巧。

学习目标 Objective

- 了解程序流程概述
- 熟悉基本处理流程
- 掌握多种赋值语句的使用方法
- 熟悉循序结构的含义
- 了解布尔表达式的使用方法
- 掌握选择结构语句的使用方法
- 掌握循环控制语句的使用方法

5.1　程序流程概述

在现实生活中，我们看到的流程是多种多样的，如汽车在道路上行驶，要顺序地沿道路前进，碰到交叉路口时，驾驶员就需要判断是转弯还是直行，在环路上是继续前进还是从一个出口出去等。在编程的世界里遇到这些状况时，可以改变程序的执行流程，即用流程控制和流程控制语句。

语句是构造程序的基本单位，程序运行的过程就是执行程序语句的过程。程序语句执行的次序称为流程控制（控制流程）。

流程控制的结构有顺序结构、选择结构和循环结构三种。例如，生产线上零件的流动过程，应该顺序地从一个工序流向下一个工序，这就是顺序结构。但当检测不合格时，就需要从这道工序中退出，或者继续在这道工序中再加工直到检测通过为止，这就是选择结构和循环结构。

5.2　基本处理流程

对数据结构的处理流程称为基本处理流程。在 Python 中，基本处理流程包含三种结构，即顺序结构、选择结构和循环结构。顺序结构是 Python 脚本程序中基本的结构，它按照语句出现的先后顺序依次执行，如图 5-1 所示。

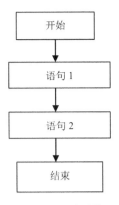

图 5-1　顺序结构

选择结构按照给定的逻辑条件来决定执行顺序，有单向选择、双向选择和多向选择之分，但程序在执行过程中只执行其中一条分支。单向选择和双向选择结构如图 5-2 所示。

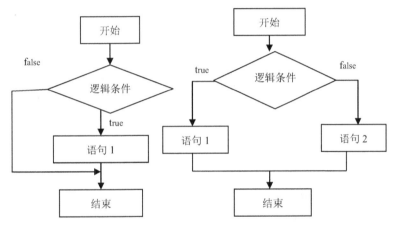

图 5-2　单向选择和双向选择结构

循环结构即根据代码的逻辑条件来判断是否重复执行某一段程序，若逻辑条件为 True，则进入循环重复执行，否则结束循环。循环结构可分为条件循环和计数循环，如图 5-3 所示。

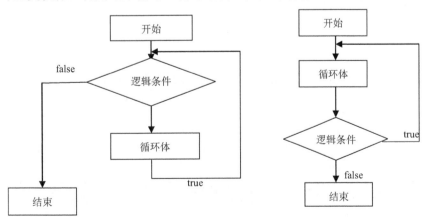

图 5-3　循环结构

一般在 Python 语言中，程序总体是按照顺序结构执行的，而在顺序结构中可以包含选择结构和循环结构。

5.3 多样的赋值语句

赋值语句是 Python 程序中常用的语句。因为经常需要大量的变量存储程序中用到的数据，所以用来对变量进行赋值的赋值语句也会在程序中大量出现。

5.3.1 基本赋值

赋值的作用是赋予变量的值，使之能够参与运算。比如 x 只是一个字母（变量），不能进行加、减、乘、除的运算，如果给它赋予 100 的值，就可以参与运算了。

赋值语句的语法格式如下：

```
变量名=表达式
```

其中，"="为赋值号，编程中的等于号为"=="。

Python 中的变量不需要声明。每个变量在使用之前都必须赋值，赋值后该变量才会被创建。在 Python 中，变量没有类型，所说的"类型"是指内存中对象的类型。

例如：

```
aa = "刘笑笑"
bb = false
cc = "临别亦听得到你讲再见，在有生的瞬间能遇到你"
```

> **注 意**
>
> 赋值不是直接将一个值赋给一个变量，对象是通过引用传递的。不管变量是新创建的、还是已经存在的，都是将该对象的引用赋值给变量。

C 语言中，把赋值语句当成一个表达式，可以返回值。但在 Python 中，赋值语句不会返回值，所以下面的语句是非法的：

```
b = (a = a - 100)
if (b = 100)
```

输出结果如下所示。此时报出语法错误，可见上述赋值方法都是错误的。

```
  File "C:/5.2.py", line 1
    b = (a = a - 100)
          ^
SyntaxError: invalid syntax
```

> **提 示**
>
> 经常有读者将"=="符号误写成"="。"="是赋值运算符，"=="是关系运算符的"等于号"，两者是不同的，千万不能混淆。

5.3.2 序列解包

由于赋值运算符的结合性是由右至左，因此在 Python 语言中，可以一次性给多个变量同时赋值。例如：

```
x, y, z = 1, 2, '春花秋月何时了'    # 一次性给多个变量同时赋值
print(x)
print(y)
print(z)
print(x, y, z)
```

输出结果如下所示。从运行结果看出，多个赋值操作可以同时进行。

```
1
2
春花秋月何时了
1 2 春花秋月何时了
```

当遇到多个变量赋值时，就不需要逐次对每个变量进行赋值了，用一条语句就可以解决。例如：

```
x, y, z = 1, 2, '春花秋月何时了'    # 一次性给多个变量同时赋值
x, y = y,x                          # x 和 y 的值交换
print(x, y,z)                       # 输出交换后的值
```

输出结果如下所示。从运行结果看出，x 和 y 的值交换了，所以可以交换两个或多个变量的值。

```
2 1 春花秋月何时了
```

在 Python 中，上述交换就是序列解包，即先将多个值的序列解开，然后放到变量序列中。例如：

```
a = 1, 2, '春花秋月何时了'    # 一次性给多个变量同时赋值
a
x,y,z = a
x                            # 获得序列解开的值
print(x,y,z)
```

输出结果如下所示。列表解包后，变量获得了对应的值。

```
1 2 春花秋月何时了
```

需要特别注意的是，解包序列中的元素数量必须与放置在赋值符号左边的数量完全一致，否则会在赋值时引发异常。例如：

```
a = 1, 2, '春花秋月何时了'    # 一次性给多个变量同时赋值
print(a)
```

```
x,y = a                          # 赋值时少了一个元素
x,y,z,h = a                      # 赋值时多了一个元素
```

输出结果如下所示。当左边的元素数量与右边的元素数量不一致时，执行会报错。

```
(1, 2, '春花秋月何时了')
Traceback (most recent call last):
  File "C:/5.3.py", line 3, in <module>
    x,y = a                      # 赋值时少了一个元素
ValueError: too many values to unpack (expected 2)
```

5.3.3　链式赋值

链式赋值是将同一个值赋给多个变量，即可以一次性为不同的变量赋予同一个值。例如：

```
a = b = c = "繁华事散逐香尘，流水无情草自春。" # 为变量连续赋值
print(a,b,c)
```

输出结果如下所示。通过多个等式可以为多个变量赋同一个值。

繁华事散逐香尘，流水无情草自春。　繁华事散逐香尘，流水无情草自春。　繁华事散逐香尘，流水无情草自春。

上面示例的运行结效果与分别赋值是一样的。例如：

```
a = "繁华事散逐香尘，流水无情草自春。" # 为变量连续赋值
b = a
c = a
print(a,b,c)
```

输出结果如下所示。分别赋值和使用链式赋值的结果是一样的，但链式赋值更简洁。

繁华事散逐香尘，流水无情草自春。　繁华事散逐香尘，流水无情草自春。　繁华事散逐香尘，流水无情草自春。

5.3.4　其他赋值方式

赋值运算符也可以是一些复合的赋值运算符，如加赋值运算符"+="、减赋值运算符"-="、乘赋值运算符"*。="、除赋值运算符"/="等。

表 5-1 中左侧的表达式等价于右边的表达式。

表5-1　左侧的表达式等价于右边的表达式

表达式	等价于
n+=25	n = n + 25
n-=25	n = n- 25
n*=25	n = n* 25
n/=25	n = n/ 25

例如:

```
a=100
a+=20        #复合赋值运算符
print(a)
```

输出结果如下所示。从结果可以看出,使用复合赋值会更简洁。

```
120
```

赋值号的右边也可以是表达式。例如:

```
a=100
b=200
c=a*2+b
d=a+b+c
print(d)
```

输出结果如下所示。从结果可以看出,这里先计算 a*2+b 的值,再赋值给 c,c 的值为 400,然后计算 a+b+c 的值,再赋值给 d,d 的值为 700。

```
700
```

下面通过一个综合示例来学习各种赋值语句的使用方法。

【例 5.1】多种方式的赋值(源代码\ch05\5.1.py)。

```
a = 100              #初始化变量 a
print(a)
b = c = 700/200;     #为变量连续赋值
print(b,c)
a,b = 100,150
c = a*3+b
d = a+b+c            #赋值号右边也可以是表达式
print(d)
a = 100
a+=40                # 复合赋值运算符
print(a)
```

保存并运行程序,输出结果如下所示。

```
100
3.5 3.5
700
140
```

在 Python 语言中,同一变量名在不同阶段可以存储不同类型的数据。例如:

```
a=3
```

```
print(a)
a='迢迢牵牛星，皎皎河汉女。'
print(a)
a=10.88
print(a)
```

输出结果如下所示。

```
3
迢迢牵牛星，皎皎河汉女。
10.88
```

5.4　顺序结构

顺序结构的程序是指程序中的所有语句都是按照书写顺序逐一执行的，只是顺序结构的程序其功能有限。

下面是一个包含顺序结构的程序示例。

【例 5.2】计算圆的面积（源代码\ch05\5.2.py）。

```
radius = float(input("请输入半径: "))        #输入半径
print("")
area = 3.1416* radius* radius
print(area)                                   #输出圆的面积
```

保存并运行程序，输出结果如下所示。

```
请输入半径: 15


706.86
```

该程序是一个顺序结构的程序，首先定义 radius 和 area 两个变量，在屏幕上输出"请输入半径："的提示语句，再通过键盘输入获取数据复制给变量 radius，然后为变量 area 赋值，最后输出 area 的值。程序的执行过程是按照书写语句一步步地顺序执行的，直至程序结束。

> **注　意**
>
> 　　因为 input()函数输入的是字符串格式，所以在键盘输入的浮点数并不是真正的浮点数，而是字符串形式。因为 radius 是字符串形式，不可以相乘，所以在执行语句 area = 3.1416* radius* radius 时会报错。这里使用 float()函数强制将输入的半径转换为浮点数。

如果不使用 float()函数，在进行乘法运算时就会报错。例如：

```
a=input("请输入半径: ")
b=a*a
```

输出结果如下所示。从结果可以看出，直接对输入的值进行乘法运算是会报错的。

```
请输入半径: 54
Traceback (most recent call last):
  File "C:/4.py", line 2, in <module>
    b=a*a
TypeError: can't multiply sequence by non-int of type 'str'
```

5.5 布尔表达式

布尔表达式是值为 True 或 False 的一种 Python 表达式。

例如，这里使用"=="双等于操作符来比较两个操作对象是否相等，若相等，则返回结果 True，否则返回 False。

```
print(True)
print(False)
print(True==1)
print(False==0)
print(False+True+100)
```

输出结果如下所示。

```
True
False
True
True
101
```

从结果可以看出，True 和 1 是等价的，False 和 0 是等价的，True 和 False 可以和整数进行加减运算。

这里的真值（True）和假值（False）是 Python 基础数据类型中 bool 的两个特殊值，它们不是字符串。

读者可以使用 type()方法查看。例如：

```
print(type(True))
print(type(False))
```

输出结果如下所示。

```
<type 'bool'>
<type 'bool'>
```

使用 bool()函数可以将其他值转换为布尔类型。例如：

```
print(bool(100))
```

```
print(bool("采薇采薇，薇亦作止。"))
print(bool(""))
print(bool([100]))
print(bool([]))
print(bool())
```

输出结果如下所示。

```
True
True
False
True
False
False
```

由此可见，使用了关系操作符号的表达式都是布尔表达式。下面通过一个综合示例进一步学习常见布尔表达式的使用方法。

【例 5.3】布尔表达式的综合使用（源代码\ch05\5.3.py）。

```
# 布尔表达式的值只有两个：True 和 False
x = 108.88
y = 108.66
print (x==y)    #符号'=='用于判断两个数是否相等，这条语句的 result=False
x=108.66
print (x == y) #这条语句的 result = True
print (x != y) #符号'!='用于判断两个数是否不相等，这条语句的 result=False
a =156
b =266
print (a >= b)    #符号'>='用于判断 a 是否大于等于 b，这条语句的 result=False
print (a <= b)    #符号'<='用于判断 a 是否小于等于 b，这条语句的 result=True
print (a > b)     #符号'>'用于判断 a 是否大于 b，这条语句的 result=False
print (a < b)     #符号'<'用于判断 a 是否小于 b，这条语句的 result=True
a = 'abc'
b = 'cde'
print (a > b)   #也可以对两个字符串进行大小判断，这条语句的 reslut=False
print (a < b)   #这条语句的 result=True
#需要注意操作符 "=" 和操作符 "==" 的区别，"=" 是将右边的值赋给左边的变量
#而 "==" 是判断左边的值和右边的值是否相等
```

保存并运行程序，输出结果如下所示。

```
False
True
False
```

```
False
True
False
True
False
True
```

5.6　选择结构与语句

条件判断语句就是对语句中不同条件的值进行判断，进而根据不同的条件执行不同的语句。

5.6.1　选择结构

选择结构也称为分支结构，用于处理在程序中出现两条或更多执行路径可供选择的情况。选择结构可以用分支语句来实现。分支语句主要为 if 语句。

先来看一个具有选择结构的程序示例。

【例 5.4】求取输入的两个整数的差值（源代码\ch05\5.4.py）。

```
a= int(input("请输入第 1 个数: "))
b=int(input("请输入第 2 个数: "))
print("")
if a<=b:
    print("它们的差值: ",b-a)
elif a>b:
    print ("它们的差值: ",a-b)
```

保存并运行程序，输出结果如下所示。

```
请输入第 1 个数: 15
请输入第 2 个数: 3

它们的差值: 12
```

该程序是一个选择结构的程序，在执行过程中会按照键盘输入值的大小顺序选择不同的语句执行。若 a>b，则执行 print("它们的差值: ",b-a)；若 a<=b，则执行 print ("它们的差值: ",a-b)。

5.6.2　if 语句

if 语句是使用非常普遍的条件选择语句，每一种编程语言都有一种或多种形式的 if 语句，在编程中它是经常被用到的。

if 语句的格式如下：

```
if 表达式1：
    语句1
elif 表达式2：
    语句2
...
else：
    语句n
```

若表达式 1 为真，则 Python 运行语句 1，反之则向下运行。如果没有条件为真，就运行 else 内的语句。elif 与 else 语句都是可以省略的。可以在语句内使用 pass 语句，表示不运行任何动作。

注意以下问题：

（1）每个条件后面要使用冒号（:），表示接下来是满足条件后要执行的语句块。

（2）使用缩进划分语句块，相同缩进数的语句在一起组成一个语句块。

（3）在 Python 中没有 switch...case 语句。

以下为 if 中常用的操作运算符：

（1）<：小于。

（2）<=：小于或等于。

（3）>：大于。

（4）>=：大于或等于。

（5）==：等于，比较对象是否相等。

（6）!=：不等于。

【例 5.5】使用 if 判断语句（源代码\ch05\5.5.py）。

```
sc= int(input("请输入考试分数："))
print("")
if sc <60:
    print("成绩不及格")
elif 60 <= sc <=70:
    print("成绩及格")
elif 70 < sc <=80:
    print("成绩良好")
elif 80 < sc<=100:
    print("成绩优秀 ")
elif 100 < sc:
    print("输入的考试分数有误")
input("按 Enter 键退出")
```

保存并运行程序，输出结果如下所示。从结果可以看出，输入的考试分数为 85，再在执行 print("成绩优秀")语句。

请输入考试分数: 85

成绩优秀
按 Enter 键退出

5.6.3　if 嵌套

在嵌套 if 语句中，可以把 if...elif...else 结构放在另外一个 if...elif...else 结构中。该语法格式如下：

```
if 表达式1:
    语句
    if 表达式2:
        语句
    elif 表达式3:
        语句
    else
        语句
elif 表达式4:
    语句
else:
    语句
```

【例 5.6】判断输入的数字是否既能整除 2 又能整除 3（源代码\ch05\5.6.py）。

```
num=int(input("输入一个数字: "))
if num%2==0:
    if num%3==0:
        print ("你输入的数字可以整除 2 和 3")
    else:
        print ("你输入的数字可以整除 2，但不能整除 3")
else:
    if num%3==0:
        print ("你输入的数字可以整除 3，但不能整除 2")
    else:
        print ("你输入的数字不能整除 2 和 3")
```

保存并运行程序，输出结果如下所示。从结果可以看出，输入的数字为 12，再执行 print ("你输入的数字可以整除 3，但不能整除 2")语句。

输入一个数字: 12
你输入的数字可以整除 2 和 3

5.6.4　多重条件判断

在 Python 编程中，经常会遇到多重条件比较的情况。在多重条件比较时，需要用到 and 或 or 运算符。其中，and 运算符用于多个条件同时满足的情况；or 运算符用于只有一个条件满足即可。

【例 5.7】多重条件判断（源代码\ch05\5.7.py）。

```python
a= int(input("请输入三角形的第一条边: "))
b= int(input("请输入三角形的第二条边: "))
c= int(input("请输入三角形的第三条边: "))
print("")
if a ==b and a ==c:
    print("等边三角形")
elif a==b or a==c or b==c:
    print("等腰三角形")
elif a==b or a==c or b==c:
    print("等腰三角形")
elif a*a+b*b==c*c or a*a+c*c==b*b or c*c+b*b==a*a :
    print("直角三角形")
else:
    print("一般三角形")
```

保存并运行程序，输出结果如下所示。

```
请输入三角形的第一条边: 9
请输入三角形的第二条边: 9
请输入三角形的第三条边: 15
```

5.7　循环控制语句

循环语句主要是在满足条件的情况下反复执行某一个操作。循环控制语句主要包括 while 语句和 for 语句。

5.7.1　while 语句

while 语句是循环语句，也是条件判断语句。
while 语句语法格式如下：

```
while 判断条件:
    语句
```

这里同样需要注意冒号和缩进。

下面通过一个示例计算 1~20 的总和。

【例 5.8】使用 while 循环语句（源代码\ch05\5.8.py）。

```
a = 20
sum = 0
b = 1
while b <= a:
    sum = sum + b
    b += 1
print("1 到 %d 之和为: %d" % (a,sum))
```

保存并运行程序，输出结果如下所示。

```
1 到 20 之和为: 210
```

注 意
如果在这里遗漏代码行 b+=1，程序就会进入无限循环中。因为变量 b 的初始值为 1，但并且会发生变化，所以 b<=a 始终为 True，导致 while 循环不会停止。

要避免无限循环的问题，就必须对每个 while 循环进行测试，确保其会按预期的那样结束。如果希望程序在用户输入特定值时结束，那么可运行程序并输入这样的值；如果在这种情况下程序没有结束，那么请检查程序处理这个值的方式，确认程序至少有一个这样的地方能让循环条件变为 False，或者让 break 语句得以执行。

如果条件表达式一直为 True，while 循环就会进入无限循环中。无限循环应用也比较广泛，如在服务器上处理客户端的实时请求时就非常有用。

【例 5.9】while 无限循环中的应用（源代码\ch05\5.9.py）。

```
aa = "商品"
while aa=="商品" :  # 表达式永远为 True
    name =str (input("请输入需要采购商品的名称:"))
    print ("你输入的商品名称是: ", name)
print ("商品采购完毕!")
```

保存并运行程序，输出结果如下所示。

```
请输入需要采购商品的名称:洗衣机
你输入的商品名称是:  洗衣机
请输入需要采购商品的名称:电视机
你输入的商品名称是:  电视机
请输入需要采购商品的名称:电脑
你输入的商品名称是:  电脑
请输入需要采购商品的名称:
```

如果用户想退出无限循环，可以按 Ctrl+C 组合键。

当 while 循环体中只有一条语句时，可以将该语句与 while 写在同一行中。例如：

```
aa = "商品"
while aa=="商品" :print ("这里只有一条执行语句")
print ("商品采购完毕!")
```

while 语句可以和 else 配合使用，表示当 while 语句的条件表达式为 False 时，执行 else 的语句块。

【例 5.10】while 语句和 else 配合使用（源代码\ch05\5.10.py）。

```
a=1
while a <20:
    print (a, "小于 20")
    a=a+1
else:
    print (a, "大于或等于 20")
```

保存并运行程序，输出结果如下所示。

```
1 小于 20
2 小于 20
3 小于 20
4 小于 20
5 小于 20
6 小于 20
7 小于 20
8 小于 20
9 小于 20
10 小于 20
11 小于 20
12 小于 20
13 小于 20
14 小于 20
15 小于 20
16 小于 20
17 小于 20
18 小于 20
19 小于 20
20 大于或等于 20
```

5.7.2　for 语句

for 语句通常条件控制和循环由两部分组成。
for 语句语法格式如下：

```
for <variable> in <sequence>:
    语句
else:
    语句
```

其中，<variable>是一个变量名称，<sequence>是一个列表。else 语句运行的时机是当 for 语句都没有运行，或者最后一个循环已经运行时。else 语句是可以省略的。

下面的示例打印变量 n 所有的值：

```
for n in [100,200,300,400,500]:
    print (n)
```

输出结果如下所示。

```
100
200
300
400
500
```

若想跳出循环，则可以使用 break 语句，该语句用于跳出当前循环体。

【例 5.11】for 语句和 break 语句的配合使用（源代码\ch05\5.11.py）。

```
fruits = ["苹果", "葡萄","橘子","香蕉","西瓜","芒果"]
for ff in fruits:
    if ff == "西瓜":
        print("水果中包含西瓜!")
        break
    print(ff)
else:
    print("没有发现需要的水果!")
print("水果搜索完毕!")
```

保存并运行程序，输出结果如下所示。从结果可以看出，当搜索到西瓜时，会跳出当前循环，对应的循环 else 块将不执行。

```
苹果
葡萄
橘子
香蕉
水果中包含西瓜!
水果搜索完毕!
```

5.7.3　continue 语句和 else 语句

使用 continue 语句，Python 将跳过当前循环块中的剩余语句，继续进行下一轮循环。

【例5.12】for语句和continue语句的配合使用（源代码\ch05\5.12.py）。

```python
aa = 0
while aa <100:
    aa=aa+10
    if aa==80:        #变量为80时跳过输出
        continue
    print (aa, " 小于或等于100")
```

保存并运行程序，输出结果如下所示。从结果可以看出，当变量为80时，将跳出当前循环，进入下一个循环中。

```
10   小于或等于100
20   小于或等于100
30   小于或等于100
40   小于或等于100
50   小于或等于100
60   小于或等于100
70   小于或等于100
90   小于或等于100
100   小于或等于100
```

当for循环被执行完毕或while循环条件为False时，else语句才会被执行。需要特别注意的是，如果循环被break语句终止，那么else语句不会被执行。

【例5.13】for、break和else语句的配合使用（源代码\ch05\5.13.py）。

```python
a= "盈盈一水间，脉脉不得语。"
for b in a:              #包含break语句
    if b== '不':         # 文字为"不"时跳过输出
        print ('当前文字是:', b)
        break
    else:
        print ('没有发现对应的文字')
```

保存并运行程序，输出结果如下所示。从结果可以看出，当搜索到文字"不"时，将通过break语句跳出循环。

```
没有发现对应的文字
没有发现对应的文字
没有发现对应的文字
没有发现对应的文字
没有发现对应的文字
没有发现对应的文字
没有发现对应的文字
没有发现对应的文字
```

当前文字是:不

5.7.4　pass 语句

pass 是空语句,主要为了保持程序结构的完整性。pass 不做任何事情,一般用作占位语句。

【例 5.14】for 和 pass 语句配合使用实例(源代码\ch05\5.14.py)。

```
for a in '江南可采莲,莲叶何田田,鱼戏莲叶间。':
    if a == '鱼':
        pass
        print ('执行 pass 语句')
    print ('当前文字:', a)
print ("搜索完毕!")
```

保存并运行程序,输出结果如下所示。从结果可以看出,当搜索到文字"鱼"时,先执行 print ('执行 pass 语句'),然后执行 print ('当前文字:', a)。

```
当前文字: 江
当前文字: 南
当前文字: 可
当前文字: 采
当前文字: 莲
当前文字: ,
当前文字: 莲
当前文字: 叶
当前文字: 何
当前文字: 田
当前文字: 田
当前文字: ,
执行 pass 语句
当前文字: 鱼
当前文字: 戏
当前文字: 莲
当前文字: 叶
当前文字: 间
当前文字: 。
搜索完毕!
```

5.8　Python 3.8 的新特性——赋值表达式

Python 3.8 版本中的最大变化就是加入赋值表达式。赋值表达式的运算符为:=,主要作用是赋值并返回值。

例如下面的代码:

```
a=1024
print(a)
```

输出结果如下所示。

```
1024
```

在 Python 3.8 版本中，将上述代码的修改如下：

```
print(a:=1024)
```

输出结果如下所示。

```
1024
```

赋值表达式不仅在构造上更简单，也可以清楚地表达代码的意图。

赋值表达式的优势在循环操作中更加明显。下面举例说明：

```
names = list()
name = input("请输入账号: ")
while name != "xiaoming":
    names.append(name)
    name = input("请输入账号: ")
```

上述代码将判断输入的账号是否为 xiaoming，需要不断重复 input 语句，并且将输入的内容添加到 names 列表中。

上述代码比较麻烦，修改思路如下：通过一个无限 while 循环，然后用 break 停止循环。修改后的代码如下：

```
names = list()
while True:
    name = input("请输入账号: ")
    if name == "xiaoming":
        break
    names.append(name)
```

这段代码与上面的代码是等效的，不过，如果使用赋值表达式，还可以再进一步简化这段循环，代码如下：

```
names = list()
while (name := input("请输入账号: ")) != "xiaoming":
    names.append(name)
```

上述三段代码实现了同样的功能，但是使用赋值表达式最简单。

注　意
尽管赋值表达式使用起来可以使代码更简洁，但是代码的可读性会变差一些，所以在使用赋值表达式时需要注意，如果想可读性更强一些，可以不使用赋值表达式。

5.9 疑难解惑

疑问 1：如何遍历序列？

如果需要遍历数字序列，通常会用到 range() 和 len() 函数，结合循环控制语句，将起到事半功倍的效果。

使用 range() 函数会生成数列。例如：

```
for a in range(6):
    print (a)
```

输出结果如下所示。

```
0
1
2
3
4
5
```

用户也可以使用 range() 函数指定区间的值。例如：

```
for n in range(1,6):
    print (n)
```

输出结果如下所示。

```
1
2
3
4
5
```

使用 range() 函数还可以指定数字开始并指定不同的增量。例如：

```
for n in range(0,60,10):
    print (n)
```

输出结果如下所示。

```
0
10
20
30
40
50
```

从结果可以看出，增量为 10。增量也可以使用负值。例如：

```
for n in range(0,-10,-2):
    print (n)
```

输出结果如下所示。

```
0
-2
-4
-6
-8
```

通过 range()和 len()函数的配合，可以遍历一个序列的索引。

【例 5.15】遍历一个序列的索引（源代码\ch05\5.15.py）。

```
a= ['苹果', '香蕉', '橘子', '柚子', '橙子', '西瓜']
for x in range(len(a)):
    print(x, a[x])
```

保存并运行程序，输出结果如下所示。

```
0 苹果
1 香蕉
2 橘子
3 柚子
4 橙子
5 西瓜
```

疑问 2：如何求取圆的面积？

求取圆的面积需要调用 math.pi 的值。在调用之前，需要引入标准库中的 math.py 模块，代码如下：

```
import math
r=10
print ('半径为 10 的圆的面积是：',math.pi*r**2)
```

输出结果如下所示。

```
半径为 10 的圆的面积是：  314.1592653589793
```

疑问 3：如何使用 if 语句实现数字猜谜游戏？

在 if 语句中通过使用比较运算符，可以实现数字猜谜游戏，代码如下：

```
# 该实例为数字猜谜游戏
number = 6
guess = 0
```

```
print("数字猜谜游戏!")
while guess != number:
    guess = int(input("请输入你猜的数字: "))

    if guess == number:
        print("恭喜，你猜对了! ")
    elif guess < number:
        print("猜的数字小了...")
    elif guess > number:
        print("猜的数字大了...")
```

保存并运行程序，输出结果如下所示。

```
数字猜谜游戏!
请输入你猜的数字: 5
猜的数字小了...
请输入你猜的数字: 6
恭喜，你猜对了!
```

在本示例中，使用 while 语句实现循环效果，使用 if...elif 语句实现多个条件的判断效果，最终实现数字猜谜游戏。

第 6 章　函　数

内容导航|Navigation

函数是 Python 语言程序的基本单位，Python 语言程序的功能就是靠每一个函数实现的。由于函数可以重复使用，因此函数能够提高应用的模块性和代码的重复利用率。在 Python 中，除了内置的函数，如 print()、int()、float()等外，读者还可以根据实际需求，自定义符合要求的函数，用户自定义函数。本章将重点学习 Python 中自定义函数的使用方法和技巧。

学习目标|Objective

- 了解函数的优势
- 熟悉调用内置函数的方法
- 掌握定义函数的方法
- 掌握函数参数的使用方法
- 了解有返回值函数和无返回值函数的区别
- 熟悉形参与实参的区别和使用方法
- 熟悉函数中变量的作用域
- 掌握返回函数、递归函数、匿名函数和偏函数的使用方法
- 熟悉函数的内置属性和命名空间
- 掌握输入和输出函数的使用方法

6.1　使用函数的优势

在前面讲解的知识中，代码量不大，操作也不复杂，基本上交互模式下都可以运行。随着学习的深入，代码量越来越大，在交互模式下操作就显得力不从心，并且在交互模式下运行的代码不能进行保存，下次再执行这些操作时，仍然需要重新输入一遍代码，这是一件项很烦琐的工作。另外，编写的代码块，如果需要重复调用，也无法实现。

为了解决上述问题，这里引入函数的概念。函数是指一组语句的集合，通过一个名字（函数名）封装起来，要想执行这个函数，只需要调用其函数名即可。因为函数可以重复调用，所以使得代码更简洁、易读，写好的代码段也可以被重复利用。

函数是组织好的、可重复使用的，用来实现单一或相关联功能的代码段。

在 Python 代码编写中，使用函数的优势如下：

（1）开发者可以将常用的功能需求开发成函数，这样便于重复使用，让程序代码的总行

数更少，之后修改代码的工作量也大大减少。

（2）通过将一组语句封装成函数成为一个代码块，更有利于调试和后期的修改，同时便于阅读和理解代码。

（3）将一个很长的代码拆分为几个函数，对每个函数单独调试，单个函数调试通过后，再将它们重新组合起来即可。

6.2　调用内置函数

加载 Python 解释器之后，用户就可以直接使用内置函数。

下面将讲述常见内置函数的使用方法。

（1）abs(x)：返回数值 x 的绝对值，如果 x 是复数，abs()函数就会返回该复数的大小（实数部分的平方加上虚数部分的平方，再开根号）。例如：

```
print(abs(-3.12))
print(abs(1+2j))
```

输出结果如下所示。

```
3.12
2.23606797749979
```

（2）chr(i)：i 是 ASCII 字符码 0~255，chr()函数返回数值 i 的单字符字符串。chr()函数与ord()函数作用相反。下面的示例是求取 ASCII 字符码对应的字符：

```
print(chr(97))
print(chr(90))
print(chr(92))
print(chr(95))
print(chr(99))
```

输出结果如下所示。

```
a
z
\
_
c
```

（3）complex(real [, imag])：创建一个复数，其值为 real + imag*j。若第一个参数为字符串，则不需要指定第二个参数。

例如：

```
print(complex(5, 2))
print(complex(5))                # 数字
```

```
print(complex("1"))                 # 当作字符串处理
# 注意，这个地方在"+"号两边不能有空格，即不能写成"5 + 2j"，应该是"5+2j"，否则会报错
print(complex("5+2j"))
```

输出结果如下所示。

```
(5+2j)

(5+0j)

(1+0j)
(5+2j)
```

（4）dir([object])：返回 object 对象的属性名称列表。若没有指定参数 object，则会返回现有的区域符号表（Local Symbol Table）。例如：

```
import sys
print(dir(sys))
print(dir())
```

输出结果如下所示。

```
    ['__breakpointhook__', '__displayhook__', '__doc__', '__excepthook__',
'__interactivehook__', '__loader__', '__name__', '__package__', '__spec__',
'__stderr__', '__stdin__', '__stdout__', '__unraisablehook__', '_base_executable',
'_clear_type_cache', '_current_frames', '_debugmallocstats',
'_enablelegacywindowsfsencoding', '_framework', '_getframe', '_git', '_home',
'_xoptions', 'addaudithook', 'api_version', 'argv', 'audit', 'base_exec_prefix',
'base_prefix', 'breakpointhook', 'builtin_module_names', 'byteorder',
'call_tracing', 'callstats', 'copyright', 'displayhook', 'dllhandle',
'dont_write_bytecode', 'exc_info', 'excepthook', 'exec_prefix', 'executable',
'exit', 'flags', 'float_info', 'float_repr_style', 'get_asyncgen_hooks',
'get_coroutine_origin_tracking_depth', 'getallocatedblocks', 'getcheckinterval',
'getdefaultencoding', 'getfilesystemencodeerrors', 'getfilesystemencoding',
'getprofile', 'getrecursionlimit', 'getrefcount', 'getsizeof',
'getswitchinterval', 'gettrace', 'getwindowsversion', 'hash_info', 'hexversion',
'implementation', 'int_info', 'intern', 'is_finalizing', 'maxsize', 'maxunicode',
'meta_path', 'modules', 'path', 'path_hooks', 'path_importer_cache', 'platform',
'prefix', 'pycache_prefix', 'set_asyncgen_hooks',
'set_coroutine_origin_tracking_depth', 'setcheckinterval', 'setprofile',
'setrecursionlimit', 'setswitchinterval', 'settrace', 'stderr', 'stdin', 'stdout',
'thread_info', 'unraisablehook', 'version', 'version_info', 'warnoptions',
'winver']

    ['__annotations__', '__builtins__', '__cached__', '__doc__', '__file__',
'__loader__', '__name__', '__package__', '__spec__', 'sys']
```

（5）divmod(a, b)：将 a 除以 b 的商与余数以元组类型返回。如果 a、b 是整数或长整数，返回值就为(a / b, a % b)；如果 a、b 是浮点数，返回值就为(math.floor(a / b), a % b)。例如：

```
print(divmod(8,3))
print(divmod(8,2))
```

输出结果如下所示。

```
(2, 2)
(4, 0)
```

（6）eval(expression [, globals [, locals]])：运行 expression 表达式。globals 定义全局命名空间（global namespace），locals 定义局部命名空间（local namespace）。若没有 locals 参数，则使用 globals 定义值；若没有 global 与 local 参数，则使用单元本身的命名空间。例如：

```
x = 30
print(eval("x + 10"))
```

输出结果如下所示。

```
40
```

（7）float(x)：将 x 转换为浮点数，x 可以是数值或字符串。例如：

```
print(float(100))
print(float("100"))
print(float(0))
```

输出结果如下所示。

```
100.0
100.0
0.0
```

（8）int(x [, radix])：将数值或字符串 x 转换为整数。如果 x 是字符串，就设置 radix 值。radix 是进制的基底值，可以是[2,36]之间的整数或0。如果 radix 是 0，Python 就会根据字符串值进行判断。例如：

```
print(int(100.5))
print(int("100",8))
print(int("100",16))
print(int("100",0))
```

输出结果如下所示。

```
100
64
```

```
256
100
```

（9）max(s [, args...])：若只有一个参数，则返回序数对象 s 中元素的最大值；若有数个参数，则返回最大的序数（sequence）。例如：

```
print(max(100,200,300,400,500))
print(max("HELLO PYTHON"))
print(max((100,200,300),(100,200,300,400,500)))
```

输出结果如下所示。

```
500

Y

(100, 200, 300, 400, 500)
```

（10）min(s [, args...])：若只有一个参数，则返回序数对象 s 中元素的最小值；若有数个参数，则返回最小的序数。例如：

```
print(min (100,200,300,400,500))
print(min ("HELLO PYTHON"))
print(min ((100,200,300),(100,200,300,400,500)))
```

输出结果如下所示。

```
100



(100, 200, 300)
```

（11）ord(c)：ord()函数返回单字符字符串 c 的 ASCII 或 Unicode 字符。若 c 是 ASCII 字符，则 ord()函数与 chr()函数作用相反；若 c 是 Unicode 字符，则 ord()函数与 unichr()函数作用相反。下面的示例是求取字符 a 的 ASCII 字符码：

```
print(ord("a"))
print(ord("Z"))
print(ord("\\"))
print(ord("_"))
print(ord("c"))
```

输出结果如下所示。

```
97

90

92

95
```

99

（12）pow(x, y [, z])：若没有参数 z，则返回 x 的 y 次方；若有参数 z，则返回 x 的 y 次方再除以 z 的余数。此函数比 pow(x,y)％z 有效率。

例如：

```
print(pow(2,3))
print(pow(2,5,3))
print(pow(2,-1))
```

输出结果如下所示。

```
8
2
0.5
```

（13）tuple(sequence)：使用 sequence 创建一个元组对象。如果 sequence 本身就是一个元组，其值不变。例如：

```
print(tuple([100, 200, 300, 400]))
print(tuple("abcefg"))
```

输出结果如下所示。

```
(100, 200, 300, 400)
('a', 'b', 'c', 'e', 'f', 'g')
```

6.3　定义函数

根据实际工作的需求，用户可以自己创建函数，即用户自定义函数。

Python 的函数定义方法是使用 def 关键字，其语法格式如下所示。

```
def 函数名称(参数1, 参数2, ...):
    "文件字符串"
    <语句>
```

“文件字符串”是可省略的，用来作为描述此函数的字符串。如果“文件字符串”存在的话，那么必须是函数的第一个语句。

定义一个函数的规则如下：

（1）函数代码块以 def 关键字开头，后接函数标识符名称和圆括号“()”。

（2）任何传入参数和自变量必须放在圆括号中间，圆括号之间可以用于定义参数。

（3）函数的第一行语句可以选择性地使用文档字符串，用于存放函数说明。

（4）函数内容以冒号起始，并且缩进。

（5）return [表达式] 结束函数，选择性地返回一个值给调用方。不带表达式的 return 相当于返回 None。

下面是一个简单的函数定义：

```
def ss(x, y):
    "x * y"
    return x + y


ds=ss(100,4)
print(ds)
```

输出结果如下所示。

```
104
```

从运行结果可以看出，定义一个函数，主要是指定函数里包含的参数和代码块。这个函数的基本结构完成以后，用户可以通过另一个函数调用执行，也可以直接从 Python 命令提示符执行。

如果用户调用的函数没有参数，就必须在函数名称后加上小括号 "()"。

例如：

```
def gushi():
    "爆竹声中一岁除，春风送暖入屠苏。千门万户瞳瞳日，总把新桃换旧符。"
    return "总把新桃换旧符"


mygs = gushi()
print (mygs)
```

输出结果如下所示。

```
总把新桃换旧符
```

用户可以先将函数名称设置为变量，然后使用该变量运行函数的功能。例如：

```
a = int
print (a(-3.123))
```

输出结果如下所示。

```
-3
```

从结果可以看出，int()函数是 Python 的内置函数，这里直接将函数名称设置为变量 a，通过变量 a 即可运行该函数。

6.4　函数的参数

Python 函数的参数传递都是使用传址调用的方式。所谓传址调用，就是将该参数的内存地址传过去，若参数在函数内被更改，则会影响到原有的参数。参数的数据类型可以是模块、类、实例（instance），或者其他的函数，用户不必在参数内设置参数的数据类型。

调用函数时可使用的参数类型包括必需参数、关键字参数、默认参数、可变参数和组合参数。下面分别介绍它们的使用方法和技巧。

6.4.1　必需参数

必需参数要求用户必须以正确的顺序传入函数。调用时的数量必须和声明时的一样，设置函数的参数时，须依照它们的位置排列顺序。例如：

```
def gg(x, y):
    return x - y

dg = gg(200,50)
print(dg)
```

输出结果如下所示。

```
150
```

从结果可以看出，调用 gg(200, 50)时，x 参数等于 200，y 参数等于 50，因为 Python 会根据参数排列的顺序来取值。

如果调用 gg ()函数时没有传入参数或传入参数与声明不同，就会出现语法错误。例如下面的两种方式都会报错：

```
gg()                    #不输入参数
gg(100,200,300)         #输入超过两个参数
```

由此可见，对于包含必需参数的函数，在传递参数时需要保证参数的个数正确无误。

6.4.2　关键字参数

用户可以直接设置参数的名称及其默认值，这种类型的参数属于关键字参数。

在设置函数的参数时，可以不依照它们的位置排列顺序，因为 Python 解释器能够用参数名匹配参数值。例如：

```
def gg(x, y):
    return x - y

gg(200,100)             #按参数顺序传入参数
gg(x=200, y = 100)      #按参数顺序传入参数，并指定参数名
gg(y =100,x=200)        #不按参数顺序传入参数，并指定参数名
```

输出结果如下所示。

```
100
100
100
```

用户可以将必需参数与关键字参数混合使用，但必须将必需参数放在关键字参数之前。
例如：

```
def ss(name, price):
    "输出商品价格信息"
    print ("名称: ", name)
    print ("价格: ", price)
    return

ss("电视机",price=2880)    #必需参数与关键字参数混合使用
```

输出结果如下所示。

```
名称:  电视机
价格:  2880
```

6.4.3 默认参数

调用函数时，若没有传递参数，则会使用默认参数值。例如：

```
def gg( name, price=6000 ):
    "输出商品价格信息"
    print ("名称: ", name)
    print ("价格: ", price)
    return

gg(name="冰箱", price=3880 )    #传递参数，不使用默认参数值
gg(name="洗衣机" )              #没有传递 price 参数值，使用默认参数值
```

输出结果如下所示。

```
名称:  冰箱
价格:  3880
名称:  洗衣机
价格:  6000
```

在本示例中，首先定义一个函数 gg(name, price=6000)，这里变量 price 的默认值为 6000。
当第一次调用该函数时，因为指定了变量 price 的值为 3880，所以输出值也为 3880；第二次调
用该函数时，因为没有指定变量 price 的值，所以结果将会输出变量 price 的默认值（6000）。

当使用默认参数时，参数的位置排列顺序可以任意改变。若每个参数值都定义了默认参
数，则调用函数时可以不设置参数，使用函数定义时的参数默认值。

```
def ss(x=200, y=100 ):
    return x- y
```

```
print(ss())      #没有传递参数，使用默认参数值
```

输出结果如下所示。

```
100
```

6.4.4 可变参数

如果用户在声明参数时不能确定需要使用多少个参数，就使用可变参数。可变参数不用命名，其基本语法如下：

```
def functionname([formal_args,] *var_args_tuple ):
    "函数_文档字符串"
    function_suite
    return [expression]
```

加了星号（*）的变量名会存放所有未命名的变量参数。如果在函数调用时没有指定参数，它就是一个空元组。用户也可以不向函数传递未命名的变量。

【例6.1】可变参数的综合应用（源代码\ch06\6.1.py）。

```
def fruits(aa,*args):
    print(aa)
    for bb in args:
        print("可变参数为：",bb)
    return

print("不带可变参数")
fruits("西瓜")
print("带两个可变参数")
fruits("西瓜","苹果",15.5)
print("带 6 个可变参数")
fruits("西瓜","苹果",15.5,"香蕉",6.5,"橙子",10.5)
```

保存并运行程序，输出结果如下所示。

```
不带可变参数
西瓜
带两个可变参数
西瓜
可变参数为：苹果
可变参数为：15.5
带 6 个可变参数
西瓜
可变参数为：苹果
可变参数为：15.5
```

```
可变参数为：    香蕉
可变参数为：    6.5
可变参数为：    橙子
可变参数为：    10.5
```

从结果可以看出，用户无法预定参数的数目时，可以使用*arg 类型的参数，*arg 代表一个元组对象。在定义函数时，只定义两个参数，调用时可以传入两个以上的参数，这就是可变参数的优势。

用户也可以使用**arg 类型的参数，**arg 代表一个字典对象。

【例 6.2】**arg 类型的应用（源代码\ch06\6.2.py）。

```
def fruits(**args):
    print ("名称 = "),
    for a in args.keys():
        print (a),
    print ("价格 = "),
    for b in args.values():
        print (b),

fruits(苹果= 3.68, 香蕉= 4.86, 橘子 = 6.69)
```

保存并运行程序，输出结果如下所示。

```
名称 =
苹果
香蕉
橘子
价格 =
3.68
4.86
6.69
```

6.5　有返回值的函数和无返回值的函数

return 语句用于退出函数，有选择性地向调用方返回一个表达式。不带参数值的 return 语句返回 None。

下面通过示例来学习 return 语句返回数值的方法。

【例 6.3】有返回值的函数（源代码\ch06\6.3.py）。

```
def sum(count, price ):
    "输出商品总价格"
```

```
    total = count * price
    print ("商品总价格: ", total)
    return total
```

```
sum( 15, 4.6 )
```

保存并运行程序，输出结果如下所示。

商品总价格:　69.0

函数的返回值可以是一个表达式。例如：

```
def addnumbers(x, y):
        return x * 10 + y * 20
```

```
am=addnumbers(1, 2)
print(am)
```

输出结果如下所示。

50

函数的返回值可以是多个，此时返回值以元组对象的类型返回。例如：

```
def returnxy(x, y):
    return x, y
```

```
a, b = returnxy(10, 20)
print (a, b)
```

输出结果如下所示。

10 20

若函数没有返回值，则返回 None。例如：

```
def myfunction():
    return
ret = myfunction()
print (ret)
```

输出结果如下所示。

None

注　意
如果没有 return 语句，函数执行完毕后也会返回结果，只是结果为 None。有时候，return None 语句也可以简写为 return。

6.6 形参和实参

函数的参数分为形参和实参两种。形参出现在函数定义中，在整个函数体内都可以使用，离开该函数则不能使用。实参在调用函数时传入。

1. 形参与实参的概念

形式参数：在函数定义中出现的参数，可以看作是一个占位符，它没有数据，只能等到函数被调用时接收传递进来的数据，所以称为形式参数，简称形参。

实际参数：函数被调用时给出的参数，包含实实在在的数据，会被函数内部的代码使用，所以称为实际参数，简称实参。

2. 参数的功能

形参和实参的功能是数据传送，发生函数调用时，实参的值会传送给形参。

3. 形参和实参的特点

（1）形参变量只有在函数被调用时才会分配内存，调用结束后立刻释放内存，所以形参变量只有在函数内部有效，不能在函数外部使用。

（2）实参可以是常量、变量、表达式、函数等，无论实参是何种类型的数据，在进行函数调用时，都必须有确定的值，以便把这些值传送给形参，所以应该提前用赋值、输入等办法使实参获得确定值。

（3）实参和形参在数量上、类型上、顺序上必须严格一致，否则会发生"类型不匹配"的错误。

> **注　意**
>
> 　　函数调用中发生的数据传送是单向的，即只能把实参的值传送给形参，而不能把形参的值反向地传送给实参。因此在函数调用过程中，形参值发生改变时，实参的值不会承受之变化。

【例 6.4】形参和实参的应用（源代码\ch06\6.4.py）。

```python
def gg( name, price ):        #定义函数时，函数的参数就是形参
    "输出商品的信息"
    print ("名称: ", name)
    print ("价格: ", price)
    return
gg("冰箱", 4600)              # 调用函数时，将实参赋值给形参 name 和 price
```

保存并运行程序，输出结果如下所示。

```
名称:  冰箱
价格:  4600
```

> **注　意**
>
> 　　在定义函数时，函数的参数就是形参，形参即形式上的参数，它代表参数，但是不知道具体代表的是什么参数。实参就是调用函数时的参数，即具体的、已经知道的参数。

内置函数的组合规则，在用户自定义函数上也同样可用。例如，对自定义的 gg(name, price)函数可以使用任何表达式作为实参。

修改【例6.4】中调用函数的代码如下：

```
gg("冰箱" *4, 4600)
```

保存并运行程序，输出结果如下所示。可以用字符串的乘法表达式作为实参。作为实参的表达式，会在函数调用之前执行，因此在上面的例子中，表达式"冰箱"*4 只执行一次。

```
名称： 冰箱冰箱冰箱冰箱
价格： 4600
```

变量也可以作为实参。例如：

```
aa="冰箱"
gg(aa, 4600)
```

由此可见，实参的名称和函数定义里的名称没有关系。

6.7　变量作用域

Python 中，程序的变量并不是在哪个位置都可以访问的，访问权限决定于这个变量是在哪里赋值的。变量的作用域决定了在哪一部分程序可以访问哪个特定的变量名称。

变量作用域包括全局变量和局部变量。其中，定义在函数内部的变量拥有一个局部作用域，定义在函数外的拥有全局作用域。

在函数之外定义的变量属于全局变量，用户可以在函数内使用全局变量。例如：

```
x = 100
def get(y = x+100):return y
print(get())
```

输出结果如下所示。

```
200
```

在本案例中，x 就是一个全局变量。在函数 get(y = x+100)中将变量 x 的值加 100 后赋给变量 y。

当用户在函数内定义的变量名称与全局变量名称相同时，函数内定义的变量不会改变全局变量的值。因为函数内定义的变量属于局部命名空间，而全局变量则属于全局命名空间。

例如：

```
x = 100
def changex():
    x = 200
    return x

print(x)
print(changex())
```

输出结果如下所示。

```
100
200
```

在本示例中，第一次调用的 x 为全局变量，第二次调用的 x 为局部变量。

如果要在函数内改变全局变量的值，就必须使用 global 关键字。例如：

```
x = 100
def changex():
    global x
    x = 200
    return x

print(changex())
print(x)
```

输出结果如下所示。

```
200
200
```

在本示例中，首先定义一个全局变量 x，然后定义函数 changex()，该函数通过使用 global 关键字，将 x 的值修改为 200。

6.8 返回函数

在 Python 语言中，函数不仅可以作为其他函数的参数，还可以作为其他函数的返回结果。下面通过示例来学习返回函数的用法。

```
def f1(c,f):
    def f2():
        return f(c)
    return f2
#调用 f1 函数时，返回的是 f2 函数对象
print(f1(-100,abs))
```

```
m = f1(-100,abs)
print(m())                    #需要对m()调用才能得到求绝对值的结果
```

输出结果如下所示。

```
<function f1.<locals>.f2 at 0x022DA778>
100
```

从运行结果可以看出，直接调用f1()函数时，没有返回求绝对值的结果，而是返回了一串字符（这个字符其实就是函数）。当执行m()函数时，才真正计算绝对值的结果。

在上述示例中，函数f1()又定义了一个f2()函数，并且内部函数f2()可以引用外部函数f1()的参数。当函数f1()返回函数f2()时，相关参数都保存在返回函数中，称为闭包。

注 意

当调用f1()函数时，每次调用都会返回一个新的函数，即使传入相同的参数也是如此。

例如：

```
def f1(c,f):
    def f2():
        return f(c)
    return f2


m1=f1(-200,abs)
m2=f1(-200,abs)
print("m1==f2 的结果为：",m1==m2)
```

输出结果如下所示。

```
m1==f2 的结果为：  False
```

从运行结果可以看出，返回的函数m1和m2不同。

如果在一个内部函数里对外部作用域（不是全局作用域）的变量进行引用，内部函数就称为闭包。

例如：

```
def f1(n):
    def f2(x):
        return (x+n)
    return f2
p1 = f1(2)


print(p1(6))
```

输出结果如下所示。

8

上述示例中，函数 f2 对函数 f1 的参数 n 进行了引用，将带参数的函数 f1 给一个新的函数 p1。当函数 f1 的生命周期结束时，已经引用的变量 n 存放在函数 f2 中，依然可以调用。

【例 6.5】闭包中引用循环参数（源代码\ch06\6.5.py）。

```python
def count():
    fs = []
    for i in range(1, 4):
        def f():
            return i*i
        fs.append(f)
    return fs


f1, f2, f3 = count()
print(f1())
print(f2())
print(f3())
```

在本示例中，每次循环都创建一个新函数，最后把 3 个函数都返回了。那么执行该函数得到的结果是什么？

保存并运行程序，输出结果如下所示。

```
9
9
9
```

从运行结果可以看出，3 个函数返回的结果均为 9。此时读者可能会有疑问，为什么调用函数 f1()、f2() 和 f3() 的结果不是 1、4 和 9 呢？

出现上述结果的原因是返回的函数引用了变量 i，但并非立刻执行，等到三个函数都返回时，它们所引用的变量 i 已经变成了 3，因此最终结果均为 9。

> **注　意**
>
> 尽量避免在闭包中引用循环变量，或者后续会发生变化的变量，否则会出现意外情况。

如果一定需要引用循环变量，那么可以增加一个函数，并且使用该函数的参数绑定循环变量当前的值。例如将上面的示例修改如下：

【例 6.6】闭包中引用循环变量，绑定循环变量当前的值（源代码\ch06\6.6.py）。

```python
def count():
    fs = []
    for i in range(1,4):
        def g(a):   #定义一个 g 函数，参数为 a，返回函数 f 的返回值被绑定
            f = lambda : a*a
            return f
```

```
        fs.append(g(i))
    return fs

f1,f2,f3 =count()
print(f1())
print(f2())
print(f3())
```

保存并运行程序，输出结果如下所示。

```
1
4
9
```

6.9　递归函数

Python 语言中，如果一个函数在调用时直接或间接地调用了自身，就称为函数的递归调用，该函数就称为递归函数。

由于函数在时都会在栈中分配好自己的形参与局部变量副本，这些副本与该函数再次执行时不会发生任何的影响，所以使得递归调用成为可能。

6.9.1　使用递归函数

递归是指在函数执行过程中再次对自己进行调用。例如：

```
def f()
{
    y=f();
    return y;
}
```

该程序的执行过程如图 6-1 所示。

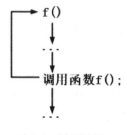

图 6-1　递归过程

在函数 f() 中按照由上至下的顺序进行执行，当遇到对自身的调用时，再返回函数 f() 的起始处，继续由上至下进行处理。

例如，计算阶乘 n! = 1 * 2 * 3 * ... * n，用函数 f(n)表示，可以看出：

```
f(n) = n! = 1 * 2 * 3 * ... * (n-1) * n = (n-1)! * n = fact(n-1) * n
```

所以，f(n)可以表示为 n*fact(n-1)，只有 n=1 时需要特殊处理。

【例 6.7】使用函数的递归调用，对 n 的阶乘进行求解并输出结果（源代码\ch06\6.7.py）。

```
def f(n):
    if n==1:                #当 n=1 时，做特殊处理
        return 1
    return n* f(n-1)        #递归调用


n= int(input("请输入 n 的值："))
print("调用递归函数的执行结果为：",f(n))
```

保存并运行程序，输出结果如下所示。

```
请输入 n 的值：6
调用递归函数的执行结果为： 720
```

本示例演示了如何对函数进行递归调用。在上面的代码中，首先定义函数 f()，该函数用于对 n 的阶乘进行求解。其中，若 n=1，则阶乘为 1；否则就调用函数 f()，对 n 的阶乘进行求解，最后输出计算结果。

求 n 的阶乘即计算"n* f(n-1)"的值。6 的阶乘的计算过程如下：

```
===>f(6)
===>6*f(5)
===>6*5*f(4)
===>6*5*4 *f(3)
===>6*5*4 * 3 *f(2)
===>6*5*4 * 3 * 2*f(1)
===>6*5*4 * 3 * 2*1
===>720
```

6.9.2 利用递归函数解决汉诺塔问题

汉诺塔问题源于印度一个古老的传说：有三根柱子，首先在第一根柱子从下向上按照大小顺序摆放 64 片圆盘；然后将圆盘从下开始同样按照大小顺序摆放到另一根柱子上，并且规定小圆盘上不能摆放大圆盘，在三根柱子之间每次只能移动一个圆盘；最后移动的结果是将所有圆盘通过其中一根柱子全部移动到另一根柱子上，并且摆放顺序不变。

以移动三个圆盘为例，汉诺塔的移动过程如图 6-2 所示。

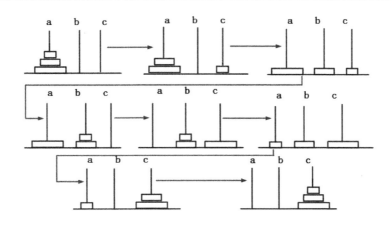

图 6-2　汉诺塔移动过程

【例 6.8】使用递归算法解决汉诺塔问题，并将解决步骤输出在屏幕上（源代码 \ch06\6.8.py）。

```
def move(n, a, b, c):     #n 为需要移动圆盘的个数
    if n==1:
        print (a,'-->',c)
        return
    else:
        move(n-1,a,c,b)     #首先需要把 (n-1) 个圆盘移动到 b
        move(1,a,b,c)       #将 a 的最后一个圆盘移动到 c
        move(n-1,b,a,c)     #再将 b 的(n-1)个圆盘移动到 c
move(4, 'A', 'B', 'C')
```

保存并运行程序，输出结果如下所示。

```
A --> B
A --> C
B --> C
A --> B
C --> A
C --> B
A --> B
A --> C
B --> C
B --> A
C --> A
B --> C
A --> B
A --> C
B --> C
```

在上面的代码中，首先定义 move()函数，该函数有 4 个形参，分别是 n、a、b、c，其中 a、b、c 用于模拟三根柱子。然后通过判断 n 的值分别进行不同的移法，若 n 为 1，则可以直接将圆盘从 a 柱子移动到 c 柱子；若 n 不为 1，则对 move()函数进行递归调用。完成两个步骤：第一步将(n-1)个圆盘从 a 柱子通过 c 柱子摆放到 b 柱子上；第二步将第(n-1)个圆盘移动到 b 柱子后，由 b 柱子通过 a 柱子再移动到 c 柱子上，如此循环，最后完成转移。

6.9.3　防止栈溢出

使用递归函数需要注意防止栈溢出。在计算机中，函数调用是通过栈（stack）这种数据结构实现的，每当进入一个函数调用，栈就会加一层栈帧，每当函数返回，栈就会减一层栈帧。因为栈的大小不是无限的，所以递归调用的次数过多，会导致栈溢出。

例如：

```
def f(n):
    if n==1:          #当n=1时，做特殊处理
        return 1
    return n* f(n-1)    #递归调用


print("调用递归函数的执行结果为：",f(1000))
```

输出结果如下所示。

```
Traceback (most recent call last):
  File "C:/6.2.py", line 6, in <module>
    print("调用递归函数的执行结果为：",f(1000))
  File "C:/6.2.py", line 4, in f
    return n* f(n-1)    #递归调用
  File "C:/6.2.py", line 4, in f
    return n* f(n-1)    #递归调用
  File "C:/6.2.py", line 4, in f
    return n* f(n-1)    #递归调用
  [Previous line repeated 995 more times]
  File "C:/6.2.py", line 2, in f
    if n==1:          #当n=1时，做特殊处理
RecursionError: maximum recursion depth exceeded in comparison
```

从运行结果可以看出，执行出现异常，提示超过最大递归深度。

解决递归调用栈溢出的方法是通过尾递归优化。事实上，尾递归与循环的效果是一样的，所以把循环看成是一种特殊的尾递归函数也是可以的。

尾递归是指在函数返回时调用函数本身，并且 return 语句不能包含表达式。这样，编译器或解释器就可以对尾递归进行优化，使递归本身无论调用多少次，都只占用一个栈帧，不会出现栈溢出的情况。

上面的 f(n)函数，由于 return n * f(n - 1)引入了乘法表达式，因此就不是尾递归了。要改成

尾递归方式，就需要多一些代码，主要是把每一步的乘积传入到递归函数中：

```
def f (n):
    return f1(n, 1)

def f1(num, product):
    if num == 1:
        return product
    return f1(num - 1, num * product)
```

可以看到，return f1(num - 1, num * product)仅返回递归函数本身。其中，num - 1 和 num * product 在函数调用前就会被计算，不影响函数调用。

f(6)对应的f1(6,1)的调用如下：

```
===> f1(5, 1)
===> f1(5, 6)
===> f1(4, 30)
===> f1(3, 120)
===> f1(2, 360)
===> f1(1, 720)
===> 720
```

尾递归调用时，若进行了优化，则栈不会增长，因此无论调用多少次都不会导致栈溢出。

6.10　匿名函数

所谓匿名函数，指不再使用 def 语句这样的标准形式定义一个函数。Python 将使用 lambda 创建一个匿名函数。

下面定义一个返回参数之和的函数。

```
def f(x,y):
return x+y
```

用户的函数只有一个表达式，可以使用 lambda 运算符来定义这个函数。

```
f = lambda x, y: x + y
```

那么，lambda 表达式有什么用处呢？很多人提出了质疑，lambda 与普通的函数相比，就是省去了函数名称而已，同时这样的匿名函数又不能共享在别的地方调用。

其实，Python 中的 lambda 还是有很多优点的，主要包含如下：

（1）在 Python 中写一些执行脚本时，使用 lambda 可以省去定义函数的过程，让代码更加精简。

（2）对于一些抽象的、不会在其他地方再重复使用的函数，取名字也是一个难题，使用

lambda 则不需要考虑命名的问题。

（3）在某些时候，使用 lambda 会让代码更容易理解。

当然，匿名函数也有一些规则需要谨记：

（1）若只有一个表达式，则必须有返回值。
（2）可以没有参数，也可以有一个或多个参数。
（3）不能有 return。

lambda 语句中，冒号前是参数（可以有多个）用逗号隔开冒号右边的返回值。lambda 语句构建的其实是一个函数对象。

例如，求取 x 的平方值：

```
g = lambda x : x**2


print (g)
print (g(6))
```

输出结果如下所示。

```
<function <lambda> at 0x02CDA778>
36
```

6.11 偏函数

Python 的 functools 模块提供了很多有用的功能，其中一个就是偏函数（Partial function）。注意，这里的偏函数和数学意义上的偏函数不一样。

通过设置参数的默认值，可以降低函数调用的难度，偏函数也可以做到这一点。

例如：

int()函数可以把字符串转换为整数，当仅传入字符串时，int()函数默认按十进制转换：

```
print(int('2888'))
```

输出结果如下所示。

```
2888
```

int()函数还提供了 base 参数，默认值为 10。如果传入 base 参数，就可以进行 N 进制的转换：

```
print(int('123456', base=8))
print(int('123456', 16))        #base 也可以省略，直接传入 base 的值
```

输出结果如下所示。

```
42798
```

1193046

假设要转换大量的二进制字符串，而每次都传入 int(x, base=2)就会非常麻烦，这里可以定义一个 int2()函数，默认把 base=2 传进去：

```
def int2(x, base=2):
    return int(x, base)
```

这样，转换二进制就非常方便了：

```
print(int2('1001000'))
print(int2('1000011'))
print(int2('1001110'))
```

输出结果如下所示。

```
72
67
78
```

functools.partial 就是帮助用户创建偏函数的，不需要再自定义 int2()函数，可以直接使用下面的代码创建一个新的函数 int2：

```
from functools import partial
int2 = partial(int, base=2)
print(int2('1001000'))
print(int2('1000011'))
print(int2('1001110'))
```

输出结果如下所示。

```
72
67
78
```

可见，functools.partial 的作用就是把一个函数的某些参数固定住（设置默认值），返回一个新函数，调用这个新函数会更简单。

注 意
int2 函数仅仅是把 base 参数的默认值重新设置为 2，也可以在函数调用时传入其他值： 　　`print(int2('1000000', base=10))`

输出结果如下所示。

```
1000000
```

当函数的参数数量太多、需要简化时，使用 functools.partial 可以创建一个新函数，这个新函数可以固定住原函数的部分参数，从而使调用更简单。

6.12　函数的内置属性和命名空间

函数有许多内置属性，用户可以在 Python 解释器中输入 dir（函数名称），即可显示这些内置属性。例如：

```
def myfunction():
    return


print(dir(myfunction))
```

输出结果如下所示。

```
['__annotations__', '__call__', '__class__', '__closure__', '__code__',
'__defaults__', '__delattr__', '__dict__', '__dir__', '__doc__', '__eq__',
'__format__', '__ge__', '__get__', '__getattribute__', '__globals__', '__gt__',
'__hash__', '__init__', '__init_subclass__', '__kwdefaults__', '__le__', '__lt__',
'__module__', '__name__', '__ne__', '__new__', '__qualname__', '__reduce__',
'__reduce_ex__', '__repr__', '__setattr__', '__sizeof__', '__str__',
'__subclasshook__']
```

下面选择一些常见的内置属性进行讲解。

（1）__dict__：该属性包含函数的命名空间。

（2）__doc__：该属性显示函数的文件字符串。例如：

```
def returnxy(x, y):
    "return x + y"
    return x + y


print(returnxy.__doc__)
```

输出结果如下所示。

```
return x + y
```

（3）__name__：该属性显示函数的名称。例如：

```
def returnxy(x, y):
    "return x + y"
    return x + y


print(returnxy.__name__)
```

输出结果如下所示。

```
returnxy
```

Python 使用动态命名空间。每一个函数、模块与类在创建时，都会定义其自己的命名空间。当用户在 Python 解释器中输入一个指令或语句时，Python 会先搜索局部命名空间，然后搜索全局命名空间。

Python 包含的命名空间如下：

● 内置命名空间（built-in namespace）：int、string、def、print 等。
● 全局命名空间（global namespace）：位于模块的最上层。
● 局部命名空间（local namespace）：位于函数内。

Python 解释器在搜索名称或变量时，首先会在局部命名空间中搜索，若找不到，再到全局命名空间中，若还是找不到，则会到内置命名空间中搜索，最后如果还是找不到，Python 就会输出一个 NameError 异常。

6.13　输入和输出函数

Python 的内置函数 input()和 print()用于输入和输出数据。下面将讲述这两个函数的使用方法。

1. input()函数

Python 提供的 input() 函数从标准输入读入一行文本，默认的标准输入是键盘。input ()函数可以接收一个 Python 表达式作为输入，并将运算结果返回。

```
aa= input("请输入：")
print ("您输入的内容是：", aa)
```

输出结果如下所示。

```
请输入：春花秋月何时了
您输入的内容是：春花秋月何时了
```

2. print ()函数

print ()函数可以输出格式化的数据，与 C/C++的 printf()函数功能格式相似。
下面在屏幕上输出如下字符串：

```
print ("Hello Python")
```

注　意
从 Python 3 版本开始，将不再支持 print 输出语句，如 print "Hello Python"，解释器将会报错。

下面在屏幕上输出字符串与变量值，变量值以格式化处理：

```
x = 5
print ("x = %d" % x)
```

输出结果如下所示。

```
x = 5
```

字符串与变量之间以%符号隔开。

如果没有使用%符号将字符串与变量隔开，Python 就会输出字符串的完整内容，而不会输出格式化字符串。例如：

```
x = 5
print ("x = %d", x)
```

输出结果如下所示。

```
x = %d 5
```

如果有多个变量要输出，就必须将这些变量以元组处理。例如：

```
x = 5
y = "hello"
print ("x = %d, y = %s" % (x, y))
```

输出结果如下所示。

```
x = 5, y = hello
```

如果要输出字典对象的值，就将字典对象的键值用小括号()包含起来。例如：

```
dic = {"x":"5", "y":"1.23", "z":"python"}
print ("%(x)s, %(y)s, %(z)s" % dic)
```

输出结果如下所示。

```
5, 1.23, python
```

默认情况下，print()函数输出是换行的。如果要实现不换行，就需要在变量末尾加上 end=""。

【例 6.9】实现不换行输出（源代码\ch06\6.9.py）。

```
a="青青河畔草，郁郁园中柳。"
b="盈盈楼上女，皎皎当窗牖。"
#换行输出
print( a )
print( b )


print('---------')
```

```
# 不换行输出
print( a, end=" " )
print( b, end=" " )
print()
```

保存并运行程序，输出结果如下所示。

```
青青河畔草，郁郁园中柳。
盈盈楼上女，皎皎当窗牖。
---------
青青河畔草，郁郁园中柳。 盈盈楼上女，皎皎当窗牖。
```

在本示例中，通过在变量末尾添加 end=""，可以实现不换行输出的效果。读者可以从结果中看出换行与不换行的不同之处。

6.14　Python 3.8 的新特性——强制位置参数

Python 3.8 新增一个函数形参标记 "/"，用来表示标记左侧的参数，只接受位置参数，不能使用关键字参数形式。

例如：

```
def pow(x, y, z=None, /):
    r = x ** y
    return r if z is None else r%z


print(pow(10, 4))
print(pow(x=10, y=4))
```

输出结果如下所示。

```
10000

Traceback (most recent call last):
  File "<pyshell#5>", line 1, in <module>
    pow(x=10, y=4)
TypeError: pow() got some positional-only arguments passed as keyword arguments:
'x, y'
```

6.15　疑难解惑

疑问 1：用户自定义函数的命名空间是怎么回事？

用户自定义函数拥有自己的命名空间。当用户定义一个函数后，Python 会为这个新函数创建一个属于它自己的局部命名空间。

这个新的局部命名空间内包含该函数所有的参数与变量。因此，当用户在该函数内用到某一个参数或变量时，Python 会先搜索该函数的局部命名空间。如果在该局部命名空间内找不到，Python 就会到全局命名空间内进行搜索。

所谓全局命名空间，就是指该函数所在模块的命名空间。如果在全局命名空间内也找不到所要找的参数或变量时，Python 就会继续搜索系统的内置命名空间。最后如果还是找不到，Python 就会输出一个 NameError 异常。

疑问 2：len()、count()和 sum()三个计算函数有什么区别？

（1）len()函数返回的是对象的长度。例如 len([1,2,3,4,5,6])，返回值是 6。

（2）count()函数计算包含对象的个数。例如[1,2,2,2,2,6].count(2)，返回值是 4。

（3）sum()函数是做一个和运算。例如 sum([1,2,3,4,5])，返回值是 15。

第 7 章　对象与类

内容导航！Navigation

面向对象编程（OOP）是一种程序设计方法，它的核心就是将现实世界中的概念、过程和事务抽象成为 Python 中的模型，使用这些模型进行程序的设计和构建。因为 Python 是一种面向对象的语言，所以要想熟练使用 Python 语言，就一定要掌握类和对象的使用。本章将介绍面向对象的基本概念、面向对象的三个重要特征（封装性、继承性、多态性）及声明创建类和对象的方法。

学习目标！Objective

- 熟悉类和对象的含义
- 掌握定义类的方法
- 掌握类的构造方法和内置属性
- 掌握类实例的创建方法
- 熟悉常见类的内置方法
- 掌握重载运算符的方法
- 掌握类的继承方法
- 掌握类的多态方法
- 掌握类的封装方法
- 理解 Python 的垃圾回收机制

7.1　理解面向对象程序设计

面向对象技术是一种将数据抽象和信息隐藏的技术，它使软件的开发更加简单化，符合人们的思维习惯，降低了软件的复杂性，同时提高了软件的生产效率，因此得到广泛的应用。

7.1.1　什么是对象

对象（object）是面向对象技术的核心。可以把我们生活的真实世界（Real World）看成是由许多大小不同的对象所组成。对象是指现实世界中的对象在计算机中的抽象表示，即仿照现实对象而建立的。

（1）对象可以是有生命的个体，如一个人（见图 7-1）或一只鸟（见图 7-2）。

图 7-1　人　　　　　　　　　　图 7-2　鸟

（2）对象也可以是无生命的个体，如一辆汽车（见图 7-3）或一台计算机（见图 7-4）。

图 7-3　汽车　　　　　　　　　图 7-4　计算机

（3）对象还可以是一个抽象的概念，如天气的变化（见图 7-5）或鼠标（见图 7-6）所产生的事件。

图 7-5　天气　　　　　　　　　图 7-6　鼠标

对象是类的实例化。对象分为静态特征和动态特征两种。静态特征指对象的外观、性质、属性等，动态特征指对象具有的功能、行为等。客观事物是错综复杂的，人们总是习惯从某一目的出发，运用抽象分析的能力从众多特征中抽取具有代表性、能反映对象本质的若干特征加以详细研究。

人们将对象的静态特征抽象为属性，用数据来描述，在 Python 语言中称为变量。将对象的动态特征抽象为行为，用一组代码来表示，完成对数据的操作，在 Python 语言中称之为方法（method）。一个对象由一组属性和一系列对属性进行操作的方法构成。

在计算机语言中也存在对象，可以定义为相关变量和方法的软件集。对象主要由下面两部分组成：

（1）一组包含各种类型数据的属性。

（2）对属性中的数据进行操作的相关方法。

在 Python 中，对象包括内置对象、自定义对象等多种类型，使用这些对象可大大简化 Python 程序的设计，并提供直观、模块化的方式进行程序开发。

7.1.2　面向对象的特征

面向对象方法（Object-Oriented Method）是一种把面向对象的思想应用于软件开发过程中，指导开发活动的系统方法，简称 OO（Object-Oriented）方法。Object Oriented 是建立在"对象"概念基础上的方法学。对象是由数据和容许的操作组成的封装体，与客观实体有着直接对应的关系。一个对象类定义了具有相似性质的一组对象，而继承性是对具有层次关系的类的属性和操作进行共享的一种方式。所谓面向对象就是基于对象概念，以对象为中心，以类和继承为构造机制，来认识、理解、刻画客观世界与设计、构建相应的软件系统。

面向对象方法作为一种新型的、独具优越性的方法正引起全世界越来越广泛的关注和高度重视，其被誉为"研究高技术的好方法"，更是当前计算机界关心的重点。

所有面向对象的编程设计语言都有三个特性，即封装性、继承性和多态性。

Python 有完整的面向对象（object-oriented programming，OOP）特性，面向对象程序设计提升了数据的抽象度、信息的隐藏、封装及模块化。

下面是面向对象程序的主要特性：

（1）封装性（encapsulation）：数据仅能通过一组接口函数来存取，经过封装的数据能够确保信息的隐秘性。

（2）继承性（inheritance）：通过继承的特性，衍生类（derived class）继承了其基础类（base class）的成员变量（data member）与类方法（class method）。衍生类也叫作次类（subclass）或子类（child class），基础类也叫作父类（parent class）。

（3）多态性（polymorphism）：多态允许一个函数有多种不同的接口。依照调用函数时使用的参数，类知道使用哪一种接口。Python 使用动态类型（dynamic typing）与后期绑定（late binding）实现多态功能。

7.1.3　什么是类

将具有相同属性及相同行为的一组对象称为类（class）。广义地讲，具有共同性质的事物的集合称为类。在面向对象程序设计中，类是一个独立的单位，它有一个类名，其内部包括成员变量和成员方法，分别用于描述对象的属性和行为。

类是一个抽象的概念，要利用类的方式来解决问题，必须先用类创建一个实例化的对象，然后通过对象访问类的成员变量及调用类的成员方法，来实现程序的功能。就如同"手机"本身是一个抽象的概念，只有使用了一个具体的手机，才能感受到手机的功能。

类（class）是由使用封装的数据及操作这些数据的接口函数组成的一群对象的集合。类可以说是创建对象时所使用的模板（template）。

7.2　类的定义

类是一个用户定义类型，与大多数计算机语言一样。Python 使用关键字 class 来定义类，其语法格式如下：

```
class <ClassName>:
    '类的帮助信息'    #类文档字符串
class_suite  #类体
```

其中，ClassName 为类的名称；类的帮助信息可以通过 ClassName.__doc__ 查看；class_suite 由类成员、方法、数据属性组成。

下面的示例创建一个简单的类 Fruits：

```
class Fruits
"这是一个定义水果类的例子"
    fruCount = 0

    def displayFruits(self):
        Fruits.fruCount += 1
        print ("这是一个水果类的例子 ")
```

示例代码分析如下：

（1）fruCount 是一个类变量，它的值将在这个类的所有实例之间共享。用户可以在内部类或外部类使用 Fruits.fruCount 访问。

（2）self 代表类的实例，虽然它在调用时不必传入相应的参数，但在定义类的方法时是必须有的。

（3）displayFruits(self)是此类的方法，属于方法对象。

7.3 类的构造方法和内置属性

所谓构造方法（constructor），是指创建对象时其本身所运行的函数。Python 使用__init__() 函数作为对象的构造方法。当用户要在对象内指向对象本身时，可以使用 self 关键字。Python 的 self 关键字与 C++的 this 关键字一样，都是代表对象本身。

例如：

```
class Fruits:
"这是一个定义水果类的例子"
    fruCount = 0

    def __init__(self, name, price):
        self.name = name
        self.price = price
        Fruits.fruCount += 1

    def displayFruits(self):
        print ("名称： ", self.name, "，价格： ", self.price)
```

def __init__(self)语句定义 Fruits 类的构造方法，self 是必要的参数且为第一个参数。用户可以在__init__()构造方法内加入许多参数，在创建类时同时设置类的属性值。

【例 7.1】创建类的构造方法（源代码\ch07\7.1.py）。

```python
#类定义
class Fruit:
    #定义基本属性
    name = ' '
    city= ' '
    #定义私有属性,私有属性在类外部无法直接进行访问
    __price= 0
    #定义构造方法
    def __init__(self,n,c,p):
        self.name = n
        self.city = c
        self.__price = p
    def displayFruit (self):
        print("%s 产的%s 很好吃。价格为每公斤%s 元。" %( self.city,self.name,
self.__price))

# 实例化类
f = Fruit ('苹果', '天水',8.86)
f.displayFruit()
```

保存并运行程序，输出结果如下所示。

```
天水产的苹果很好吃。价格为每公斤 8.86 元。
```

所有 Python 的类都具有下面内置属性：

（1）Classname.__dict__：类内的属性是以字典对象的方式存储的。__dict__属性为该字典对象的值。例如：

```python
class Cc:
    "这是一个定义类的例子"
    a = 100

print(Cc.__dict__)
```

输出结果如下所示。

```
{'__module__': '__main__', '__doc__': '这是一个定义类的例子', 'a': 100,
'__dict__': <attribute '__dict__' of 'Cc' objects>, '__weakref__': <attribute
'__weakref__' of 'Cc' objects>}
```

（2）classname.__doc__：__doc__属性返回此类的文件字符串。例如：

```
class Cc:
    "这是一个定义类的例子"
    a = 100


print(Cc.__doc__)
```

输出结果如下所示。

这是一个定义类的例子

（3）classname.__name__：__name__属性返回此类的名称。例如：

```
class Cc:
    "这是一个定义类的例子"
    a = 100


print(Cc.__name__)
```

输出结果如下所示。

Cc

（4）classname.__module__：__module__属性返回包含此类的模块名称。例如：

```
class Cc:
    "这是一个定义类的例子"
    a = 100
print(Cc.__module__)
```

输出结果如下所示。

__main__

（5）classname.__bases__：__bases__属性是一个tuple对象，返回此类的基类名称。例如：

```
class Cc:
    "这是一个定义类的例子"
    a = 100


print(Cc.__bases__)

class a(Cc):
    "a 继承类Cc"
    b = 200


print(a.__bases__)
```

输出结果如下所示。

```
(<class 'object'>,)
(<class '__main__.Cc'>,)
```

因为这里的类 a 继承于 Cc，所以查询类 a 的基类为类 Cc。

7.4 类实例

类实例（class instance）是一个 Python 对象，它是使用类所创建的对象。每一个 Python 对象都包含识别码（identity）、对象类型（object type）、属性（attribute）、方法（method）、数值（value）等属性。

7.4.1 创建类实例

要创建一个类实例，只需指定变量与类名称即可。例如：

```
f = Fruit()
```

f 是一个类实例变量，注意类名称之后须加上小括号。

（1）使用 id() 内置函数，可以返回类的识别码（identity）。例如：

```
id(f)
```

输出结果如下所示。

```
48687824
```

（2）使用 type() 内置函数，可以返回类的对象类型（object type）。例如：

```
print(type(Fruit))
print(type(f))
```

输出结果如下所示。

```
<type 'class'>
<class '__main__.Fruit '>
```

对象的属性（attribute）也叫作数据成员（data member）。当用户要指向某个对象的属性时，可以使用 object.attribute 的格式。object 是对象名称，attribute 是属性名称，所有该类的实例都会拥有该类的属性。

【例 7.2】创建一个简单类，并设置类的三个属性（name、city 与 price）创建类的构造方法（源代码\ch07\7.2.py）。

```
class Fruit:
    def __init__(self, name=None, city=None, price= None):
        self.name = name
```

```
        self.city = city
        self.price = price


#创建一个类的实例变量
f = Fruit ("葡萄", "吐鲁番", 5.88)
print(f.name, f.city, f.price)
h = Fruit("香蕉", "海南", 3.66)
print(h.name, h.city, h.price)
```

保存并运行程序，输出结果如下所示。

```
葡萄 吐鲁番 5.88
香蕉 海南 3.66
```

在这个类的构造方法中，设置 name、city 与 price 的默认值均为 None。

在创建类的时候，可以不必声明属性。等到创建类的实例后，再动态创建类的属性。例如：

```
class myFruit:
    pass


x = myFruit ()
x.name = "苹果"
```

如果想测试一个类实例 b 是否是类 a 的实例，可以使用内置函数 isinstance(instance_object, class_object)。其中，instance_object 是一个类的实例对象；class_object 是一个类对象。该函数可以测试 instance_object 是否是 class_object 的实例，如果是，就返回 True，否则返回 False。

```
class a:
    pass


b = a()
print(isinstance(b, a))
```

输出结果如下所示。从结果可以看出，类实例 b 是类 a 的实例。

```
True
```

用户可以在类内定义类变量，同时这些类变量可以被所有该类的实例变量所共享。

下面创建一个类 Student，并定义一个类变量 default_age：

```
class Student:
    default_age = 18                        #类变量
    def __init__(self):
        self.age = Student.default_age       #实例变量的变量
```

```
print(Student.default_age)
x = Student()
print(x.age, x.default_age)
```

输出结果如下所示。

```
18
18 18
```

在 Student 类的构造方法中，设置类实例 s 的 age 属性值是类变量 default_age 的值。default_age 是一个类变量，因为 Student 类有 default_age 属性，所以类实例 s 也会有 default_age 属性。age 是一个实例的变量，Student 类不会有 age 属性，只有类实例 s 有 age 属性。

> **注　意**
>
> 　　引用 default_age 类变量时，必须使用 Student.default_age，不能只使用 default_age。因为类内函数的全域名称空间是定义该函数所在的模块，而不是该类，如果只使用 default_age，Python 就会找不到 default_age 的定义所在。

如下所示将会报错：

```
class Student:
    default_age = 16
    def __init__(self):
        self.age = default_age


s=Student()
```

输出结果如下所示。

```
Traceback (most recent call last):
  File "C:/7.2.py", line 8, in <module>
    s = Student()
  File "C:/7.2.py", line 5, in __init__
    self.age = default_age
NameError: name 'default_age' is not defined
```

如果将实例变量的名称设置成与类变量的名称相同，Python 就会使用实例变量的名称。例如：

```
class Student:
    default_age = 16                        #类变量
    def __init__(self, age):
        self.default_age = age              #实例变量


print(Student.default_age)
s = Student(18)
```

```
print(s.default_age, s.default_age)
```

输出结果如下所示。

```
16
18 18
```

注意，实例有两个属性，其名称都是 default_age。由于 Python 会先搜索实例变量的名称，然后才搜索类变量的名称，因此 default_age 的值是 18，而不是 16。

7.4.2　类实例的内置属性

所有 Python 的类实例都具有下面内置属性：

（1）obj.__dict__：类实例内的属性是以字典对象的方式存储的。__dict__属性为该字典对象的值。例如：

```
class Fruit:
    def __init__(self, name=None, city=None, price= None):
        self.name = name
        self.city = city
        self.price = price


f = Fruit()
print(f.__dict__)
```

输出结果如下所示。

```
{'name': None, 'city': None, 'price': None}
```

（2）obj.__class__：__class__属性返回创建此类实例所用的类名称。例如：

```
class Fruit:
    def __init__(self, name=None, city=None, price= None):
        self.name = name
        self.city = city
        self.price = price


f = Fruit()
print(f.__class__)
```

输出结果如下所示。

```
{'name': None, 'city': None, 'price': None}
```

7.5　类的内置方法

类本身有许多的内置方法，这些内置方法的开头与结尾都带有双下画线字符"__"。

（1）__init__(self)：这是类的构造方法，当创建一个类的实例时，就会调用该方法。下面定义类的构造方法，用于打印类实例本身。

```
class Cc:
    def __init__(self):
        print (self)


x = Cc()
print(x)
```

输出结果如下所示。

```
<__main__.Cc object at 0x02EE1D78>
```

（2）__str__(self)：该方法被内置函数str()与print函数调用，用来设置对象以字符串类型出现时如何显示。__str__()函数的返回值是一个字符串对象。

下面是通过print函数打印出类实例的name属性。

```
class Cc:
    def __init__(self, arg):
        self.name = arg
    def __str__(self):
        return self.name


c = Cc("苹果")
print (c)
```

输出结果如下所示。

```
苹果
```

（3）__repr__(self)：该方法被repr()内置函数调用，此函数可以让对象以可读的形式出现。

下面是在提示符号后列出类实例变量的名称时，打印出类实例变量的name属性。

```
class Cc:
    def __init__(self, arg):
        self.name = arg
    def __repr__(self):
        return self.name


c =Cc("香蕉")
```

```
print(c)
```

输出结果如下所示。

香蕉

（4）__getattr__(self, name)：该方法用于读取或修改不存在的成员属性的时候。

下面是读取类实例不存在的属性时，返回属性值。

```
class Cc:
    def __init__(self, arg):
        self.name = arg
    def __getattr__(self, name):
        return name


c = Cc("水蜜桃")
print(c.sas)
```

输出结果如下所示。

```
sas
```

（5）__setattr__(self, name, value)：该方法用于设置类属性的值。

下面是当设置类实例的 name 属性时，在属性值之后加上 "是比较受欢迎的水果" 字符串。

```
class Cc:
    def __init__(self, arg):
        self.name = arg
    def __setattr__(self, name, value):
        self.__dict__[name] = value + "是比较受欢迎的水果"


c= Cc("香蕉")
c.name = "苹果"
print(c.name)
```

输出结果如下所示。

苹果是比较受欢迎的水果

（6）__delattr__(self, name)：该方法用于删除类的属性。

下面是当使用 del 语句删除 name 属性时，显示 "你不能删除此类的属性" 字符串。

```
class Cc:
    def __init__(self, arg):
        self.name = arg
    def __delattr__(self, name):
```

```
        print ("你不能删除此类的属性")

c = Cc("苹果")
del c.name
```

输出结果如下所示。

你不能删除此类的属性

（7）__del__(self)：该方法用于删除类对象。

下面是当使用 del 语句删除类实例时，显示 "你不能删除此类的对象" 字符串。

```
class Cc:
    def __init__(self, arg):
        self.name = arg
    def __del__(self):
        print ("你不能删除此类的对象")

c = Cc("苹果")
del c
```

输出结果如下所示。

你不能删除此类的对象

（8）__call__(self)：类内包含该方法者，是可以被调用的。

下面是调用 x 类实例时，返回原来 name 属性值与调用时的参数相加的结果。

```
class addNumber:
    def __init__(self, arg):
        self.value = arg
    def __call__(self, other):
        return self.value + other

x = addNumber(100)
print(x(200))
```

输出结果如下所示。

300

（9）__getitem__(self, index)：该方法支持列表对象的索引，返回 self[index]值。

下面是显示列表对象的元素时，将元素值设置为索引值加 1。

```
class Seq:
    def __getitem__(self, index):
        return index + 1
```

```
s = Seq()
for i in range(4):
    print (s[i])
```

输出结果如下所示。

```
1
2
3
4
```

（10）__len__(self)：该方法用在 len() 内置函数中，显示类实例变量的长度。

下面是返回类实例 x 的 name 属性的长度值。

```
class Cc:
    def __init__(self, arg):
        self.name = arg
    def __len__(self):
        return len(self.name)


c = Cc("苹果香蕉和橘子")
print(len(c))
```

输出结果如下所示。

```
7
```

（11）__add__(self, other)：该方法计算 self + other 的值。

下面是返回类的两个实例 x 与 y 相加的结果。

```
class addNumber:
    def __init__(self, x, y):
        self.x = x
        self.y = y
    def __add__(self, other):
        return (self.x + other.x, self.y + other.y)


x = addNumber(2, 4)
y = addNumber(7, 3)
print (x + y)
```

输出结果如下所示。

```
(9, 7)
```

（12）__iadd__(self, other)：该方法计算 self += other 的值。

下面是将类的两个实例 x 与 y 相加的结果赋值设置给类的实例 x。

```
class iaddNumber:
    def __init__(self, arg):
        self.value = arg
    def __iadd__(self, other):
        return self.value + other.value


x = iaddNumber(100)
y = iaddNumber(28)
x += y
print(x)
```

输出结果如下所示。

```
128
```

（13）__sub__(self, other)：该方法计算 self - other 的值。

下面是返回类的两个实例 x 与 y 相减的结果。

```
class subNumber:
    def __init__(self, value):
        self.value = value
    def __sub__(self, other):
        return (self.value - other.value)


x = subNumber(100)
y = subNumber(30)
print (x - y)
```

输出结果如下所示。

```
70
```

（14）__isub__(self, other)：该方法计算 self −= other 的值。

下面是将类的两个实例 x 与 y 相减的结果赋值给类的实例 x。

```
class isubNumber:
    def __init__(self, arg):
        self.value = arg
    def __isub__(self, other):
        return self.value - other.value


x = isubNumber(88)
y = isubNumber(22)
```

```
x -= y
print(x)
```

输出结果如下所示。

```
66
```

（15）__mul__(self, other)：该方法计算 self * other 的值。

下面是返回类的两个实例 x 与 y 相乘的结果。

```
class mulNumber:
    def __init__(self, value):
        self.value = value
    def __mul__(self, other):
        return (self.value * other.value)

x = mulNumber(25)
y = mulNumber(4)
print (x * y)
```

输出结果如下所示。

```
100
```

（16）__imul__(self, other)：该方法计算 self *= other 的值。

下面是将类的两个实例 x 与 y 相乘的结果赋值给类的实例 x。

```
class imulNumber:
    def __init__(self, arg):
        self.value = arg
    def __imul__(self, other):
        return self.value * other.value

x = imulNumber(25)
y = imulNumber(15)
x *= y
print(x)
```

输出结果如下所示。

```
375
```

（17）__mod__(self, other)：该方法计算 self % other 的值。

下面是返回类的两个实例 x 与 y 相除的余数。

```
class modNumber:
    def __init__(self, value):
```

```
        self.value = value
    def __mod__(self, other):
        return (self.value % other.value)

x = modNumber(20)
y = modNumber(7)
print (x % y)
```

输出结果如下所示。

```
6
```

（18）__imod__(self, other)：该方法计算 self %= other 的值。

下面是将类的两个实例 x 与 y 相除的余数赋值给类的实例 x。

```
class imodNumber:
    def __init__(self, arg):
        self.value = arg
    def __imod__(self, other):
        return self.value % other.value

x = imodNumber(20)
y = imodNumber(7)
x %= y
print(x)
```

输出结果如下所示。

```
6
```

（19）__neg__(self)：该方法计算 -self 的结果。

下面是返回类实例 x 前加一个符号（-）的结果。

```
class negNumber:
    def __init__(self, value):
        self.value = value
    def __neg__(self):
        return -self.value

x = negNumber(-8668)
print (-x)
```

输出结果如下所示。

```
8668
```

（20）__pos__(self)：该方法计算 +self 的结果。

下面是返回类实例 x 前加一个符号（+）的结果。

```
class posNumber:
    def __init__(self, value):
        self.value = value
    def __pos__(self):
        return self.value


x = posNumber(-100)
print (+x)
```

输出结果如下所示。

```
-100
```

7.6 重载运算符

在上一节讲述的类的内置方法中，有许多是用来替换运算符的，这种特性称为重载运算符（overloading operator）。例如：

（1）__add__(a, b)方法等于 a + b。
（2）__sub__(a, b)方法等于 a – b。
（3）__mul__(a, b)方法等于 a * b。
（4）__mod__(a, b)方法等于 a % b。

要想在 Python 解释器内使用这些运算符函数，首先必须加载 operator 模块，然后调用 operator 模块的运算符函数。例如：

```
import operator
operator.add(100, 200)
```

输出结果如下所示。

表 7-1 列出了重载运算符及其功能相同的函数名称。

表7-1　重载运算符及其功能相同的函数名称

重载运算符	函数	说明
__add__(a, b)	add(a, b)	返回 a + b，a 与 b 是数字
__sub__(a, b)	sub(a, b)	返回 a - b
__mul__(a, b)	mul(a, b)	返回 a * b，a 与 b 是数字
__mod__(a, b)	mod(a, b)	返回 a % b
__neg__(a)	neg(a)	返回-a
__pos__(a)	pos(a)	返回+a
__abs__(a)	abs(a)	返回 a 的绝对值
__inv__(a)	inv(a)	返回 a 的二进制码的相反值。如果原来位是 1，那么其结果为 0；如果原来位是 0，那么其结果为 1。a 是数字

（续表）

重载运算符	函数	说明
__invert__(a)	invert(a)	与 inv(a)相同
__lshift__(a, b)	lshift(a, b)	返回 a 左移 b 位的结果
__rshift__(a, b)	rshift(a, b)	返回 a 右移 b 位的结果

7.7　类的继承

所谓类的继承（inheritance），就是新类继承旧类的属性与方法，这种行为称为派生子类（subclassing）。继承的新类称为派生类（derived class），被继承的旧类则称为基类（base class）。当用户创建派生类后，就可以在派生类内新增或改写基类的任何方法。

派生类的语法如下：

```
class <类名称> [(基类 1,基类 2, ...)]:
    ["文件字符串"]
<语句>
```

一个衍生类可以同时继承自多个基类，基类之间以逗号（,）隔开。

下面是一个基类 A 与一个基类 B：

```
class A:
    pass


class B:
    pass
```

下面是一个派生类 C 继承自一个基类 A：

```
class C(A):
    pass
```

下面是一个派生类 D 继承自两个基类 A 与 B：

```
class D(A, B):
    pass
```

1. 派生类的构造方法

下面是一个基类的定义：

```
class Student:
    def __init__(self, name, sex, phone):
        self.name = name
```

```
        self.sex = sex
        self.phone = phone
    def printData(self):
        print ("姓名: ", self.name)
        print ("性别: ", self.sex)
        print ("电话: ", self.phone)
```

这个基类 Student 有三个成员变量，即 name（姓名）、sex（性别）及 phone（电话），并且定义两个函数。

（1）__init__()函数：Student 类的构造方法。

（2）printData()函数：用来打印成员变量的数据。

下面创建一个 Student 类的派生类：

```
class Person(Student):
    def __init__(self, name, sex, phone):          #派生类的构造方法
        Student.__init__(self, name, sex, phone)   #调用基类的构造方法
```

派生类的构造方法必须调用基础类的构造方法，并使用完整的基类名称。Student.__init__(self, name, sex, phone)中的 self 参数，用来告诉基类现在调用的是哪一个派生类。

下面创建一个派生类 Person 的实例变量，并且调用基类 Student 的函数 printData()打印出数据。

```
x = Person("张小明", "女", "12345678")
x.printData()
```

输出结果如下所示。

```
姓名: 张小明
性别: 女
电话: 12345678
```

2. 名称空间的搜索顺序

当用户在类内编写函数时，要记得类函数名称空间的搜索顺序是：类的实例→类→基类。

下面定义三个类：A、B 和 C。B 继承自 A，C 继承自 B。A、B、C 三个类都有一个相同名称的函数——printName()。

【例 7.3】创建 A、B、C 三个类的实例，并调用 printName()函数（源代码\ch07\7.3.py）。

```
class A:
    def __init__(self, name):
        self.name = name
    def printName(self):
        print ("这是类 A 的 printName()函数, name = %s" % self.name)
```

```
class B(A):
    def __init__(self, name):
        A.__init__(self, name)
    def printName(self):
        print ("这是类 B 的 printName() 函数, name = %s" % self.name)

class C(B):
    def __init__(self, name):
        B.__init__(self, name)
    def printName(self):
        print ("这是类 C 的 printName() 函数, name = %s" % self.name)

print(A("王小玲").printName())
print(B("张一飞").printName())
print(C("刘天佑").printName())
```

输出结果如下所示。

```
这是类 A 的 printName() 函数, name = 王小玲
None
这是类 B 的 printName() 函数, name = 张一飞
None
这是类 C 的 printName() 函数, name = 刘天佑
None
```

示例代码分析如下：

（1）A("王小玲").printName()调用 A 类的 printName()函数。

（2）B("张一飞").printName()会先调用 B 类的 printName()函数，因为已经找到一个 printName()函数，所以不会继续往 A 类查找。

（3）C("刘天佑").printName()会先调用 C 类的 printName()函数，因为已经找到一个 printName()函数，所以不会继续往 B 与 A 类查找。

3. 类的多继承

Python 同样有限地支持多继承形式。

【例 7.4】类的多继承（源代码\ch07\7.4.py）。

```
#类定义
class people:
    #定义基本属性
    name = ''
    age = 0
    #定义私有属性,私有属性在类外部无法直接进行访问
```

```
        __weight = 0
        #定义构造方法
        def __init__(self,n,a,w):
            self.name = n
            self.age = a
            self.__weight = w
        def speak(self):
            print("%s 说：我 %d 岁。" %(self.name,self.age))


    #单继承
    class student(people):
        grade = ''
        def __init__(self,n,a,w,g):
            #调用父类的构函
            people.__init__(self,n,a,w)
            self.grade = g
        #覆写父类的方法
        def speak(self):
            print("%s 说：我 %d 岁了，我在读 %d 年级
"%(self.name,self.age,self.grade))


    #定义类 speaer
    class speaker():
        topic - ''
        name = ''
        def __init__(self,n,t):
            self.name = n
            self.topic = t
        def speak(self):
            print("我叫%s，我是一名人民教师，我演讲的主题是：%s"%(self.name,self.topic))

    #多重继承
    class sample(speaker,student):
        a =''
        def __init__(self,n,a,w,g,t):
            student.__init__(self,n,a,w,g)
            speaker.__init__(self,n,t)

test = sample("王小孟",25,80,4,"加强网络安全的策略")
test.speak()    #方法名同，默认调用的是在括号中排前的父类的方法
```

输出结果如下所示。

我叫王小孟，我是一名人民教师，我演讲的主题是：加强网络安全的策略

7.8　类的多态

所谓类的多态（polymorphism），就是指类可以有多个名称相同、参数类型却不同的函数。Python 并没有明显的多态特性，因为 Python 函数的参数不必声明数据类型。但是 Python 利用动态数据类型（dynamic typing）仍然可以处理对象的多态。

因为使用动态数据类型，所以 Python 必须等到运行该函数时才能知道该函数的类型，这种特性称为运行期绑定（runtime binding）。

C++将多态（polymorphism）称为方法重载（method overloading），允许类内有多个名称相同、参数却不同的函数存在。

但是 Python 却不允许这样做，如果用户在 Python 的类内声明多个名称相同、参数却不同的函数，那么 Python 会使用类内最后一个声明的函数。

例如：

```python
class myClass:
    def __init__(self):
        pass
    def handle(self):
        print ("3 arguments")
    def handle(self, x):
        print ("1 arguments")
    def handle(self, x, y):
        print ("2 arguments")
    def handle(self, x, y, z):
        print ("3 arguments")


x = myClass()
x.handle(1, 2, 3)
x.handle(1)
```

输出结果如下所示。

```
Traceback (most recent call last):
3 arguments
    x.handle(1)
TypeError: handle() missing 2 required positional arguments: 'y' and 'z'
```

在上面的示例中，当调用 myClass 类中的 handle()函数时，Python 会使用有三个参数的函数 handle(self, x, y, z)。因此，当只提供一个参数时，Python 会输出一个 TypeError 的例外。

要解决这个问题，必须使用下面的方法。虽然在 myClass 类中声明的函数名称都不相同，

但是可以利用 handle()函数的参数数目，来决定要调用类中的哪一个函数。

```python
class myClass:
    def __init__(self):
        pass
    def handle(self, *arg):
        if len(arg) == 1:
            self.handle1(*arg)
        elif len(arg) == 2:
            self.handle2(*arg)
        elif len(arg) == 3:
            self.handle3(*arg)
        else:
            print ("Wrong arguments")
    def handle1(self, x):
        print ("1 arguments")
    def handle2(self, x, y):
        print ("2 arguments")
    def handle3(self, x, y, z):
        print ("3 arguments")
x = myClass()
print(x.handle())
print(x.handle(1))
print(x.handle(1, 2))
print(x.handle(1, 2, 3))
print(x.handle(1, 2, 3, 4))
```

输出结果如下所示。

```
Wrong arguments
None
1 arguments
None
2 arguments
None
3 arguments
None
Wrong arguments
None
```

7.9　类的封装

所谓类的封装（encapsulation），就是指类将其属性（变量与方法）封装在该类内，只有该类中的成员，才可以使用该类中的其他成员。这种被封装的变量与方法，称为该类的私有变量（private variable）与私有方法（private method）。

Python 类中的所有变量与方法都是公用的（public）。只要知道该类的名称与该变量或方法的名称，任何外部对象都可以直接存取类中的属性与方法。

例如：f 是 Fruits 类的实例变量，name 是 Fruits 类的变量，利用 f.name 就可以存取 Fruits 类中的 name 变量。

```
class Fruits:
    def __init__(self):
        self.name = None
f = Fruits()
f.name = "苹果"
a = f.name
print (a)
```

输出结果如下所示。

苹果

要做到类的封装，必须遵循以下两个原则：

（1）如果属性（变量与方法）名称的第一个字符是单下画线，那么该属性视为类的内部变量，外面的变量不可以引用该属性。

（2）如果属性（变量与方法）名称的前两个字符都是单下画线，那么在编译时属性名称 attributeName 会被改成_className_attributeName，className 是该类的名称。由于属性名称之前加上了类的名称，因此与类中原有的属性名称有差异。

以上两个原则只是作为参考，Python 类中的所有属性仍然都是公用（public）的。只要知道类与属性的名称，就可以存取类中的所有属性。

例如：

```
class Fruit:
    def __init__(self, value):
        self._n = value            #变量_n 的第一个字符是单下画线
        self.__n = value           #变量__n 的前两个字符都是单下画线
    def __func(self):              #函数的__func()前两个字符都是单下画线
        print (self._n + 1)


f = Fruit(5.88)
```

常见的正确或错误的调用方法如下：

```
f._n                    #第一个字符是单下画线的变量_n，可以任意存取
f.__n                   #错误，因为__n已经被改名为_Fruit__n
f._Fruit__n             #正确
f.__func()              #错误，因为__func()已经被改名为_Fruit__func()
f._Fruit__func()        #正确
```

类中的所有属性都存储在该类的名称空间（namespace）内。如果在类中存储了一个全域变量的值，此值就会被放置在该类的名称空间内。即使以后此全域变量的值被改变，类内的该值仍然保持不变。

例如：设置一个全域变量 a = 600，在类中使用 storeVar()函数存储该值，当全域变量 a 的值改变时，Fruit 类中的值仍然保持不变。

```
class Fruit:
    a = 600
    def storeVar(self, x = a):
        return x


f = Fruit ()
print(f.storeVar())
a = 200
print(f.storeVar())
```

输出结果如下所示。从结果可以看出，即使 a 的值被修改为 200，Fruit 类中变量 a 的值仍是 600。

```
600
600
```

7.10　Python 的垃圾回收机制

Python 使用了引用计数这一简单技术来跟踪和回收垃圾。在 Python 内部有一个跟踪变量，记录着所有使用中的对象各有多少引用，称为一个引用计数器。

当对象被创建时，就同时创建了一个引用计数。当这个对象不再需要，其引用计数变为 0 时，就被垃圾回收。但回收不是"立即"的，而是由解释器在适当的时机将垃圾对象占用的内存空间回收。

```
x =100        # 创建对象  <100>
y = x         # 增加引用 <100> 的计数
z = [y]       # 增加引用  <100> 的计数

del x         # 减少引用 <100> 的计数
y = 200       # 减少引用 <100> 的计数
```

```
z[0] = 150    # 减少引用 <100> 的计数
```

垃圾回收机制可以针对引用计数为 0 的对象，也可以处理循环引用的情况。所谓循环引用，是指两个对象相互引用，但是没有其他变量引用它们。这种情况下，仅使用引用计数是不够的。Python 的垃圾收集器实际上是一个引用计数器和一个循环垃圾收集器。作为引用计数的补充，垃圾收集器也会留意被分配的总量很大（未通过引用计数销毁）的对象。此时，解释器会暂停下来，试图清理所有未引用的循环。

当对象不再需要时，Python 将会调用__del__方法销毁对象。

【例 7.5】类的垃圾回收（源代码\ch07\7.5.py）。

```python
class Student:
    def __init__( self, name="张小明", age=16):
        self.name = name
        self.age = age
    def __del__(self):
        class_name = self.__class__.__name__
        print (class_name, "销毁对象")


aa = Student ()
bb = aa
cc = aa
print (id(aa), id(bb), id(cc))        # 打印对象的 id
del aa
del bb
del cc
```

保存并运行程序，输出结果如下所示。

```
11410736 11410736 11410736
Student 销毁对象
```

7.11　疑难解惑

疑问 1：面向对象中常用的技术术语及其含义是什么？

（1）类（Class）：用来描述具有相同属性和方法的对象的集合。它定义了该集合中每个对象所共有的属性和方法。对象是类的实例。

（2）类变量：类变量在整个实例化的对象中是公用的。类变量定义在类中且在函数体之外。类变量通常不作为实例变量使用。

（3）数据成员：类变量或实例变量用于处理类及其实例对象的相关数据。

（4）方法重写：如果从父类继承的方法不能满足子类的需求，那么可以对其进行改写，这个过程叫方法的覆盖（override），也称为方法的重写。

（5）实例变量：定义在方法中的变量只作用于当前实例的类。

（6）继承：即一个派生类（derived class）继承基类（base class）的字段和方法。继承也允许把一个派生类的对象作为一个基类对象对待。

（7）实例化：创建一个类的实例，即类的具体对象。

（8）方法：类中定义的函数。

（9）对象：通过类定义的数据结构实例。对象包括两个数据成员（类变量和实例变量）和方法。

疑问 2：什么是方法的重写？

当父类中方法的功能不能满足项目的需求时，可以在子类中重写父类的方法。

【例 7.6】方法的重写（源代码\ch07\7.6.py）。

```python
class Gs:          # 定义父类
    def myMethod(self):
        print ('敕勒川，阴山下。天似穹庐，笼盖四野。')


class Gg(Gs):  # 定义子类
    def myMethod(self):
        print ('天苍苍，野茫茫。风吹草低见牛羊。 ')


g =Gg()              #子类实例
g.myMethod()         #子类调用重写方法
```

保存并运行程序，输出结果如下所示。

天苍苍，野茫茫。风吹草低见牛羊。

第8章 程序调试和异常处理

内容导航| Navigation

在程序开发过程中，程序员会尽量避免错误的发生，但总会发生一些不可预期的事情。例如，除法运算时被除数为 0、内存不足、栈溢出等。Python 语言提供了异常处理机制，用来处理这些不可预期的事情。本章将详细介绍异常的概念、捕获处理和抛出异常，最后介绍程序员如何自定义异常类。

学习目标| Objective

- 了解异常的含义
- 熟悉常见的错误和异常
- 熟悉内置的异常
- 掌握处理异常的方法
- 掌握异常类的实例和清除异常的方法
- 熟悉内置异常的协助模块
- 掌握抛出异常的方法
- 掌握自定义异常的方法
- 掌握调试程序的方法

8.1　什么是异常

程序运行过程中总会遇到各种各样的错误。有的错误是程序编写有问题造成的，比如本该输出字符串，结果却输出整数，这种错误通常称为 bug，而 bug 是必须修复的。

有的错误是用户输入造成的，比如让用户输入 E-mail 地址，结果却得到一个空字符串，这种错误可以通过检查用户输入来做出相应地处理。

还有一种错误是完全无法在程序运行过程中预测的，比如在写入文件时磁盘满了，或者从网络抓取数据时网络突然断，这种错误也称为异常，在程序中是必须要处理的，否则程序会因为各种问题终止并退出。

当 Python 解释器遇到一个无法预期的程序行为时，它就会输出一个异常（exception），如遇到除以零，或者打开不存在的文件等。当 Python 解释器遇到异常情况时，它会停止程序的运行，然后显示一个追踪（traceback）信息。

输出错误信息如下所示。

Traceback (most recent call last):

```
  File "<pyshell#0>", line 1, in <module>
    100 / 0
ZeroDivisionError: division by zero
```

从运行结果可以看出，Python 解释器显示一条追踪信息。其中，括号内的 most recent call last 表示异常发生在最近一次调用的表达式；<pyshell#0>表示异常发生在解释器输入；line 1 表示发生错误的行数，ZeroDivisionError 是内置异常的名称，其后的字符串是对此异常的描述。

提 示
当程序代码中发生错误或事件时，程序流程就会被中断，然后跳至运行该异常的程序代码处。Python 有许多内置异常，并且这些异常已内置于 Python 语言中。

下面再测试一个异常。在 Python 解释器内运行 8.1.py 文件，在代码的第 5 行故意将 complex()函数名称写成 coplex()。

【例 8.1】异常测试（源代码\ch08\8.1.py）。

```
#运行此文件会产生异常
#定义函数
def raiseExceptionFunc():
    a = 10
    b = coplex(2, 10)
    print (a, b)
#运行函数
raiseExceptionFunc()
```

保存并运行程序，输出错误信息如下所示。

```
Traceback (most recent call last):
  File "C:/9.3.py", line 9, in <module>
    raiseExceptionFunc()
  File "C:/9.3.py", line 5, in raiseExceptionFunc
    b = coplex(2, 10)
NameError: name 'coplex' is not defined
```

从异常提示信息可以看出，异常发生在代码第 5 行的 raiseExceptionFunc()函数，提示 NameError 异常，异常发生的原因是 coplex 的名称未定义。

8.2　常见错误和异常

在 Python 编程中，常见的错误和异常如下。

1. 缺少冒号引起错误

在 if、elif 、else、for、while、class、def 声明末尾需要添加 "："，如果忘记添加，就会提示 "SyntaxError：invalid syntax" 的语法错误。例如：

```
if x>10
    print("离家日趋远，衣带日趋缓。")
```

输出错误信息如下所示。

```
SyntaxError: invalid syntax
```

2. 将赋值运算符=与比较运算符==混淆

如果误将=号用作==号，就会提示 "SyntaxError ： invalid syntax" 的语法错误。例如：

```
if x=10:
    print("心思不能言，肠中车轮转。")
```

输出错误信息如下所示。

```
SyntaxError : invalid synta
```

3. 代码结构的缩进错误

当代码结构的缩进量不正确时，常常会提示错误信息，如 "IndentationError: unexpected indent" "IndentationError: unindent does not match any outer indetation level" 和 "IndentationError: expected an indented block"。

```
a=3
if a>3:
    print ("江南可采莲，莲叶何田田，鱼戏莲叶间。")
else:
print ("涉江采芙蓉，兰泽多芳草。")
```

输出错误信息如下所示。

```
IndentationError: expected an indented block
```

4. 修改元组和字符串的值时报错

元组和字符串的元素值是不能修改的，如果修改它们的元素值，就会提示错误信息。例如：

```
aa = (100, 200, 300)
# 以下修改元组元素操作是非法的。
aa[1] =400
```

输出错误信息如下所示。

```
TypeError: 'tuple' object does not support item assignment
```

5. 连接字符串和非字符串

如果将字符串和非字符串连接，就会提示错误"TypeError: Can't convert 'int' object to str implicitly"。例如：

```
a="涉江采芙蓉，兰泽多芳草。"
b=32
print (a+b)
```

输出错误信息如下所示。

```
TypeError: can only concatenate str (not "int") to str
```

6. 在字符串首尾忘记加引号

字符串的首尾必须添加引号，如果没有添加或没有成对出现，就会提示错误"SyntaxError: EOL while scanning string literal"。例如：

```
print(涉江采芙蓉，兰泽多芳草。')
```

输出错误信息如下所示。

```
SyntaxError: invalid character in identifier
```

7. 变量或函数名拼写错误

如果函数名或变量拼写错误，就会提示错误"NameError: name 'ab' is not defined"。例如：

```
a= '涉江采芙蓉，兰泽多芳草。'
print(ab)
```

输出错误信息如下所示。

```
NameError: name 'ab' is not defined
```

8. 引用超过列表的最大索引值

如果引用超过列表的最大索引值，就会提示错误"IndexError: list index out of range"。例如：

```
x =[ '汽车', '火车', '动车']
print(x[4])
```

输出错误信息如下所示。

```
IndexError: list index out of range
```

9. 使用关键字作为变量名

Python 关键字不能用作变量名。Python 3 的关键字有 and、as、assert、break、class、continue、def、del、elif、else、except、False、finally、for、from、global、if、import、in、is、lambda、

None、nonlocal、not、or、pass、raise、return、True、try、while、with、yield 等，如果使用这些关键词作为变量，就会提示错误"SyntaxError：invalid syntax"。例如：

```
else= '春花秋月何时了'
```

输出错误信息如下所示。

```
SyntaxError: invalid syntax
```

10. 变量没有初始值时使用增值操作符

当变量还没有指定一个有效的初始值时，使用增值操作符，将会提示错误"NameError: name 'obj' is not defined"。例如：

```
a-=100
```

输出错误信息如下所示。

```
Traceback (most recent call last):
  File "<pyshell#0>", line 1, in <module>
    a-=100
NameError: name 'a' is not defined
```

11. 误用自增和自减运算符

在 Python 编程语言中没有自增（++）或自减（--）运费符，如果误用，就会提示错误"SyntaxError: invalid syntax"。例如：

```
jj=10
jj++
```

输出错误信息如下所示。

```
SyntaxError: invalid syntax
```

12. 忘记为方法的第一个参数添加 self 参数

在定义方法时，第一个参数必须是 self。如果忘记添加 self 参数，就会提示错误"TypeError: myMethod() takes 0 positional arguments but 1 was given"。例如：

```
class Gs():
    def myMethod ():
        print('这是一个不错的方法')
g = Gs()
g.myMethod ()
```

输出错误信息如下所示。

```
Traceback (most recent call last):
  File "<pyshell#5>", line 1, in <module>
```

```
    g.myMethod ()
TypeError: myMethod() takes 0 positional arguments but 1 was given
```

8.3 熟悉内置异常

Python 的内置异常定义在 exceptions 模块中，该模块在 Python 解释器启动时会自动加载。Python 内置异常类的结构如下：

```
BaseException
 +-- SystemExit
 +-- KeyboardInterrupt
 +-- GeneratorExit
 +-- Exception
     +-- StopIteration
     +-- StopAsyncIteration
     +-- ArithmeticError
     |   +-- FloatingPointError
     |   +-- OverflowError
     |   +-- ZeroDivisionError
     +-- AssertionError
     +-- AttributeError
     +-- BufferError
     |-- EOFError
     +-- ImportError
     +-- LookupError
     |   +-- IndexError
     |   +-- KeyError
     +-- MemoryError
     +-- NameError
     |   +-- UnboundLocalError
     +-- OSError
     |   +-- BlockingIOError
     |   +-- ChildProcessError
     |   +-- ConnectionError
     |   |   +-- BrokenPipeError
     |   |   +-- ConnectionAbortedError
     |   |   +-- ConnectionRefusedError
     |   |   +-- ConnectionResetError
     |   +-- FileExistsError
     |   +-- FileNotFoundError
```

```
    |     +-- InterruptedError
    |     +-- IsADirectoryError
    |     +-- NotADirectoryError
    |     +-- PermissionError
    |     +-- ProcessLookupError
    |     +-- TimeoutError
    +-- ReferenceError
    +-- RuntimeError
    |     +-- NotImplementedError
    |     +-- RecursionError
    +-- SyntaxError
    |     +-- IndentationError
    |          +-- TabError
    +-- SystemError
    +-- TypeError
    +-- ValueError
    |     +-- UnicodeError
    |          +-- UnicodeDecodeError
    |          +-- UnicodeEncodeError
    |          +-- UnicodeTranslateError
    +-- Warning
          +-- DeprecationWarning
          +-- PendingDeprecationWarning
          +-- RuntimeWarning
          +-- SyntaxWarning
          +-- UserWarning
          +-- FutureWarning
          +-- ImportWarning
          +-- UnicodeWarning
          +-- BytesWarning
          +-- ResourceWarning
```

常用异常类的含义如下：

- BaseException：所有异常的基类。
- SystemExit：Python 解释器请求退出。
- KeyboardInterrupt：用户中断执行。
- Exception：常规错误的基类。
- StopIteration：迭代器没有更多的值。
- GeneratorExit：生成器（generator）发生异常通知退出。
- StandardError：所有内置标准异常的基类。
- ArithmeticError：所有数值计算错误的基类。

- FloatingPointError：浮点计算错误。
- OverflowError：数值运算超出最大限制。
- ZeroDivisionError：除（或取模）零（所有数据类型）。
- AssertionError：断言语句失败。
- AttributeError：对象没有这个属性。
- EOFError：没有内建输入，到达 EOF 标记。
- EnvironmentError：操作系统错误的基类。
- IOError：输入/输出操作失败。
- OSError：操作系统错误。
- WindowsError：系统调用失败。
- ImportError：导入模块/对象失败。
- LookupError：无效数据查询的基类。
- IndexError：序列中没有此索引（index）。
- KeyError：映射中没有这个键。
- MemoryError：内存溢出错误（对于 Python 解释器不是致命的）。
- NameError：未声明/初始化对象（没有属性）。
- UnboundLocalError：访问未初始化的本地变量。
- ReferenceError：弱引用（weak reference）试图访问已经垃圾回收的对象。
- RuntimeError：一般的运行时错误。
- NotImplementedError：尚未实现的方法。
- SyntaxError：Python 语法错误。
- IndentationError：缩进错误。
- TabError：Tab 和空格混用。
- SystemError：一般的解释器系统错误。
- TypeError：对类型无效的操作。
- ValueError：传入无效的参数。
- UnicodeError：Unicode 相关的错误。
- UnicodeDecodeError：Unicode 解码时的错误。
- UnicodeEncodeError：Unicode 编码时的错误。
- UnicodeTranslateError：Unicode 转换时的错误。
- Warning：警告的基类。
- DeprecationWarning：关于被弃用的特征的警告。
- FutureWarning：关于构造将来语义会有改变的警告。
- OverflowWarning：旧的关于自动提升为长整型（long）的警告。
- PendingDeprecationWarning：关于特性将会被废弃的警告。
- RuntimeWarning：可疑的运行时行为（runtime behavior）的警告。
- SyntaxWarning：可疑的语法的警告。
- UserWarning：用户代码生成的警告。

下面选择经常使用的内置异常进行讲解。

（1）AssertionError：该异常在 assert 语句运行失败时输出。例如：

```
assert()
```

输出错误信息如下所示。

```
Traceback (most recent call last):
  File "<pyshell#7>", line 1, in <module>
    assert()
AssertionError
```

（2）AttributeError：该异常在参考或设置属性失败时输出。例如：

```
class Gs:
    pass

g = Gs()
g.add
```

输出错误信息如下所示。

```
Traceback (most recent call last):
  File "<pyshell#10>", line 1, in <module>
    g.add
AttributeError: 'Gs' object has no attribute 'add'
```

（3）ImportError：该异常在 Python 中找不到要加载的模块时输出。例如：

```
from sys import go
```

输出错误信息如下所示。

```
Traceback (most recent call last):
  File "<pyshell#11>", line 1, in <module>
    from sys import go
ImportError: cannot import name 'go' from 'sys' (unknown location)
```

（4）IndexError：该异常在序数对象（列表、元组和字符串）的索引值超出范围时输出。例如：

```
x = [100, 200, 300, 400]
x[8]
```

输出错误信息如下所示。

```
Traceback (most recent call last):
  File "<pyshell#13>", line 1, in <module>
    x[8]
```

```
IndexError: list index out of range
```

（5）FileNotFoundError：打开文件失败时报错。例如：

```
file = open("wenjian.txt", "r")
```

输出错误信息如下所示。

```
Traceback (most recent call last):
  File "<pyshell#14>", line 1, in <module>
    file = open("wenjian.txt", "r")
FileNotFoundError: [Errno 2] No such file or directory: 'wenjian.txt'
```

（6）KeyError：该异常在字典集内找不到键值时输出。例如：

```
x={"a":"1", "b":"2"}
x["c"]
```

输出错误信息如下所示。

```
Traceback (most recent call last):
  File "<pyshell#19>", line 1, in <module>
    x["c"]
KeyError: 'c'
```

（7）KeyboardInterrupt：该异常在用户按下 Ctrl+C 组合键（中断键）时输出。例如：

```
aa= input("是 Ctrl+C 组合键")
```

按下 Ctrl+C 组合键，输出错误信息如下所示。

```
Traceback (most recent call last):
  File "<pyshell#21>", line 1, in <module>
    aa= input("是 Ctrl+C 组合键")
KeyboardInterrupt
```

（8）LookupError：该异常在序数对象（列表、元组和字符串）与映射对象（字典）的键值或索引值无效时输出。该异常是 KeyError 与 IndexError 异常的基类。

```
s = u"Hello"
s.encode("UTF-64")
```

输出错误信息如下所示。

```
Traceback (most recent call last):
  File "<pyshell#25>", line 1, in <module>
    s.encode("UTF-64")
LookupError: unknown encoding: UTF-64
```

（9）NameError：此异常在全域名称空间与区域名称空间内都找不到该名称时输出。例如：

```
gos
```

输出错误信息如下所示。

```
Traceback (most recent call last):
  File "<pyshell#26>", line 1, in <module>
    gos
NameError: name 'gos' is not defined
```

（10）NotImplementedError：该异常是基类的虚拟方法（abstract method）没有在派生类内定义时输出。例如：

```
def myFunc():
    raise NotImplementedError


myFunc()
```

输出错误信息如下所示。

```
Traceback (most recent call last):
  File "<pyshell#28>", line 1, in <module>
    myFunc()
  File "<pyshell#27>", line 2, in myFunc
    raise NotImplementedError
NotImplementedError
```

（11）OSError：该异常在操作系统有错误时输出，通常由 os 模块产生。例如：

```
import os
os.chdir("d:\pythons")
```

输出错误信息如下所示。

```
Traceback (most recent call last):
  File "<pyshell#30>", line 1, in <module>
    os.chdir("d:\pythons")
FileNotFoundError: [WinError 2] 系统找不到指定的文件。: 'd:\\pythons'
```

（12）SyntaxError：该异常在语法错误时输出。例如：

```
import
```

输出错误信息如下所示。

```
SyntaxError: invalid syntax
```

（13）TypeError：该异常在对象的函数或运算与其类型不符时输出。例如：

```
file = open(1, 2, 3)
```

输出错误信息如下所示。

```
Traceback (most recent call last):
  File "<pyshell#35>", line 1, in <module>
    file = open(1, 2, 3)
TypeError: open() argument 'mode' must be str, not int
```

8.4 使用 try…except 语句处理异常

try…except 语句用于处理 Python 所输出的异常。
其语法格式如下：

```
try:
    <语句>
except [<异常的名称> [, <异常类的实例变量名称>]]:
    <异常的处理语句>
[else:
    <没有异常产生时的处理语句>]
```

在中括号（[]）内的语法，表示是可以省略的。使用 try…except 语句的工作原理如下：

（1）执行 try 子句，在关键字 try 和关键字 except 之间的语句。

（2）如果没有异常发生，就忽略 except 子句，try 子句执行后结束。

（3）如果在执行 try 子句的过程中发生了异常，那么 try 子句余下的部分将被忽略。如果异常的类型和 except 之后的名称相符，那么对应的 except 子句将被执行。

（4）如果一个异常没有与任何的 except 匹配，那么这个异常将会传递到上层的 try 中。

> **提示**
>
> 异常的名称可以是空白的，表示此 except 语句处理所有类型的异常。异常的名称也可以是一个或多个。可以使用不同的 except 语句处理不同的异常。else 语句之内的语句是没有异常发生时的处理程序。

下面捕捉 ZeroDivisionError 异常，并显示"数值不能除以零"的字符串：

```
try:
    12/0
except ZeroDivisionError:
    print("数值不能除以零")
```

输出结果如下所示。

数值不能除以零

【例8.2】在一个 except 语句内捕捉 IndexError 与 TypeError 两个异常（源代码\ch08\8.2.py）。

```
s=[100,200,300,400]
def get (n):
    try:
        if n < 200:
            data = s[4]                      #IndexError 异常
        else:
            file = open(100,200,300,400)      #TypeError 异常
    except (IndexError, TypeError):
            print ("发生异常")


get (100)
get (200)
```

保存并运行程序，输出结果如下所示。

```
发生异常
发生异常
```

下面将 IndexError 与 TypeError 两个异常分别使用不同的 except 语句进行处理：

```
a = [100, 200, 300,400]
def getn(n):
    try:
        if n < 200:
            data = a[4]
        else:
            file = open(100,200,300,400)
    except IndexError:
            print ("a 列表的索引值错误")
    except TypeError:
            print ("open()函数的参数类型错误")


getn(100)
getn(300)
```

输出结果如下所示。

```
a 列表的索引值错误
open()函数的参数类型错误
```

8.5　全捕捉

下面使用一个 except 语句处理所有的异常：

```
a = [100, 200, 300,400]
def getn(n):
    try:
        if n < 200:
            data = s[4]
        else:
            file = open(100,200,300,400)
    except:
            print ("捕获所有的异常")


getn(100)
getn(300)
```

输出结果如下所示。

```
a 列表的索引值错误
open()函数的参数类型错误
```

从运行结果看出，可以在 except 子句中忽略所有的异常类，从而让程序输出自定义的异常信息。

注　意
这种全捕捉的方式在实际开发中需要特别注意，因为这样的捕捉方式会捕获所有预先想到的错误。

8.6　异常中的 else

下面使用 else 语句处理没有异常时的情况。注意，使用 else 语句时，一定要有 except 语句才行。

```
def get(n):
    try:
        if n == 100:
            data = s[4]
        elif 200 <= n <= 500:
            file = open(100,200,300)
    except:
            print ("有错误发生")
    else:
            print ("没有错误发生")


get(100)
```

```
get(300)
get(800)
```

输出结果如下所示。

```
有错误发生
有错误发生
没有错误发生
```

从运行结果可以看出，没有发生异常时，会执行 else 子句的流程。由此可见，当程序没有发送异常时，通过添加一个 else 子句，可以帮助我们更好地判断程序的执行情况。

8.7　异常中的 pass

用户可以在 except 语句内使用 pass 语句来忽略所发生的异常。

下面将列表 a 内的所有元素相加，并输出元素相加的总和。

```
a = ["100", "200", "苹果", "香蕉", "100"]
sm = 0
for n in a:
    try:
        sm += int(n)
    except:
        pass

print (sm)
```

输出结果如下所示。

```
400
```

从运行结果可以看出，sm 的值是可转换的三个元素（"100"、"200"和"100"）的和。上述代码中的 int()函数将字符串转换为整数。当 int()函数无法将字符串转换为整数时，就会输出 ValueError 的异常。在 except 语句内使用 pass 语句可以忽略所发生的 ValueError 异常。

8.8　异常类的实例

每当有一个异常被输出时，该异常类就会创建一个实例，此实例继承了异常类的所有属性。每一个异常类实例都有一个 args 属性。args 属性是一个元组格式，这个元组格式可能只包含错误信息的字符串（1-tuple），也可能包含两个以上的元素（2-tuple、3-tuple…）。异常类的不同，这个元组格式也不同。

下面输出一个 IndexError 的异常：

```
x = [100, 200, 300]
print (x[8])
```

输出结果如下所示。

```
IndexError: list index out of range
```

从运行结果可以看出，输出一个 IndexError 异常，信息字符串是"list index out of range"。下面使用 try...except 语句捕捉上面的 IndexError 异常。

```
try:
    x = [100, 200, 300]
    print (x[8])
except IndexError as inst:
    print (inst.args[0])
```

输出结果如下所示。

```
list index out of range
```

在 except 语句的右方加上一个 inst 变量，它是一个异常类实例。当 IndexError 异常发生时，inst 实例就会被创建。inst 实例的 args 属性值是一个元组，输出该元组的第一个字符串就是 IndexError 异常的错误信息字符串"list index out of range"。

异常类实例的 args 属性可能包含两个以上的元素。

下面的示例会输出 FileNotFoundError 的异常，args 属性的 tuple 格式是"错误号码，错误信息字符串，[文件名称]"，文件名称有可能不出现。

```
try:
    file = open("mm", "r")
except FileNotFoundError as inst:
    print (inst.args)
```

输出结果如下所示。

```
(2, 'No such file or directory')
```

下面的示例会输出 SyntaxError 的异常，args 属性的元组格式是"错误信息字符串（文件名称，行号，行内偏移值，文字）"。

```
try:
    a = "100 >>>30"
    exec (a)
except SyntaxError as inst:
    print (inst.args)
```

输出结果如下所示。

```
('invalid syntax', ('<string>', 1, 7, '100 >>>30\n'))
```

使用下面的方式，可以将 Python 解释器提供的错误信息字符串打印出来。

```
try:
    12 / 0
except ZeroDivisionError as errorMsg:
    print (errorMsg)
```

输出结果如下所示。

```
division by zero
```

从运行结果可以看出，errorMsg 的内容是 "division by zero"，是由 Python 解释器设置的。

8.9　清除异常

try…finally 语句可以当作清除异常使用。不管 try 语句内是否运行失败，finally 语句一定会被运行。注意，try 与 except 语句可以搭配使用，try 与 finally 语句也可以搭配使用，但是 except 与 finally 语句不能放在一起使用。

下面的示例是没有异常发生，fanally 语句内的程序代码还是被运行。

```
try:
    a = 100
finally:
    print ('异常已经清除啦')
```

输出结果如下所示。

```
异常已经清除啦
```

下面的示例是发生了 ValueError 异常，fanally 语句内的程序代码还是被运行。

```
try:
    raise ValueError
finally:
    print ('异常已经清除啦')
```

输出结果如下所示。

```
异常已经清除啦
  raise ValueError
ValueError
```

8.10　抛出异常

当遇到异常情况，用户可以通过抛出异常做相应地处理。本节将学习有关抛出异常的知识和技巧。

8.10.1　raise 语句

Python 使用 raise 语句抛出一个指定的异常。例如：

```
raise NameError('这里使用 raise 抛出一个异常')
```

输出结果如下所示。

```
  raise NameError('这里使用 raise 抛出一个异常')
NameError: 这里使用 raise 抛出一个异常
```

raise 唯一的一个参数指定了要被抛出的异常。它必须是一个异常的实例或异常的类（Exception 的子类）。

提　示
如果用户只想判断是否会抛出一个异常，而不想去处理它，那么此时使用 raise 语句是最佳的选择。

用户也可以直接输出异常的类名称。例如：

```
raise IndexError()          #输出异常的类名称
```

输出结果如下所示。

```
  raise IndexError()          #输出异常的类名称
IndexError
```

下面的示例读取类 Fruit 的属性。如果类没有该属性，就输出 AttributeError 异常。

```
class Fruit:
    def __init__(self, name):
        self.name = name
    def __getattr__(self, attr):
        if attr != "name":
            raise AttributeError


f = Fruit("苹果")
print(f.name)
print(f.price)
```

输出结果如下所示。

```
苹果
Traceback (most recent call last):
```

```
File "C:/8.7.py", line 12, in <module>
  print(f.price)
File "C:/8.7.py", line 7, in __getattr__
  raise AttributeError
AttributeError
```

8.10.2　结束解释器的运行

用户可以通过输出 SystemExit 异常强制结束 Python 解释器的运行。

```
C:\Users\Administrator>python
>>>raise SystemExit
```

使用 sys.exit()函数会输出一个 SystemExit 异常，sys.exit()函数会结束线程。

下面中利用 sys.exit()函数输出一个 SystemExit 异常，然后在异常处理例程中显示一个字符串。

```
import sys
try:
    sys.exit()
except SystemExit:
    print ("目前还不能结束解释器的运行")
```

输出结果如下所示。

目前还不能结束解释器的运行

如果想正常结束 Python 解释器的运行，那么最好使用 os 模块的_exit()函数，代码如下：

```
C:\Users\Administrator>python
>>>import os
>>>os._exit(0)
```

输出结果如图 8-1 所示。

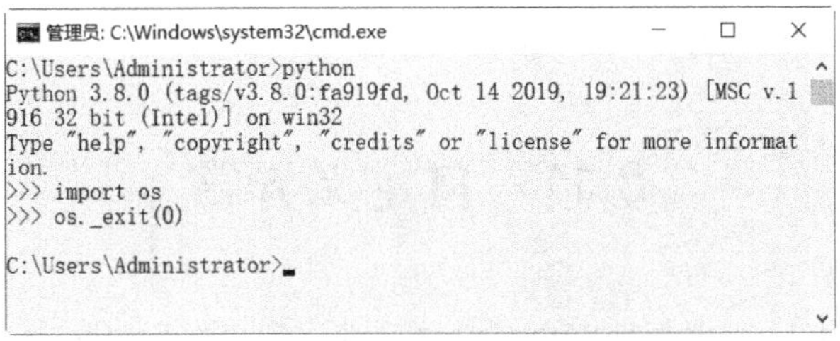

图 8-1　结束 Python 解释器

8.10.3　离开嵌套循环

我们知道，如果想离开循环，就使用 break 语句。但是如果在一个嵌套循环之内，break 语句只能离开最内层的循环，而不能离开嵌套循环，此时就可以使用 raise 语句离开嵌套循环。

例如：

```
class ExitLoop(Exception):
    pass

try:
    i = 1
    while i < 10:
      for j in range(1, 10):
          print (i, j)
          if (i == 2) and (j == 2):
              raise (ExitLoop)
          i+=1
except ExitLoop:
    print ("当i = 2 j = 2时离开嵌套循环")
```

输出结果如下所示。

```
1 1
2 2
当i = 2 j = 2时离开嵌套循环
```

ExitLoop 类继承自 Exception。当程序代码运行至：

```
raise ExitLoop
```

将跳出嵌套循环，然后跳至：

```
except ExitLoop:
```

继续运行以下指令：

```
print ("当i = 2 j = 2时离开嵌套循环")
```

Python 支持使用类输出异常。类可以是 Python 的内置异常，也可以是用户自定义异常。使用类输出异常是比较好的方式，因为捕捉异常时更有弹性。

8.11　自定义异常

除了内置异常，Python 也支持用户自定义异常。用户自定义异常与内置异常并无差别，只是内置异常是定义在 exceptions 模块中。当 Python 解释器启动时，exceptions 模块就会事先加载。

Python 允许用户定义自己的异常类，并且用户自定义的异常类必须从任何一个 Python 的内置异常类派生而来。

下面的示例使用 Python 的内置 Exception 异常类作为基类，创建一个用户自定义的异常类

URLError。

```
class URLError(Exception):
    pass
try:
    raise URLError("这是 URL 异常")
except URLError as inst:
    print(inst.args[0])
```

输出结果如下所示。

这是 URL 异常

inst 变量是用户自定义异常类 URLError 的实例变量，inst.args 就是该用户定义异常类的 args 属性值。

还可以将所创建的用户自定义异常类，再当作其他用户自定义异常类的基类。

下面的示例使用刚刚自定义的 URLError 异常类作为基类，创建一个用户自定义的异常类 HostError。

```
class HostError(URLError):
    def printString(self):
        print (self.args)


try:
    raise HostError("Host Error")
except HostError as inst:
    inst.printString()
```

输出结果如下所示。

('Host Error',)

借助重写类的__str__()方法，可以改变输出字符串，代码如下：

```
class MyError(Exception):
    def __init__(self, value):
        self.value = value
    def __str__(self):
        return repr(self.value)


try:
    raise MyError(100)
except MyError as e:
    print('异常发生的数值为:', e.value)
```

输出结果如下所示。

异常发生的数值为：100

一般异常类在创建时都以"Error"结尾，与标准异常命名一样。

8.12　程序调试

如何测试程序代码中的错误呢？本节将讲述两种方法，即 assert 语句和__debug__内置变量。

8.12.1　使用 assert 语句

通过使用 assert 语句，可以帮助用户检测程序代码中的错误。
assert 语句的语法如下：

```
assert <测试码> [, 参数]
```

测试码是一段返回 True 或 False 的程序代码。若测试码返回 True，则继续运行后面的程序代码；若测试码返回 False，assert 语句则会输出一个 AssertionError 异常，并输出 assert 语句的[参数]作为错误信息字符串。

下面的示例是当变量 a 等于 0 时，输出一个 AssertionError 异常。

```
a = 100
assert (a != 0), "Error happened, a = 0"
a = 0
assert (a != 0), "Error happened, a = 0"
```

输出结果如下所示。

```
Traceback (most recent call last):
  File "C:/Users/Administrator/让人.py", line 4, in <module>
    assert (a != 0), "Error happened, a = 0"
AssertionError: Error happened, a = 0
```

下面的示例检测函数的参数类型是否是字符串。如果函数的参数类型不是字符串，就输出一个 AssertionError 异常。

```
import types
def checkType(arg):
    assert type(arg) ==str, "参数类型不是字符串"


checkType(1)
```

输出结果如下所示。

```
Traceback (most recent call last):
  File "C:/Users/Administrator/让人.py", line 5, in <module>
```

```
      checkType(1)
   File "C:/Users/Administrator/让人.py", line 3, in checkType
      assert type(arg) ==str, "参数类型不是字符串"
AssertionError: 参数类型不是字符串
```

8.12.2　使用__debug__内置变量

Python 解释器有一个内置变量__debug__，__debug__在正常情况下的值是 True。

```
print(__debug__)
```

输出结果如下所示。

```
True
```

当用户以最佳化模式启动 Python 解释器时，__debug__值为 False。要使用最佳化模式启动 Python 解释器，需要设置 Python 命令行选项-O：

```
C:\Users\Administrator>python -O
Python 3.8.0 (tags/v3.8.0:d93605d, Aug 29 2019, 23:21:28) [MSC v.1916 64 bit
(AMD64)] on win32
Type "help", "copyright", "credits" or "license" for more information.
>>> __debug__
False
```

用户不可以设置__debug__变量的值，下面的示例将__debug__变量设成 False，结果产生错误。

```
>>> __debug__ = False
  File "<stdin>", line 1
SyntaxError: cannot assign to __debug__
```

__debug__变量也可以用来调试程序，下面的语法与 assert 语句的功能相同。

```
If __debug__:
If not (<测试码>):
raise AssertionError [, 参数]
```

下面的示例检测函数的参数类型是否是字符串。如果函数的参数类型不是字符串，就输出一个 AssertionError 异常。

```
import types
def checkType(arg):
   if __debug__:
     if not (type(arg) == str):
        raise AssertionError('参数类型不是字符串')
checkType(10)
```

输出异常信息如下所示。

```
assert type(arg) ==str, "参数类型不是字符串"
AssertionError: 参数类型不是字符串
```

8.13 Python 3.8 的新特性——监听事件参数

Python 3.8 中可以对某些事件和 API 添加一些钩子，用于在运行时监听事件相关的参数。

例如，下面的例子将监听 urllib 请求：

```
import sys
import urllib.request
def audit_hook(event, args):
    if event in ['urllib.Request']:
        print(f'{event=} {args=}')


sys.addaudithook(audit_hook)
urllib.request.urlopen('https://httpbin.org/get?a=1')
event='urllib.Request' args=('https://httpbin.org/get?a=1', None, {}, 'GET')
```

8.14 疑难解惑

疑问 1：如何查看所有错误代码的系统符号？

Python 中的 errno 模块包含许多错误代码（errno）的系统符号（system symbol）。errno 模块用于定义操作系统所返回的整数错误码及其对应的系统符号。

当用户使用 dir(errno)指令时，可以得到所有错误代码的系统符号。

```
import errno
print(dir(errno))
```

输出结果如下所示。

```
['E2BIG', 'EACCES', 'EADDRINUSE', 'EADDRNOTAVAIL', 'EAFNOSUPPORT', 'EAGAIN',
'EALREADY', 'EBADF', 'EBADMSG', 'EBUSY', 'ECANCELED', 'ECHILD', 'ECONNABORTED',
'ECONNREFUSED', 'ECONNRESET', 'EDEADLK', 'EDEADLOCK', 'EDESTADDRREQ', 'EDOM',
'EDQUOT', 'EEXIST', 'EFAULT', 'EFBIG', 'EHOSTDOWN', 'EHOSTUNREACH', 'EIDRM',
'EILSEQ', 'EINPROGRESS', 'EINTR', 'EINVAL', 'EIO', 'EISCONN', 'EISDIR', 'ELOOP',
'EMFILE', 'EMLINK', 'EMSGSIZE', 'ENAMETOOLONG', 'ENETDOWN', 'ENETRESET',
'ENETUNREACH', 'ENFILE', 'ENOBUFS', 'ENODATA', 'ENODEV', 'ENOENT', 'ENOEXEC',
'ENOLCK', 'ENOLINK', 'ENOMEM', 'ENOMSG', 'ENOPROTOOPT', 'ENOSPC', 'ENOSR',
'ENOSTR', 'ENOSYS', 'ENOTCONN', 'ENOTDIR', 'ENOTEMPTY', 'ENOTRECOVERABLE',
'ENOTSOCK', 'ENOTSUP', 'ENOTTY', 'ENXIO', 'EOPNOTSUPP', 'EOVERFLOW', 'EOWNERDEAD',
'EPERM', 'EPFNOSUPPORT', 'EPIPE', 'EPROTO', 'EPROTONOSUPPORT', 'EPROTOTYPE',
'ERANGE', 'EREMOTE', 'EROFS', 'ESHUTDOWN', 'ESOCKTNOSUPPORT', 'ESPIPE', 'ESRCH',
'ESTALE', 'ETIME', 'ETIMEDOUT', 'ETOOMANYREFS', 'ETXTBSY', 'EUSERS', 'EWOULDBLOCK',
'EXDEV', 'WSABASEERR', 'WSAEACCES', 'WSAEADDRINUSE', 'WSAEADDRNOTAVAIL',
```

```
'WSAEAFNOSUPPORT', 'WSAEALREADY', 'WSAEBADF', 'WSAECONNABORTED',
'WSAECONNREFUSED', 'WSAECONNRESET', 'WSAEDESTADDRREQ', 'WSAEDISCON', 'WSAEDQUOT',
'WSAEFAULT', 'WSAEHOSTDOWN', 'WSAEHOSTUNREACH', 'WSAEINPROGRESS', 'WSAEINTR',
'WSAEINVAL', 'WSAEISCONN', 'WSAELOOP', 'WSAEMFILE', 'WSAEMSGSIZE',
'WSAENAMETOOLONG', 'WSAENETDOWN', 'WSAENETRESET', 'WSAENETUNREACH', 'WSAENOBUFS',
'WSAENOPROTOOPT', 'WSAENOTCONN', 'WSAENOTEMPTY', 'WSAENOTSOCK', 'WSAEOPNOTSUPP',
'WSAEPFNOSUPPORT', 'WSAEPROCLIM', 'WSAEPROTONOSUPPORT', 'WSAEPROTOTYPE',
'WSAEREMOTE', 'WSAESHUTDOWN', 'WSAESOCKTNOSUPPORT', 'WSAESTALE', 'WSAETIMEDOUT',
'WSAETOOMANYREFS', 'WSAEUSERS', 'WSAEWOULDBLOCK', 'WSANOTINITIALISED',
'WSASYSNOTREADY', 'WSAVERNOTSUPPORTED', '__doc__', '__loader__', '__name__',
'__package__', '__spec__', 'errorcode']
```

疑问 2：一个模块有多种不同的异常时，如何创建异常？

当创建一个模块有可能抛出多种不同的异常时，可以先创建一个基础异常类，然后基于这个基础异常类为不同的错误情况创建不同的子类。例如：

```
class Error(Exception):
    pass


class InputError(Error):
    def __init__(self, expression, message):
        self.expression = expression
        self.message = message


class TransitionError(Error):
    def __init__(self, previous, next, message):
        self.previous = previous
        self.next = next
        self.message = message
```

第 9 章　模块与类库

内容导航 | Navigation

当一个应用程序比较简单时，将程序代码写入一个文件即可。随着项目复杂度的增加，需要将代码写入不同的文件中，这里不同的文件即不同的模块。使用模块方式组织代码便于管理和维护项目代码。本章将重点学习模块与类库的操作方法和技巧。

学习目标 | Objective

- 了解模块的含义
- 熟悉类库的含义
- 掌握模块和类库的基本操作方法
- 理解模块的名称空间
- 掌握自定义模块的方法
- 掌握打包模块的方法
- 熟悉常见的服务模块
- 掌握字符串处理模块的使用方法

9.1　什么是模块

模块（Module）是由一组类、函数与变量所组成的，这些类等都存储在文本文件中。.py是 Python 程序代码文件的扩展名，模块可能是使用 C 或是 Python 写成的。模块文件的扩展名可能是.py（原始文本文件）或.pyc（编译过的.py 文件）。在 Python 目录下的 Lib 文件夹中，可以找到这些模块的.py 文件，如图 9-1 所示。

图 9-1　os 模块所在的 os.py 文件

在使用某个模块之前，必须先使用 import 语句加载这个模块。语法格式如下：

```
import <模块名称>
```

例如，加载 os 模块：

```
import os
```

可以使用一个 import 语句加载多个模块，模块名称之间以逗号（,）隔开。

下面的示例加载 os、sys 与 types 模块：

```
import os, sys, types
```

内置的函数 dir() 可以找到模块内定义的所有名称。使用一个 dir（模块名称）语句显示模块的内容，结果以一个字符串列表的形式返回。例如：

```
import os
print(dir(os))
```

输出结果如下所示。

```
['F_OK', 'MutableMapping', 'O_APPEND', 'O_BINARY', 'O_CREAT', 'O_EXCL',
'O_NOINHERIT', 'O_RANDOM', 'O_RDONLY', 'O_RDWR', 'O_SEQUENTIAL', 'O_SHORT_LIVED',
'O_TEMPORARY', 'O_TEXT', 'O_TRUNC', 'O_WRONLY', 'P_DETACH', 'P_NOWAIT',
'P_NOWAITO', 'P_OVERLAY', 'P_WAIT', 'R_OK', 'SEEK_CUR', 'SEEK_END', 'SEEK_SET',
'TMP_MAX', 'W_OK', 'X_OK', '_DummyDirEntry', '_Environ', '__all__', '__builtins__',
'__cached__', '__doc__', '__file__', '__loader__', '__name__', '__package__',
'__spec__', '_dummy_scandir', '_execvpe', '_exists', '_exit', '_get_exports_list',
'_putenv', '_unsetenv', '_wrap_close', 'abort', 'access', 'altsep', 'chdir',
'chmod', 'close', 'closerange', 'cpu_count', 'curdir', 'defpath',
'device_encoding', 'devnull', 'dup', 'dup2', 'environ', 'errno', 'error', 'execl',
'execle', 'execlp', 'execlpe', 'execv', 'execve', 'execvp', 'execvpe', 'extsep',
'fdopen', 'fsdecode', 'fsencode', 'fstat', 'fsync', 'ftruncate', 'get_exec_path',
'get_handle_inheritable', 'get_inheritable', 'get_terminal_size', 'getcwd',
'getcwdb', 'getenv', 'getlogin', 'getpid', 'getppid', 'isatty', 'kill', 'linesep',
'link', 'listdir', 'lseek', 'lstat', 'makedirs', 'mkdir', 'name', 'open', 'pardir',
'path', 'pathsep', 'pipe', 'popen', 'putenv', 'read', 'readlink', 'remove',
'removedirs', 'rename', 'renames', 'replace', 'rmdir', 'scandir', 'sep',
'set_handle_inheritable', 'set_inheritable', 'spawnl', 'spawnle', 'spawnv',
'spawnve', 'st', 'startfile', 'stat', 'stat_float_times', 'stat_result',
'statvfs_result', 'strerror', 'supports_bytes_environ', 'supports_dir_fd',
'supports_effective_ids', 'supports_fd', 'supports_follow_symlinks', 'symlink',
'sys', 'system', 'terminal_size', 'times', 'times_result', 'truncate', 'umask',
'uname_result', 'unlink', 'urandom', 'utime', 'waitpid', 'walk', 'write']
```

如果没有给定参数，那么 dir() 函数会返回当前定义的所有名称。例如：

```
import sys
print(dir())          #得到一个当前模块中定义的属性列表
```

输出结果如下所示。

```
['HostError', 'MyError', 'URLError', '__builtins__', '__doc__', '__loader__',
'__name__', '__package__', '__spec__', 'a', 'arg', 'checkType', 'errno', 'os',
'string', 'sys', 'traceback', 'types']
```

9.2　什么是类库

类库（Package）是由一组相同文件夹的模块所组成的，类库的名称必须是 sys.path 所列的文件夹的子文件夹。每一个类库的文件夹中必须至少有一个 __init__.py 文件。类库可以包含子类库，子类库的文件夹位于该文件夹下，子类库的文件夹中也必须至少有一个 __init__.py 文件。

以 Python 目录下的 Lib 子文件夹来说，email 是一个类库，其路径为 Python 目录\Lib\email；Python 目录\Lib\ email 文件夹内有一个 __init__.py 文件，其下有 __pycache__ 和 mime 两个子文件夹；mime 是 xml 类库的子类库，每一个子文件夹也有一个 _init_.py 文件，如图 9-2 所示。

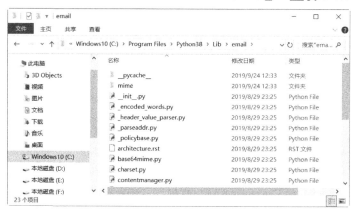

图 9-2　email 类库和其子类库

用户可以使用下面的语法加载类库中的模块：

```
import 类库.模块
```

例如，加载 xml 类库中的 dom 模块：

```
import xml.dom
```

当加载一个类库时，此类库的子类库并不会随之加载，必须在此类库的 __init__.py 文件中加入下面的程序代码：

```
import 子类库1, 子类库2, ...
```

9.3 模块和类库的基本操作

本节将学习模块和类库的常见操作。

1. 将模块改名

用户可以在 Python 解释器内将模块的名称改成其他名称。其语法如下：

```
import 模块 as 新名称
```
或
```
from 模块 import 函数 as 新名称
```

下面的示例将 sys 模块改名为 newSys：

```
import sys as newSys
```

也可以使用下面的方法将 sys 模块改名为 newSys：

```
import sys
newSys = sys
```

2. 模块的内置方法

下面都是 __builtin__ 模块的内置方法，可以将这些方法应用在模块或类库中。m 变量代表模块或类库。

（1）m.__dict__：显示模块的字典。例如：

```
import types
print(types.__dict__)
```

（2）m.__doc__：显示模块的文件字符串。例如：

```
print(types.__doc__)
```

输出结果如下所示。

```
"\nDefine names for built-in types that aren't directly accessible as a
builtin.\n"
```

（3）m.__name__：显示模块的名称。例如：

```
import types
types.__name__
```

输出结果如下所示。

```
'types'
```

（4）m.__file__：显示模块的完整文件路径。例如：

```
print(types.__file__)
```

输出结果如下所示。

```
'C:\\Program Files\\Python38\\lib\\types.py'
```

3. 删除模块

用户可以使用 del 语句删除加载的模块，被删除的模块即从内存中清除。例如，删除 types 模块：

```
del types
```

9.4 模块的名称空间

当用户在 Python 解释器内加载一个模块时，该模块即配置一个名称空间。例如，加载 string 模块，Python 会配置一个 string 名称空间：

```
import string
```

用户可以在该模块的名称空间内找到所有属性。

```
import string
print (string.capwords ("客从远方来，遗我一端绮。"))
```

输出结果如下所示。

```
客从远方来，遗我一端绮。
```

用户可以使用下面的语法只加载模块中的某个函数，而不会加载整个模块。注意，如果属性名称的第一个字符是下画线(_)，就不能使用此种语法来加载。

```
from 模块 import 函数
```

例如，加载 string 模块的 capwords()函数：

```
from string import capwords
print (capwords ("客从远方来，遗我一端绮。"))
```

输出结果如下所示。

```
客从远方来，遗我一端绮。
```

在使用此种方法时，就无法使用 string 模块的其他函数，因为 Python 只加载 string 模块的 capwords()函数。问题是当用户使用 from string import capwords 加载 capwords ()函数时，如果用户之前曾自己定义过 capwords ()函数，from string import capwords 加载的 capwords ()函数就会覆盖用户定义的 capwords ()函数。例如：

```
def capwords ():
```

```
    print ("这里是用户自定义的函数")

from string import capwords
print (capwords ("客从远方来，遗我一端绮。"))
capwords ()
```

输出结果如下所示。

```
客从远方来，遗我一端绮。
Traceback (most recent call last):
  File "C:/9.4.py", line 6, in <module>
    capwords ()
TypeError: capwords() missing 1 required positional argument: 's
```

从结果可以看出，在调用自定义的函数时将会报错。原因就是使用 import string 加载 string 模块时 Python 定义了一个 string 模块的名称空间。当要使用 string 模块内的函数时，如 capwords ()，必须使用 string.capwords()的格式。

当使用 from string import capwords 加载 capwords()函数时，capwords ()函数是处在全域名称空间内，而不是在 string 模块的名称空间内，所以不需要使用 string.capwords()的格式来操作 capwords()函数。

用户可以使用下面的语法来加载模块内的所有属性。

```
from 模块 import *
```

例如，加载 string 模块内的所有属性：

```
from string import *
print (capwords ("客从远方来，遗我一端绮。"))
```

输出结果如下所示。

```
客从远方来，遗我一端绮。
```

用户可以使用下面的语法来加载类库中的某个子类库、模块、类、函数或变量等。

```
from 类库 import 对象
```

例如，加载 xml 类库中的 dom 子类库：

```
from xml import dom
print (dom.WRONG_DOCUMENT_ERR)
```

输出结果如下所示。

```
4
```

或者使用下面的方法加载 xml 类库中的 dom 子类库。

```
from xml.dom import WRONG_DOCUMENT_ERR
print (WRONG_DOCUMENT_ERR)
```

输出结果如下所示。

```
4
```

当用户使用如下方式来加载类库中的所有模块时，并不能保证类库中的所有模块都会被加载：

```
from 类库 import *
```

必须在该类库的__init__.py 文件中设置一行程序代码：

```
__all__ = ["模块1", "模块2", "模块3", ...]
```

其中，__all__变量是一个列表对象，包含需要被加载的模块名称。

如果使用如下方式：

```
from 类库.子类库.模块 Import *
```

Python 保证类库的__init__.py 文件会最先加载，然后加载子类库的__init__.py 文件，最后才会加载模块。

9.5 自定义模块

如果想将自定义的 Python 源文件作为模块导入，就可以使用 import 语句。当解释器遇到 import 语句时，会在当前路径下搜索该模块文件。

例如，定义一个文件 student.py 为模块，然后在 ss.py 文件中导入。

student.py 文件的代码如下：

```python
def print_func(bar ):
    print ("新来的学生是: ",bar)
    return
```

ss.py 引入 student 模块：

```python
#导入模块
import student
# 现在可以调用模块里包含的函数了
student.print_func("王小明")
```

将 student.py 和 ss.py 文件保存在同一目录下。运行 ss.py，输出结果如下所示。

```
新来的学生是: 王小明
```

不管用户执行了多少次 import，一个模块只会被导入一次，这样可以防止导入模块被一遍又一遍地执行。

当用户执行 import 语句时，Python 解释器是怎样找到对应文件的呢？利用 Python 的搜索路径！搜索路径是由一系列目录名组成的，Python 解释器依次从这些目录中寻找所引入的模

块。搜索顺序如下:

（1）解释器在当前目录中搜索模块的文件。

（2）到 sys.path 变量中给出的目录列表中查找。sys.path 变量的初始值如下:

```
import sys
print(sys.path)
```

输出结果如下所示。

```
['', 'C:\\Program Files\\Python38\\Lib\\idlelib', 'C:\\Program
Files\\Python38\\python38.zip', 'C:\\Program Files\\Python38\\DLLs',
'C:\\Program Files\\Python38\\lib', 'C:\\Program Files\\Python38', 'C:\\Program
Files\\Python38\\lib\\site-packages']
```

（3）在 Python 默认安装路径中搜索模块的文件。

> **注　意**
>
> 当前目录下定义的文件不能和标准模块重名,如果出现重名的问题,在导入标准模块时就会把这些定义的文件当成模板来加载,通常会引发错误。

9.6　将模块打包

如果想使用一个存放在其他目录的 Python 程序,或者是其他系统的 Python 程序,就可以将这些 Python 程序制作成一个安装包,然后安装到本地,安装的位置可以选择 sys.path 文件中的任意一个目录。这样我们就可以在任何想要使用该 Python 程序的地方,直接使用 import 导入了。

假设需要打包的模块的文件名是 mm.py,代码如下:

```
def print_func(bb):
    print ("大风起兮云飞扬",bb)
    return
```

在 mm.py 文件的同目录下新建一个 setup.py 文件,代码如下:

```
from distutils.core import setup
setup(
    name = 'mm',
    version='1.0',
    author='mm',
    author_email='smsmsm@qq.com',
    url='',
    license='No License',
    platforms='python 3.8',
```

```
    py_modules=['mm'],
)
```

以管理员的身份运行"命令提示符"，进入 mm.py 文件所在的目录，执行下面的命令即可打包 mm.py 模块：

```
python setup.py sdist
```

执行结果如图 9-3 所示。

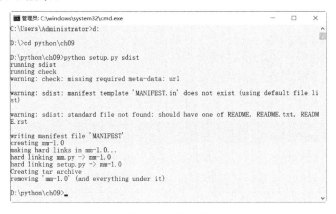

图 9-3　运行结果

运行后在 mm.py 文件的目录中多出一个 dist 文件夹，进入该文件夹，会发现一个 mm-1.0.tar.gz 压缩文件，如图 9-4 所示。

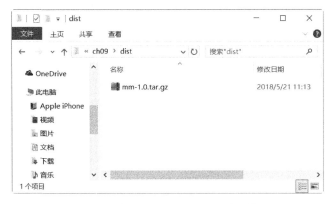

图 9-4　查看 mm-1.0.tar.gz 压缩文件

在需要加载 mm 模块的机器上将 mm-1.0.tar.gz 压缩文件解压，以管理员的身份运行"命令提示符"，进入解压的目录，执行下面的命令即可自动安装 mm 模块：

```
python setup.py install
```

执行结果如图 9-5 所示。

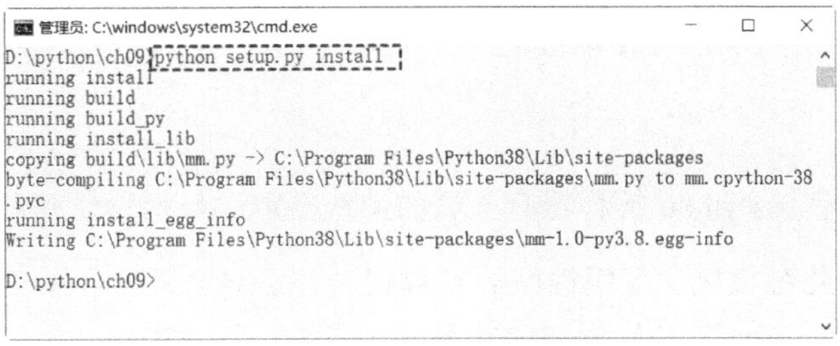

图 9-5　运行结果

安装完成后，即可加载 mm 模块，命令如下：

```
import mm
```

执行结果如图 9-6 所示。

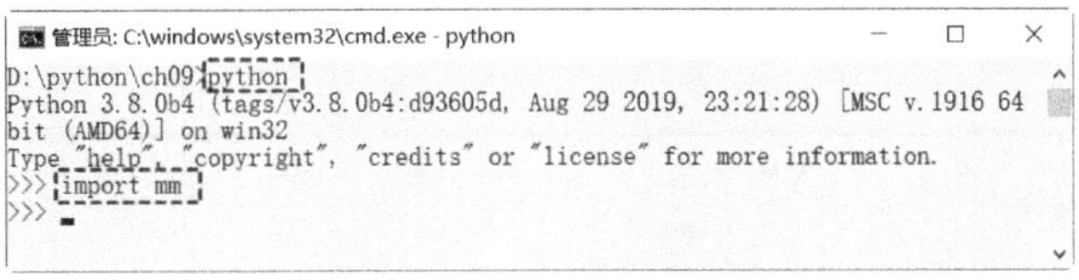

图 9-6　运行结果

9.7　熟悉运行期服务模块组

运行期服务模块组是一组模块，包含 Python 解释及环境变量相关的模块，如表 9-1 所示。

表9-1　运行期服务模块组

模块名称	说明
sys	存取系统相关的参数与函数
types	Python 内置类型的名称
operator	与 Python 标准运算符相同功能的函数
traceback	输出或是取出堆栈的追踪信息
linecache	提供随机存取文本文件的独立行
pickle	将 Python 对象转换为字节流（byte stream）或读取
shelve	提供 Python 对象的永存性
copy	复制功能的函数
marshall	与 pickle 相同，适合简单的 Python 对象
warnings	发出警告信息
code	Python 解释器的基类
codeop	编译 Python 程序代码
pprint	输出资料
site	在同一部主机上进行各个类库的初始化操作
__builtin__	内置函数
__main__	程序代码入口处

下面挑选最常见的模块进行详细讲解。

1. sys 模块

sys 模块用于存取与 Python 解释器有关联的系统参数，包括变量和函数。

（1）sys.argv：此对象包含应用程序的参数列表，argv[0]是应用程序的名称，argv[1]是应用程序的第一个参数，argv[2]是应用程序的第二个参数，以此类推。

下面的程序代码存储在 9.1.py 文件中：

```
import sys
if sys.argv[1] == "-i":
    print ("输入值是一个整数")
elif sys.argv[1] == "-f":
    print ("输入值是一个浮点数")
else:
    print ("无法识别")
print (sys.argv)
```

在"命令提示符"运行以下命令：

```
python d:\python\ch09\9.1.py -f
python d:\python\ch09\9.1.py -i
```

结果如图 9-7 所示。

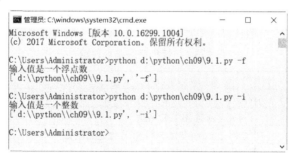

图 9-7　运行结果

（2）sys.builtin_module_names：这是一个元组对象，包含所有与 Python 解释器编译在一起的模块名称字符串。例如：

```
import sys
print(sys.builtin_module_names)
```

输出结果如下所示。

```
('_ast', '_bisect', '_codecs', '_codecs_cn', '_codecs_hk', '_codecs_iso2022',
'_codecs_jp', '_codecs_kr', '_codecs_tw', '_collections', '_csv', '_datetime',
'_functools', '_heapq', '_imp', '_io', '_json', '_locale', '_lsprof', '_md5',
'_multibytecodec', '_opcode', '_operator', '_pickle', '_random', '_sha1',
```

```
'_sha256', '_sha512', '_signal', '_sre', '_stat', '_string', '_struct',
'_symtable', '_thread', '_tracemalloc', '_warnings', '_weakref', '_winapi',
'array', 'atexit', 'audioop', 'binascii', 'builtins', 'cmath', 'errno',
'faulthandler', 'gc', 'itertools', 'marshal', 'math', 'mmap', 'msvcrt', 'nt',
'parser', 'sys', 'time', 'winreg', 'xxsubtype', 'zipimport', 'zlib')
```

（3）sys.copyright：一个 Python 相关著作权信息的字符串。例如：

```
import sys
print(sys.copyright)
```

输出结果如下所示。

```
'Copyright (c) 2001-2019 Python Software Foundation.\nAll Rights
Reserved.\n\nCopyright (c) 2000 BeOpen.com.\nAll Rights Reserved.\n\nCopyright (c)
1995-2001 Corporation for National Research Initiatives.\nAll Rights
Reserved.\n\nCopyright (c) 1991-1995 Stichting Mathematisch Centrum,
Amsterdam.\nAll Rights Reserved.'
```

（4）sys.exec_prefix：安装 Python 的目录。例如：

```
import sys
print(sys.exec_prefix)
```

输出结果如下所示。

```
'C:\\Program Files\\Python38'
```

（5）sys.executable：Python 解释器运行文件的完整路径与文件名。例如：

```
import sys
print(sys.executable)
```

输出结果如下所示。

```
'C:\\Program Files\\Python38\\pythonw.exe'
```

（6）sys.exit([arg])：用来离开 Python 解释器。sys.exit()函数会输出 SystemExit 异常，可以使用 **try…except** 语句来处理。参数 arg 可以是整数，或其他对象类型。如果 arg 是整数，arg 等于 0 就代表正常结束，其他整数值 1~127 表示有错误产生。

例如，离开 Python 解释器：

```
C:\Users\Administrator>python
>>>import sys
>>>sys.exit(0)
C:\Users\Administrator>
```

（7）sys.getrecusursionlimit()：读取系统内函数递归深度的最大值，默认值是 1000。例如：

```
import sys
print(sys.getrecursionlimit())
```

输出结果如下所示。

```
1000
```

（8）sys.modules：一个字典对象，包含目前加载的所有模块。

（9）sys.path：一个列表对象，包含所有模块的搜索路径。此列表对象的第一个元素是打开 Python 解释器时激活的 Python script 文件（*.py）。如果没有 Python script 文件，sys.path[0] 就是一个空白字符串。例如：

```
import sys
print(sys.path)
```

输出结果如下所示。

```
['', 'C:\\Program Files\\Python38\\python38.zip', 'C:\\Program
Files\\Python38\\DLLs', 'C:\\Program Files\\Python38\\lib', 'C:\\Program
Files\\Python38', 'C:\\Program Files\\Python38\\lib\\site-packages']
```

用户可以在 sys.path 列表内加入自己的路径。例如，在 Python 模块的搜索路径内加入 "C:\windows"：

```
sys.path.append("C:\windows")
```

（10）sys.platform：一个当前操作系统的名称字符串，如"win32" "mac" "sunos5" "linux1" 等。例如：

```
import sys
sys.platform
```

输出结果如下所示。

```
'win32'
```

（11）sys.setrecusursionlimit(n)：设置系统内函数递归深度的最大值为 n。例如：

```
import sys
sys.setrecursionlimit(2000)
```

（12）sys.stderr：一个文件对象，用来代表标准错误输出装置。例如：

```
try:
    raise ValueError
except ValueError:
    sys.stderr.write("Value error")


Value error11
```

（13）sys.stdin：一个文件对象，用来代表标准输入装置，通常指键盘。

下面的程序代码存储在 9.2.py 文件中：

```
import sys
data = sys.stdin.readline()              #从标准输入装置输入一个数字
print ("input number = ", data)
```

在"命令提示符"窗口中运行 9.2.py 文件，结果如图 9-8 所示。

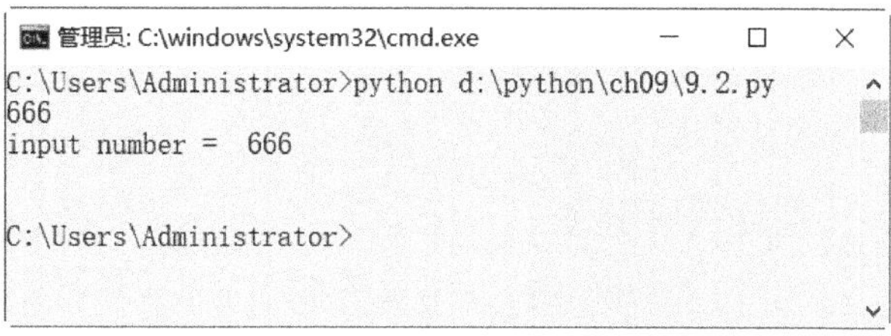

图 9-8　运行结果

（14）sys.stdout：一个文件对象，用来代表标准输出装置，通常指屏幕。

例如，输出 "独绕回廊行复歇，遥听弦管暗看花" 字符串到屏幕：

```
sys.stdout.write("独绕回廊行复歇，遥听弦管暗看花。")
```

输出结果如下所示。

```
独绕回廊行复歇，遥听弦管暗看花。
```

（15）sys.version_info：一个元组对象，包含 Python 的版本信息。此 tuple 对象的格式是 (major, minor, micro, releaselevel, serial)。major、minor、micro 是版本编号，releaselevel 可能是 alpha、beta 或 final。

```
import sys
print(sys.version_info)
```

输出结果如下所示。

```
sys.version_info(major=3, minor=8, micro=0, releaselevel='beta', serial=4)
```

2. types 模块

types 模块包含 Python 内置类型的名称。用户可以使用 Python 解释器的 type(obj)内置函数，得到 obj 对象的内置类型。例如：

```
import types
def printTypeName(x):
    print (type(x))


printTypeName(1)
printTypeName((1, 2, 3))
```

```
printTypeName([1, 2, 3])
printTypeName(1 + 2j)
```

输出结果如下所示。

```
<class 'int'>
<class 'tuple'>
<class 'list'>
<class 'complex'>
```

下面的示例检查对象 x 是否是字符串类型。

```
import types
x = "好风胧月清明夜，碧砌红轩刺史家。"
if type(x) ==str:
    print ("x 变量是一个字符串")
else:
    print (" x 变量不是一个字符串")
```

输出结果如下所示。

```
x 变量是一个字符串
```

3. operator 模块

operator 模块包含所有 Python 标准运算符相对应的函数，是使用 C 写成的。例如：

（1）a + b 等于 operator.add(a, b)或 operator.__add__(a, b)。

（2）a - b 等于 operator.sub(a, b)或 operator.__sub__(a, b)。

（3）a * b 等于 operator.mul(a, b)或 operator.__mul__(a, b)。

（4）a / b 等于 operator.truediv(a, b)或 operator.__truediv__(a, b)。

下面的示例计算 100 / 4 的结果。

```
import operator
print(100/4)
print(operator.truediv(100, 4))
```

输出结果如下所示。

```
25.0
25.0
```

4. traceback 模块

traceback 模块支持输出与捕捉追踪堆栈（traceback stack），在被输出时，可以检验调用函数的堆栈来调试。

5. linecache 模块

linecache 模块让用户可以随机存取文本文件中的任何一行，linecache 模块使用高速缓存来操作文件。例如，有一个 input.py 文本文件的内容是：

```
import sys
data = sys.stdin.readline()
print ("input number = ", data)
```

（1）linecache.getline(filename, lineno)：filename 是文件的名称（包含路径），lineno 是 filename 文件中的行号，第一行的行号为 1。

下面的示例输出 input.py 文件的第一行与第二行程序代码。

```
import linecache
linecache.getline("input.py", 1)
linecache.getline("input.py", 2)


'import sys\n'
'data = sys.stdin.readline()\n'
```

（2）linecache.clearcache()：清除 linecache.getline()函数所使用的高速缓存。

```
linecache.clearcache()
```

6. pickle 模块

pickle 模块可以处理 Python 对象的序列化。所谓对象的序列化，就是将对象转换为位串流（byte stream）。如此就可以将对象存储在文件或数据库中，也可以通过网络来传输。对象序列化的操作称为 pickling、serializing、marshalling 或 flattering。对象反序列化的操作则称为 unpickling。

7. shelve 模块

shelve 模块使用字典对象来提供 Python 对象的永久存储。此字典对象的键值（key）必须是字符串，而数值（value）则是 pickle 模块可以处理的对象。

8. copy 模块

copy 模块提供浅拷贝（shallow copy）与深拷贝（deep copy）的功能，可以处理列表、元组、字典及类实例变量等对象的复制。

所谓浅拷贝，就是直接复制对象，例如：

```
a = [1, 2, 3, [4, 5, 6]]
b = a[:]
print(b)
print(id(a), id(b))
```

输出结果如下所示。

```
[1, 2, 3, [4, 5, 6]]
(2872757673152, 2872750172288)
```

当设置 b = a[:]时，Python 创建一个新对象 b。b 对象的内容与 a 对象完全相同，因为 b 对象是由 a 对象复制而来的。b 对象与 a 对象是不同的对象，因为它们的 id 值不同。

b 对象与 a 对象虽然是不同的对象，但是 b 对象却可以通过引用的方式来存取 a 对象的数据。因此，当 a 对象内可变异元素的数据改变时，b 对象的数据也随之改变。例如：

```
a = [1, 2, 3, [4, 5, 6]]
b = a[:]
a[3][0] = 100
print(a, b)
```

输出结果如下所示。

```
([1, 2, 3, [100, 5, 6]], [1, 2, 3, [100, 5, 6]])
```

深拷贝除了创建新对象之外，还会以递归的方式将旧对象内所包含的其他对象都复制一份。因此，当旧对象内可变异元素的数据改变时，新对象的数据不会随之改变。

（1）y = copy.copy(x)：创建一个浅拷贝 x 的 y 对象。例如：

```
import copy
a = [{"name":"John"}, 2, 3]
b = copy.copy(a)
print (id(a), id(b))
a[0]["name"] = "Andy"
print (a, b)
```

输出结果如下所示。

```
2872750173248 2872751227648
[{'name': 'Andy'}, 2, 3] [{'name': 'Andy'}, 2, 3]
```

（2）y = copy.deepcopy(x)：创建一个深拷贝 x 的 y 对象。例如：

```
import copy
a = [{"name":"John"}, 2, 3]
b = copy.deepcopy(a)
print (id(a), id(b))
a[0]["name"] = "Andy"
print (a, b)
```

输出结果如下所示。

```
2872757559360 2872751228608
[{'name': 'Andy'}, 2, 3] [{'name': 'John'}, 2, 3]
```

9. marshal 模块

marshal 模块是除了 pickle 模块之外，另一个可以处理 Python 对象序列化的模块。用户可以使用 marshal 模块来读写二进制格式的数据，然后将这些数据读写成字符串的格式。

可以使用 marshal 模块来序列化.pyc 文件（编译过的.py 文件）。marshal 模块只能用在简单的对象上，如果是永久性的对象，就需要使用 pickle 模块。

10. code 模块

code 模块提供了一些用于模拟标准交互解释器行为的函数。

下面的程序代码存储在 9.3.py 文件中：

```
import code
interpreter = code.InteractiveConsole()
interpreter.interact()
```

在"命令提示符"窗口中运行 9.3.py 文件，然后运行以下代码：

```
a=(1,2,)
print (a)
```

结果如图 9-9 所示。

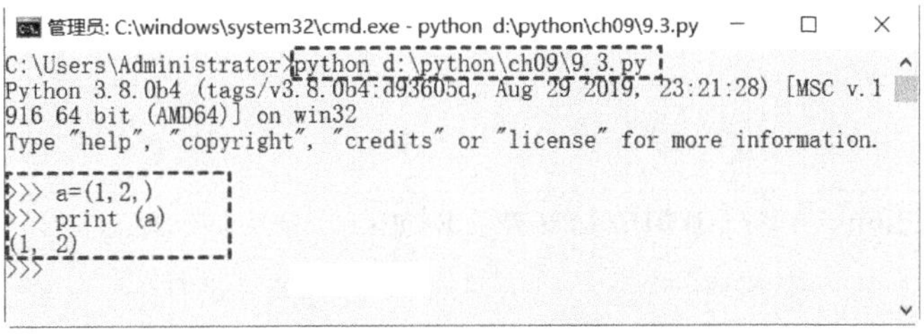

图 9-9　运行结果

9.8　掌握字符串处理模块

这个模块组提供各种操作字符串的函数，如表 9-2 所示。

表9-2　字符串处理模块组

模块名称	说明
string	一般操作字符串的函数
re	使用 Perl 格式的正则表达式（regular expression）搜索与核对函数
struct	将字符串与二进制数据做转换

1. string 模块

string 模块提供一般的字符串操作函数与常数。

（1）string.capwords(s)：此函数先使用 split()函数将字符串 s 分割，然后使用 capitalize()函数将每一个分割字符串的第一个字符转换成大写，最后使用 join()函数将分割的字符串连接起来。例如：

```
import string
st=string.capwords("四顾何茫茫，东风摇百草。")
print(st)
```

输出结果如下所示。

四顾何茫茫，东风摇百草。

（2）string.digits：字符串"0123456789"。例如：

```
import string
print(string.digits)
```

输出结果如下所示。

```
0123456789
```

（3）string.hexdigits：字符串"0123456789ABCDEF"。例如：

```
import string
print(string.hexdigits)
```

输出结果如下所示。

```
0123456789abcdefABCDEF
```

（4）string.octdigits：字符串"01234567"。例如：

```
import string
print(string.octdigits)
```

输出结果如下所示。

```
01234567
```

（5）string.whitespace：字符串"\t\n\x0b\x0c\"。例如：

```
import string
string.whitespace
```

输出结果如下所示。

```
\t\n\x0b\x0c
```

2. re 模块

re 模块用于使用 Perl 类型的正则表达（regular expression）运算。Python 通过 re 模块提供对正则表达式的支持。使用 re 的一般步骤是：先将正则表达式的字符串形式编译为 Pattern 实例，然后使用 Pattern 实例处理文本并获得匹配结果（一个 Match 实例），最后使用 Match 实例获得信息，进行其他的操作。

```
import re
pattern = re.compile(r'hello')    #将正则表达式编译成 Pattern 对象
```

```
#使用 Pattern 匹配文本，获得匹配结果，无法匹配时将返回 None
match = pattern.match('hello world!')
# 使用 Match 获得分组信息
if match:
print (match.group())
```

输出结果如下所示。

```
hello
```

3. struct 模块

struct 模块用来将 Python 的数据与二进制数据结构进行转换，转换后的二进制数据可以应用在 C 语言及网络传输协议内。

（1）struct.pack(fmt, v1, v2, , ...)：此函数将数值 v1、v2 等依照 fmt 的格式转换为字符串。例如：

```
import struct
sp=struct.pack("hHL", 1, 2, 3)
print(sp)
```

输出结果如下所示。

```
b'\x01\x00\x02\x00\x03\x00\x00\x00'
```

此例中的 fmt 格式是"hHL"，h 表示第一个数值 1 转换成整数（C 语言的 short），H 表示第二个数值 2 转换成整数（C 语言的 unsigned short），L 表示第三个数值 3 转换成长整数（C 语言的 unsigned long）。

由于网络传输使用 little-endian 的数据格式，因此数值 1 的转换值是"\x01\x00"，两个字节的整数值 0x0001。数值 2 的转换值是"\x02\x00"，两个字节的整数值 0x0002。数值 3 的转换值是"\x03\x00\x00\x00"，四个字节的整数值 0x00000003。

（2）struct.unpack(fmt, string)：此函数将字符串 string 依照 fmt 的格式转换成需要的数值。例如：

```
import struct
su = struct.unpack("hHL", b'\x01\x00\x02\x00\x03\x00\x00\x00')
print(su)
```

输出结果如下所示。

```
(1, 2, 3)
```

（3）struct.calcsize(fmt)：此函数返回 fmt 结构的大小，即转换后的字符串大小。例如：

```
import struct
sc = struct.calcsize("hHL")
print(sc)
```

输出结果如下所示。

```
8
```

9.9　疑难解惑

疑问 1：如何修改 sys.path？

对于自定义的包含多个文件的模块包，可以将其路径添加到 sys.path 中，从而实现直接加载模块包的目的。

```
import sys
sys.path.append('D:\\python')
print(sys.path)
```

输出结果如下所示。

```
['', 'C:\\Program Files\\Python38\\Lib\\idlelib', 'C:\\Program
Files\\Python38\\python38.zip', 'C:\\Program Files\\Python38\\DLLs',
'C:\\Program Files\\Python38\\lib', 'C:\\Program Files\\Python38', 'C:\\Program
Files\\Python38\\lib\\site-packages', 'D:\\python']
```

从结果可以看出，路径已经添加到 sys.path 中了。

疑问 2：有没有性能测试模块？

解决同一问题往往有多种方法。哪种方法性能更好呢？通过 Python 提供的度量工具 timeit 可以解决上述问题。

例如，使用元组封装和拆封来交换元素和普通的方法哪个更有效，下面做一个测试即可知道：

```
from timeit import Timer
t1 = Timer('a=x; x=y; y=a', 'x=10; y=20').timeit()
t2 = Timer('x,y = y,x', 'x=10; y=20').timeit()
print(t1)
print(t2)
```

输出结果如下所示。

```
0.08395686735756323
0.05039464905515523
```

由此可知，通过元组封装和拆封来交换元素的时间更少、效率更高。

第 10 章　日期和时间

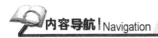内容导航!Navigation

在 Python 开发中，日期和时间的应用非常广泛。例如，大部分数据的记录和日志的处理都需要使用日期和时间。本章将重点学习日期与时间的操作方法和技巧。

学习目标!Objective

● 认识日期和时间的表现形式
● 掌握使用日历模块的方法
● 掌握 time 模块的方法
● 掌握 datetime 模块的方法
● 掌握日期和时间的常用操作方法

10.1　认识日期和时间

在 Python 语言中，时间通常有三种表示方式，即时间戳、时间元组和格式化的时间字符串。下面将分别进行讲解。

10.1.1　时间戳

时间戳是指格林尼治时间 1970 年 1 月 1 日 00 时 00 分 00 秒，即北京时间 1970 年 1 月 1 日 08 时 00 分 00 秒起至现在的总秒数。

提　示
目前 Python 3.8 中支持的最大时间戳为 32535244799（3001-01-01 15:59:59）。

Python 的 time 模块下有很多函数可以转换常见日期格式。例如，函数 time.time()用于获取当前时间戳：

```
import time
print(time.time())
```

输出结果如下所示。

```
1578969747.1631072
```

从结果可以看出，时间戳是以秒为单位的浮点小数，从 1970 年开始算起。

提 示
时间戳适用于做日期的加减运算。例如，计算两个时间的间隔，就可以先将两个时间转化为时间戳再进行减法运算。

10.1.2　struct_time 元组

struct_time 元组共有 9 组数字处理时间，即年、月、日、时、分、秒、一年中第几周、一年中第几天、是否为夏令时。

Python 函数用一个元组装起来的 9 组数字处理时间，也称为 struct_time 元组。表 10-1 列出了这种结构的属性值。

表10-1　struct_time元组

序号	字段	属性	值
0	4 位年数	tm_year	如 2020
1	月	tm_mon	1~12
2	日	tm_mday	1~31
3	小时	tm_hour	0~23
4	分钟	tm_min	0~59
5	秒	tm_sec	0~61（60 或 61 是闰秒）
6	一周的第几日	tm_wday	0~6（0 是周一）
7	一年的第几日	tm_yday	1~366，一年中的第几天
8	夏令时	tm_isdst	是否为夏令时，值为 1 时是夏令时，值为 0 时不是夏令时

使用 localtime()函数可以将当前时间戳转化为时间元组。例如：

```
import time
t=time.time()
tt=time.localtime(t)
print(tt)
```

输出结果如下所示。

```
time.struct_time(tm_year=2020, tm_mon=1, tm_mday=14, tm_hour=10, tm_min=43,
tm_sec=39, tm_wday=1, tm_yday=14, tm_isdst=0)
```

从结果可以看出，当前的时间为：2019 年，9 月，28 日，15 时，56 分，45 秒，星期六，一年中的第 271 天，不是夏令时。

10.1.3　格式化时间

在 Python 语言中，可以使用 time 模块的 strftime()函数来格式化时间。

time.strftime(format [, tuple])：将日期和时间元组转换为一个格式为 format 的字符串。表 10-2 所示为格式化符号的含义。

表10-2　Python时间的格式化符号

格式	说明
%a	星期简称
%A	星期完整名称
%b	月份简称
%B	月份完整名称
%c	日期时间格式
%d	月中的日期，十进制数[01, 31]
%H	小时（24 小时制），十进制数[00, 23]
%I	小时（12 小时制），十进制数[01, 12]
%j	年中的日期，十进制数[001, 366]
%m	月份，十进制数[01, 12]
%M	分钟，十进制数[00, 59]
%p	AM 或 PM
%S	秒，十进制数[00, 61]（加上闰秒与双闰秒）
%U	年中的星期，十进制数[01, 53]（以星期天为每周的第一天）
%w	星期，十进制数[0, 6]（星期天为 0）
%W	年中的星期，十进制数[01, 53]（以星期一为每周的第一天）
%x	日期
%X	时间
%y	无世纪的年份，十进制数[00, 99]
%Y	有世纪的年份，十进制数
%Z	时区名称
%%	%字符

【例 10.1】综合应用时间格式化符号（源代码\ch10\10.1.py）。

```
import time
print(time.strftime('%Y',time.localtime()))   #获取完整年份
print(time.strftime('%y',time.localtime()))   #获取简写年份
print(time.strftime('%m',time.localtime()))   #获取月
print(time.strftime('%d',time.localtime()))   #获取日
print(time.strftime('%Y-%m-%d',time.localtime()))   #获取年-月-日
print(time.strftime('%H',time.localtime()))   #获取时，24 小时制
print(time.strftime('%I',time.localtime()))   #获取时，12 小时制
print(time.strftime('%M',time.localtime()))   #获取分
print(time.strftime('%S',time.localtime()))   #获取秒
print(time.strftime('%H:%M:%S',time.localtime()))   #获取时:分:秒
print(time.strftime('%a',time.localtime()))   #本地简化星期
print(time.strftime('%A',time.localtime()))   #本地完整星期
print(time.strftime('%b',time.localtime()))   #本地简化月份
print(time.strftime('%B',time.localtime()))   #本地完整月份
```

```
print(time.strftime('%c',time.localtime()))    #本地日期和时间表示
print(time.strftime('%j',time.localtime()))    #一年中的第几天
print(time.strftime('%p',time.localtime()))    #P.M等价符
print(time.strftime('%U',time.localtime()))    #一年中的第几个星期，星期天为星期的开始
print(time.strftime('%w',time.localtime()))    #星期几，星期天为星期的开始
print(time.strftime('%W',time.localtime()))    #一年中的第几个星期，星期一为星期的开始
print(time.strftime('%x',time.localtime()))    #本地日期表示
print(time.strftime('%X',time.localtime()))    #本地时间表示
print(time.strftime('%Z',time.localtime()))    #当前时区
print(time.strftime('%%',time.localtime()))    #输出%本身
print(time.strftime('%Y-%m-%d %H:%M:%S %w-%Z',time.localtime()))#完整日期，时
间，星期，时区
```

保存并运行程序，输出结果如下所示。

```
2020
20
01
14
2020-01-14
10
10
45
34
10:45:34
Tue
Tuesday
Jan
January
Tue Jan 14 10:45:34 2020
014
AM
02
2
02
01/14/20
10:45:34
中国标准时间
%
2020-01-14 10:45:34 2-中国标准时间
```

可以根据需求选取各种格式，但最简单的获取可读的时间模式的函数是 asctime()。

time.asctime([tuple])：将时间转换为一个 24 字符的字符串，字符串的格式为"星期 月份 日 时:分:秒 年"。例如：

```
import time
print(time.asctime(time.localtime(time.time())))
```

输出结果如下所示。

```
Tue Jan 14 10:46:27 2020
```

从执行结果可以看出，Tue 为 Tuesday（星期二）的缩写，Jan 为 January（1 月）的缩写，14 日，时间是 10:46:27，年份为 2020 年。

10.2 日历模块

Calendar 模块提供了很多方法用来处理年历和月历。下面将选择最常用的方法进行讲解。

1. calendar.calendar(year,w=2,l=1,c=6)

返回一个多行字符串格式的 year 年年历，3 个月一行，间隔距离为 c。每日宽度间隔为 w 字符。每行长度为 21* W+18+2* C。1 是每星期行数。

2. calendar.firstweekday( )

返回当前每周起始日期的设置。默认情况下，首次载入 calendar 模块时返回 0，即星期一。

3. calendar.isleap(year)

如果 year 是闰年就返回 True，否则返回 False。

4. calendar.leapdays(y1,y2)

返回在 y1、y2 两年之间的闰年总数。

5. calendar.month(year,month,w=2,l=1)

返回一个多行字符串格式的 year 年 month 月日历，两行标题，一周一行。每日宽度间隔为 w 字符。每行的长度为 7* w+6。1 是每星期的行数。

6. calendar.monthcalendar(year,month)

返回一个整数的单层嵌套列表。每个子列表装载代表一个星期的整数。year 年 month 月外的日期都设为 0，范围内的日子都由该月第几日表示，从 1 开始。

7. calendar.monthrange(year,month)

返回两个整数。第一个是该月的星期几的日期码，第二个是该月的日期码。日从 0（星期一）到 6（星期日），月从 1 到 12。

8. calendar.prcal(year,w=2,l=1,c=6)

相当于 print calendar.calendar(year,w,l,c)。

9. calendar.prmonth(year,month,w=2,l=1)

相当于 print calendar.calendar(year,w,l,c)。

10. calendar.setfirstweekday(weekday)

设置每周的起始日期码，0（星期一）到 6（星期日）。

11. calendar.timegm(tupletime)

与 time.gmtime 函数的作用相反：接收一个时间元组，返回该时刻的时间戳（1970 纪元后经过的浮点秒数）。

12. calendar.weekday(year,month,day)

返回给定日期的日期码，0（星期一）到 6（星期日），月份为 1（一月） 到 12（12 月）。

【例 10.2】calendar 模块的综合应用（源代码\ch10\10.2.py）。

```python
import calendar

#返回指定年的某月
def get_month(year, month):
    return calendar.month(year, month)

#返回指定年的日历
def get_calendar(year):
    return calendar.calendar(year)

#判断某一年是否为闰年，如果是，就返回 True；如果不是，就返回 False
def is_leap(year):
    return calendar.isleap(year)

#返回某个月 weekday 的第一天和这个月的所有天数
def get_month_range(year, month):
    return calendar.monthrange(year, month)

#返回某个月以每一周为元素的序列
def get_month_calendar(year, month):
    return calendar.monthcalendar(year, month)

def main():
    year = 2020
    month = 10
    test_month = get_month(year, month)
```

```
   print(test_month)
   print('#' * 50)
   #print(get_calendar(year))
   print('{0}这一年是否为闰年？: {1}'.format(year, is_leap(year)))
   print(get_month_range(year, month))
   print(get_month_calendar(year, month))

if __name__ == '__main__':
    main()
```

保存并运行程序，输出结果如下所示。

```
   October 2020
Mo Tu We Th Fr Sa Su
       1  2  3  4
 5  6  7  8  9 10 11
12 13 14 15 16 17 18
19 20 21 22 23 24 25
26 27 28 29 30 31

##################################################
2020这一年是否为闰年？: True
(3, 31)
[[0, 0, 0, 1, 2, 3, 4], [5, 6, 7, 8, 9, 10, 11], [12, 13, 14, 15, 16, 17, 18],
[19, 20, 21, 22, 23, 24, 25], [26, 27, 28, 29, 30, 31, 0]]
```

10.3　time 模块

前面章节中曾经提到过 time 模块中的 time()、strftime()和 asctime()函数，其实该模块中包含的时间处理函数还有很多。本节将挑选 time 模块中较为常见的函数进行讲解。

time 模块提供存取与转换时间的函数。时间的表示是使用 UTC（Universal Time Coordinated）时间。UTC 也叫作格林尼治时间（Greenwich Mean Time，GMT）。

10.3.1　localtime([secs])函数

localtime()将以秒为单位的时间转换为本地时间。该函数返回值是一个元组。time.localtime()的语法格式如下：

```
time.localtime([ secs ])
```

这里的 time 指的是 time 模块，secs 指需要转化的时间。若没有设置 secs 参数，则使用当前的时间。例如：

```
import time
print(time.localtime())
```

输出结果如下所示。

```
time.struct_time(tm_year=2020, tm_mon=1, tm_mday=14, tm_hour=10, tm_min=51,
tm_sec=31, tm_wday=1, tm_yday=14, tm_isdst=0)
```

10.3.2　gmtime([secs])函数

gmtime()将以秒为单位的时间转换为代表UTC（格林尼治时间）的元组。该函数返回值是一个元组。time.gmtime()的语法格式如下：

```
time.gmtime ([ secs ])
```

这里的time指的是time模块，secs指需要转化的时间。若没有设置secs参数，则使用当前的时间。例如：

```
import time
print(time. gmtime ())
```

输出结果如下所示。

```
time.struct_time(tm_year=2020, tm_mon=1, tm_mday=14, tm_hour=2, tm_min=52,
tm_sec=24, tm_wday=1, tm_yday=14, tm_isdst=0)
```

10.3.3　mktime ([tuple])函数

time.mktime()将time.gmtime()或time.localtime()函数返回的tuple转换为以秒为单位的浮点数。该函数执行的操作与time.gmtime()或time.localtime()函数执行的操作相反。time.mktime()的语法格式如下：

```
time.mktime ([tuple ])
```

这里的time指的是time模块，tuple指需要转化的时间。tuple指结构化的时间或完整的9位元组元素。如果输入的值不是合法时间，就会触发OverflowError或ValueError异常。例如：

```
import time
t = time.localtime()
print(time.mktime(t))
tt= (2020,10,10,12,25,39,6,40,0)
print(time.mktime(tt))
```

输出结果如下所示。

```
1578970482.0
1602303939.0
```

10.3.4　ctime([secs])函数

ctime()的作用是把一个时间戳（按秒计算的浮点数）转化为time.asctime()的形式。如果不指定参数 secs 的值或者参数为 None，就会默认将 time.time()作为参数。ctime()相当于asctime(localtime(secs))。time.ctime()的语法格式如下：

```
time.ctime ([secs])
```

这里的 time 指的是 time 模块，secs 是需要转化为字符串时间的秒数。该函数没有任何返回值。例如：

```
import time
print ("time.ctime() : %s" % time.ctime())
```

输出结果如下所示。

```
time.ctime() : Tue Jan 14 10:55:20 2020
```

10.3.5　sleep(secs)函数

sleep()将目前进程置入睡眠状态，睡眠时间为 secs 秒。sleep()函数的语法格式如下：

```
time.sleep(secs)
```

这里的 time 指的是 time 模块，secs 是需要睡眠的时间。例如：

```
import time
print ("开始时间 : %s" % time.ctime())
time.sleep(15)
print ("结束时间: %s" % time.ctime())
```

输出结果如下所示。从结果可以看出，开始时间和结束时间相差了 32 秒。

```
开始时间 : Tue Jan 14 10:56:32 2020
结束时间: Tue Jan 14 10:56:47 2020
```

10.3.6　strptime(string [,format])函数

strptime()函数用于根据指定的格式把一个时间字符串转化为 struct_time 元组。实际上，它与 strftime()是逆操作。time.strptime()函数的语法格式如下：

```
time.strptime(string [,format])
```

这里的 time 指的是 time 模块，string 指时间字符串，format 指格式化字符串。该函数将返回 struct_time 元组对象。format 默认为"%a %b %d %H:%M:%S %Y"。例如：

```
import time
print (time.strptime('2020-05-25 16:37:06', '%Y-%m-%d %X'))
```

输出结果如下所示。

```
time.struct_time(tm_year=2020, tm_mon=5, tm_mday=25, tm_hour=16, tm_min=37,
tm_sec=6, tm_wday=0, tm_yday=146, tm_isdst=-1)
```

10.4　datetime 模块

datetime 模块提供对于日期和时间进行各种各样的操作，功能非常强大，包括 date 和 time 的所有信息，支持 0001 年到 9999 年。

datetime 模块定义了两个常量：datetime.MINYEAR 和 datetime.MAXYEAR。这两个常量分别定义了最小、最大年份。其中，MINYEAR 和 MAXYEAR 分别表示 1 和 9999。

datetime 模块定义了 5 个类，分别如下：

（1）date：表示日期的类，常用的属性有 year、month 和 day。

（2）time：表示时间的类，常用的属性有 hour、minute、second、microsecond 和 tzinfo。

（3）datetime：表示日期和时间的组合类，常用的属性有 year、month、day、hour、minute、second、microsecond 和 tzinfo。

（4）timedelta：表示时间间隔类，即两个时间点之间的长度。

（5）tzinfo：表示时区信息类。

10.4.1　date 类

date 类的属性由 year 年份、month 月份及 day 日期三部分构成。例如：

```
import datetime
a = datetime.date.today()                #返回当前本地时间的 datetime 对象
print(a)
print(a.year)
print(a.month)
print(a.day)
```

输出结果如下所示。

```
2020-01-14
2020
1
14
```

date 类的__getattribute__()方法也可以获得上述值。例如：

```
import datetime
d = datetime.date.today()
print(d.__getattribute__('year'))
print(d.__getattribute__('month'))
print(d.__getattribute__('day'))
```

输出结果如下所示。

```
2020
1
14
```

下面根据功能的不同，分别介绍 date 类的方法和属性。

1. 用于比较日期大小的方法

下面的方法通常用于比较日期的大小，返回值为 True 或 False。

（1）__eq__()：判断两个日期是否相等。例如，x.__eq__(y)用于判断时间 x 是否和时间 y 相等。

（2）__ge__()：判断两个日期是否大于等于。例如，x.__ge__(y)用于判断时间 x 是否大于等于时间 y。

（3）__gt__()：判断两个日期是否大于。例如，x.__gt__(y)用于判断时间 x 是否大于时间 y。

（4）__le__()：判断两个日期是否小于等于。例如，x.__le__(y)用于判断时间 x 是否小于等于时间 y。

（5）__lt__()：判断两个日期是否小于。例如，x.__lt__(y) 用于判断时间 x 是否小于时间 y。

（6）__ne__()：判断两个日期是否不等于。例如，x.__ne__(y) 用于判断时间 x 是否不等于时间 y。

例如：

```
import datetime
a=datetime.date(2020,11,11)
b=datetime.date(2020,10,10)
print(a.__eq__(b))
print(a.__ge__(b))
print(a.__gt__(b))
print(a.__le__(b))
print(a.__lt__(b))
print(a.__ne__(b))
```

输出结果如下所示。

```
False
True
True
False
False
True
```

2. 计算两个日期相差多少天

__sub__()和__rsub__()方法用于计算两个日期相差多少天。

（1）__sub__()：x.__sub__(y)等价于 x-y。

（2）__rsub__()：x.__rsub__(y)等价于 y-x。

例如：

```
import datetime
a=datetime.date(2020, 11, 11)
b=datetime.date(2020, 10, 10)
print(a.__sub__(b))
print(a.__rsub__(b))
print(a.__sub__(b).days)
print(a.__rsub__(b).days)
```

输出结果如下所示。

```
32 days, 0:00:00
-32 days, 0:00:00
32
-32
```

从结果可以看出，计算结果的返回值类型为 datetime.timedelta。若想获得整数类型的结果，则需要添加 a.__sub__(b).days。

3. ISO 标准化日期

如果想让使用的日期符合 ISO 标准，那么可以使用以下三个方法。

（1）isocalendar()：返回一个包含三个值的元组。三个值依次为 year 年份、week number 周数、weekday 星期数。例如：

```
import datetime
a = datetime.date(2020,11,11)
print(a.isocalendar())
print(a.isocalendar()[0])
print(a.isocalendar()[1])
print(a.isocalendar()[2])
```

输出结果如下所示。

```
(2020, 46, 3)
2020
46
3
```

（2）isoformat()：返回符合 ISO 8601 标准（YYYY-MM-DD）的日期字符串。例如：

```
import datetime
a = datetime.date(2020,11,11)
a.isoformat()
```

输出结果如下所示。

（3）isoweekday()：返回符合 ISO 标准的指定日期所在的星期数（周一为 1，周日为 7)。例如：

```
import datetime
a = datetime.date(2018,11,11)
print(a.isoweekday())
```

输出结果如下所示。

```
7
```

（4）weekday()：与 isoweekday()的作用类似，只不过是 weekday()方法返回的周一为 0、周日为 6。例如：

```
import datetime
a = datetime.date(2018,11,11)
print(a.weekday())
```

输出结果如下所示。

```
6
```

10.4.2　time 类

time 类由 hour 小时、minute 分钟、second 秒、microsecond 毫秒和 tzinfo 时区组成。time 类中就由上述 5 个变量来存储时间的值。例如：

```
import datetime
a = datetime.time(11,10,32,888)
print(a)
print(a.hour)
print(a.minute)
print(a.second)
print(a.microsecond)
print(a.tzinfo)
```

输出结果如下所示。

```
11:10:32.000888
11
10
```

```
32
888
None
```

下面根据功能的不同，分别介绍 time 类的方法和属性。

1. 比较时间的大小

time 类中比较时间大小的方法包括__eq__()、__ge__()、__gt__()、__le__()、__lt__()、
__ne__()，它们的使用方法和 date 类中对应的方法类似，这里就不再介绍了。例如：

```
import datetime
a=datetime.time(12,20,59,888)
b=datetime.time(10,20,59,888)
print(a.__eq__(b))
print(a.__ge__(b))
print(a.__gt__(b))
print(a.__le__(b))
print(a.__lt__(b))
print(a.__ne__(b))
```

输出结果如下所示。

```
False
True
True
False
False
True
```

2. 时间的最大值和最小值

max 属性表示时间的最大值，min 属性表示时间的最小值。例如：

```
import datetime
print(datetime.time.max)
print(datetime.time.min)
```

输出结果如下所示。

```
23:59:59.999999
00:00:00
```

3. 将时间以字符串格式输出

使用__format__()函数，通过指定的格式可以将时间对象转化为字符串。例如：

```
import datetime
```

```
a = datetime.time(10,20,36,888)
print(a.__format__('%H:%M:%S'))
```

输出结果如下所示。

```
10:20:36
```

4. ISO 标准输出

通过 isoformat()函数可以将时间转化为符合 ISO 标准的格式。通过__str__()函数可以将时间转化为简单的字符串格式。例如：

```
import datetime
a = datetime.time(10,20,36,888)
print(a.isoformat())
print(a.__str__())
```

输出结果如下所示。

```
10:20:36.000888
10:20:36.000888
```

10.4.3   datetime 类

datetime 类其实可以看作 date 类和 time 类的合体，其大部分的方法和属性都继承于这两个类，相关的操作方法请参照前面的内容。

datetime 类的属性有 year（年份）、month（月份）、day（日期）、hour（小时）、minute（分钟）、second（秒）、microsecond（毫秒）和 tzinfo（时区）例如：

```
import datetime
a = datetime.datetime.now()    #获取当前的日期和时间
print(a)
print(a.year)
print(a.month)
print(a.day)
print(a.hour)
print(a.minute)
print(a.second)
print(a.microsecond)
print(a.tzinfo)
print(a.date())
```

输出结果如下所示。

```
2020-01-14 11:31:38.045779
2020
1
```

```
14
11
31
38
45779
None
2020-01-14
```

下面讲述 datetime 类中除了具有 date 类和 time 类的方法外，还具有哪些独特的函数。

（1）now()：返回当前日期时间的 datetime 对象。

now()的语法格式如下：

```
datetime.datetime.now()
```

例如：

```
import datetime
a = datetime.datetime.now()
print(a)
```

输出结果如下所示。

```
2020-01-14 11:32:38.017905
```

（2）time()：返回 datetime 对象的时间部分。

time()的语法格式如下：

```
datetime.datetime.time()
```

例如：

```
import datetime
a = datetime.datetime.now()
print(a)
print(a.time())
```

输出结果如下所示。

```
2020-01-14 11:33:28.717714
11:33:28.717714
```

（3）combine ()：将一个 date 对象和一个 time 对象合并生成一个 datetime 对象。

combine()的语法格式如下：

```
datetime.datetime. combine ()
```

例如：

```
import datetime
a = datetime.datetime.now()
print(a)
print(datetime.datetime.combine(a.date(),a.time()))
```

输出结果如下所示。

```
2020-01-14 11:34:36.236229
2020-01-14 11:34:36.236229
```

（4）utctimetuple()：返回 UTC 时间元组。

utctimetuple()的语法格式如下：

```
datetime.datetime.utctimetuple()
```

例如：

```
import datetime
a = datetime.datetime.now()
print(a)
print(a.utctimetuple())
```

输出结果如下所示。

```
2020-01-14 11:35:51.938816
time.struct_time(tm_year=2020, tm_mon=1, tm_mday=14, tm_hour=11, tm_min=35,
tm_sec=51, tm_wday=1, tm_yday=14, tm_isdst=0)
```

（5）utcnow()：返回当前日期时间的 UTC datetime 对象。

utcnow()的语法格式如下：

```
datetime.datetime.utcnow()
```

例如：

```
import datetime
a = datetime.datetime.utcnow()
print(a)
```

输出结果如下所示。

```
2020-01-14 03:36:45.131633
```

（6）strptime()：根据 string、format 两个参数，返回一个对应的 datetime 对象。

strptime()的语法格式如下：

```
datetime.datetime.strptime(string[, format])
```

例如：

```
import datetime
a=datetime.datetime.strptime('2020-12-12 15:25','%Y-%m-%d %H:%M')
print(a)
```

输出结果如下所示。

```
2020-12-12 15:25:00
```

10.4.4　timedelta 类

timedelta 类用于计算两个 datetime 对象的差值。此类中包含以下属性：

（1）days：天数。

（2）microseconds：微秒数（大于等于 0 并且小于 1 秒）。

（3）seconds：秒数（大于等于 0 并且小于 1 天）。

两个 date 或 datetime 对象相减就可以返回一个 timedelta 对象。例如，计算 100 天前的时间。

```
import datetime
now=datetime.datetime.now()
print(now)
delta=datetime.timedelta(days=100)
print(delta)
newtime=now-delta
print (newtime)
```

输出结果如下所示。

```
2020-01-14 11:39:50.263464
100 days, 0:00:00
2019-10-06 11:39:50.263464
```

10.4.5　tzinfo 类

tzinfo 是关于时区信息的类。因为 tzinfo 是一个抽象类，所以不能直接被实例化。

【例 10.3】tzinfo 类的综合应用（源代码\ch10\10.3.py）。

```
from datetime import datetime, tzinfo,timedelta
class UTC(tzinfo):
    """UTC"""
    def __init__(self,offset = 0):
        self._offset = offset

    def utcoffset(self, dt):
        return timedelta(hours=self._offset)
```

```
    def tzname(self, dt):
        return "UTC +%s" % self._offset

    def dst(self, dt):
        return timedelta(hours=self._offset)


#北京时间
beijing = datetime(2020,11,11,0,0,0,tzinfo = UTC(8))
#曼谷时间
bangkok = datetime(2020,11,11,0,0,0,tzinfo = UTC(7))

#北京时间转成曼谷时间
beijing.astimezone(UTC(7))
#计算时间差时也会考虑时区的问题
timespan = beijing - bangkok
print(timespan)
```

输出结果如下所示。

```
-1 day, 23:00:00
```

10.5 日期和时间的常用操作

在 Python 开发中，根据实际的功能需求，经常遇到的日期和时间的操作。

（1）获取当前日期和时间。例如：

```
import datetime
now = datetime.datetime.now()
print(now)
today = datetime.date.today()
print(today)
print(now.date())
print(now.time())
```

输出结果如下所示。

```
2020-01-14 11:45:00.072185
2020-01-14
2020-01-14
11:45:00.072185
```

（2）获取上个月第一天和最后一天的日期。例如：

```
import datetime
today = datetime.date.today()
print(today)
mlast_day = datetime.date(today.year, today.month, 1) - datetime.timedelta(1)
print(mlast_day)
mfirst_day = datetime.date(mlast_day.year, mlast_day.month, 1)
print(mfirst_day)
```

输出结果如下所示。

```
2020-01-14
2019-12-31
2019-12-01
```

（3）获取时间差。例如：

```
import datetime
import time
start_time = datetime.datetime.now()
time.sleep(6)
end_time = datetime.datetime.now()
print((end_time - start_time).seconds)
```

输出结果如下所示。从结果可以看出，时间差为6秒。

```
6
```

（4）计算当前时间向后10个小时的时间。例如：

```
import datetime
d1 = datetime.datetime.now()
d2 = d1 + datetime.timedelta(hours = 10)
print(d2)
```

输出结果如下所示。

```
2020-01-14 21:57:31.621704
```

以此类推，还可以计算向前或向后天（days）、小时（hours）、分钟（minutes）、秒（seconds）或微秒（microseconds）的时间。

（5）计算上周一和周日的日期。例如：

```
import datetime
today = datetime.date.today()
print(today)
today_weekday = today.isoweekday()
last_sunday = today - datetime.timedelta(days=today_weekday)
last_monday = last_sunday - datetime.timedelta(days=6)
print(last_sunday)
```

```
print(last_monday)
```

输出结果如下所示。

```
2020-01-14
2020-01-12
2020-01-06
```

（6）计算指定日期当月最后一天的日期和本月天数。例如：

```
import datetime
date = datetime.date(2018,12,12)
def eomonth(date_object):
    if date_object.month == 12:
        next_month_first_date = datetime.date(date_object.year+1,1,1)
    else:
        next_month_first_date = datetime.date(date_object.year,
date_object.month+1, 1)
    return next_month_first_date - datetime.timedelta(1)

print(eomonth(date))
print(eomonth(date).day)
```

输出结果如下所示。

```
2018-12-31
31
```

（7）计算指定日期下个月当天的日期（这里要调用上面的函数 eomonth()）。例如：

```
import datetime
date = datetime.date(2018,12,12)
def edate(date_object):
    if date_object.month == 12:
        next_month_date = datetime.date(date_object.year+1, 1,date_object.day)
    else:
        next_month_first_day = datetime.date(date_object.year,date_object.month+1,1)
        if date_object.day > eomonth(last_month_first_day).day:
            next_month_date =
datetime.date(date_object.year,date_object.month+1,eomonth(last_month_first_da
y).day)
        else:
            next_month_date = datetime.date(date_object.year, date_object.month+1,
date_object.day)
    return next_month_date

print(edate(date))
```

输出结果如下所示。

```
2019-01-12
```

10.6　疑难解惑

疑问 1：在 Python 中，三种时间格式的转化方式是什么？

Python 语言中有三种表示时间的格式。这三种格式可以相互转化，转化的方式如图 10-1 所示。

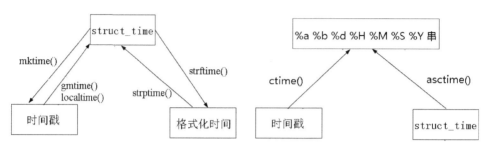

图 10-1　三种时间格式的转化方式

疑问 2：如何获得本周一至今天的时间段，并获得上周对应的同一时间段？

实现代码如下：

```
import datetime
today = datetime.date.today()
this_monday = today - datetime.timedelta(today.isoweekday()-1)
last_monday = this_monday - datetime.timedelta(7)
last_weekday = today -datetime.timedelta(7)
print(this_monday)
print(today)
print(last_monday)
print(last_weekday)
```

输出结果如下所示。

```
2020-01-13
2020-01-14
2020-01-06
2020-01-07
```

第 11 章 迭代器、生成器和装饰器

内容导航! Navigation

迭代是 Python 强大的功能之一，是访问集合元素的一种方式。迭代器是一个可以记住遍历位置的对象，在遍历字符串、列表或元组对象时非常有用。生成器是函数中包含 yield 语句的一类特殊的函数。装饰器的灵活性很强，可以为一个对象添加新的功能，或者给函数插入相关的功能。本章将重点学习迭代器、生成器和装饰器的操作方法和技巧。

学习目标! Objective

- 熟悉什么是可迭代对象
- 理解迭代器的概念
- 掌握自定义迭代器的方法
- 掌握内置迭代器工具的使用方法
- 掌握生成器的使用方法
- 掌握装饰器装饰函数的方法
- 掌握装饰器装饰类的方法

11.1 迭代器

迭代器在 Python 语言中的应用较为广泛，本节将介绍迭代器的概念、创建和应用。

11.1.1 什么是可迭代对象

如果给定一个 list 或 tuple，可以通过 for 循环来遍历这个 list 或 tuple，这种遍历称为迭代（Iteration），被遍历的 list 或 tuple 被称为可迭代对象。除了 list 或 tuple 外，还有很多可以被迭代的对象，包括 str、set、tuple 等。例如：

```
x = [100, 200, 300]
y = iter(x)
z = iter(x)
print(next(y))
print(next(y))
print(next(z))
```

```
print(type(x))
print(type(y))
```

输出结果如下所示。

```
100
200
100
<class 'list'>
<class 'list_iterator'>
```

这里 x 是一个可迭代对象，可迭代对象并不是指某种具体的数据类型，list 是可迭代对象，dict 是可迭代对象，set 也是可迭代对象。y 和 z 是两个独立的迭代器，迭代器内部持有一个状态，该状态用于记录当前迭代所在的位置，以便下次迭代时获取正确的元素。

在 Python 中，迭代是通过 for ... in 来完成的。例如：

```
for a in bb:
    print (a, end=" ")
```

11.1.2　什么是迭代器

迭代器是一个可以记住遍历位置的对象。迭代器对象从集合的第一个元素开始访问，直到所有的元素被访问完结束。

迭代器有两个基本的方法：iter()和 next()。其中，iter()方法用于创建迭代器对象；next()用于遍历对象的元素。在遍历字符串、列表或元组对象时，经常会用到迭代器。例如：

```
list=["苹果", "香蕉", "橘子", "桃子"]
aa= iter(list)      # 创建迭代器对象
print(next(aa))
print(next(aa))
print(next(aa))
print(next(aa))
```

输出结果如下所示。

```
苹果
香蕉
橘子
桃子
```

注　意
迭代器只能向前遍历元素，而不能后退。超过遍历的范围时将会报错。

迭代器对象可以使用常规的 for 语句进行遍历。例如：

```
list=["香蕉", "橘子", "苹果", "桃子"]
```

```
bb= iter(list)      # 创建迭代器对象
for a in bb:
      print (a, end=" ")
```

输出结果如下所示。

香蕉 橘子 苹果 桃子

迭代器对象也可以和 while 语句进行遍历。例如：

```
import sys           # 引入 sys 模块
list=["爆竹声中一岁除", "春风送暖入屠苏", "千门万户瞳瞳日", "总把新桃换旧符"]
cc= iter(list)      # 创建迭代器对象
while True:
    try:
        print (next(cc))
    except StopIteration:
        sys.exit()
```

输出结果如下所示。

爆竹声中一岁除
春风送暖入屠苏
千门万户瞳瞳日
总把新桃换旧符

11.1.3　自定义迭代器

通过定义一个实现迭代器协议方法的类，即可自定义一个迭代器。

【例 11.1】自定义一个迭代器（源代码\ch11\11.1.py）。

```
class MyIterator:                         #自定义迭代器类 MyIterator

    def __init__(self,x=3,xmax=300):      #定义构造方法，初始化实例属性
        self.__mul,self.__x = x,x
        self.__xmax = xmax

    def __iter__(self):                   #定义迭代器的协议方法，返回类自身
        return self

    def __next__(self):                   #定义迭代器协议方法
        if self.__x and self.__x != 1:
            self.__mul *= self.__x
            if self.__mul <= self.__xmax:
                return self.__mul          #返回值
```

```
        else:
            raise StopIteration              #引发 StopIteration 错误
        else:
        raise StopIteration

if __name__ == '__main__':
    myiter = MyIterator()                    #实例化迭代器
    for i in myiter:                         #遍历并输出值
        print('迭代的数据元素为: ',i)
```

上述代码首先定义了一个迭代器类 MyIterator，在其构造方法中，初始化了两个私有变量 x=3 和 xmax=300，用于产生序列和控制序列产生的最大值。该迭代器总是返回所给数的 n 次方，但其值不能超过 xmax，否则将会引发 StopIteration 错误，并结束遍历。最后实例化迭代器类，并遍历迭代器的值序列，同时进行输出。

输出结果如下所示。

```
迭代的数据元素为:  9
迭代的数据元素为:  27
迭代的数据元素为:  81
迭代的数据元素为:  243
```

从结果可以看出，迭代器使用默认参数，遍历得到的序列是 3 的 n 次方的值，最大值不超过 300。

11.1.4 内置迭代器工具

Python 已经内置了一个产生迭代器的函数 iter()。另外，在 itertools 模块中，也提供了丰富的迭代器工具。itertools 模块包含创建有效迭代器的函数，可以用各种方式对数据进行循环操作，此模块中的所有函数返回的迭代器都可以与 for 循环语句及其他包含迭代器（如生成器和生成器表达式）的函数联合使用。

itertools 模块中提供了近 20 个迭代器工具函数，主要有三类。

1. 无限迭代器

常用的无限迭代器函数如下：

（1）count(start,[step])：从 start 开始，以 step 为步进行计数迭代。起始参数 start 默认值为 0、步长 step 默认值为 1。例如下面的代码以 10 开始，步长为 1：

```
import itertools
ns = itertools.count(10)
for n in ns:
    print (n)
```

从上面的结果可以看出，count()会创建一个无限的迭代器，结果会打印出自然数序列，根本停不下来，只能按 Ctrl+C 组合键退出。

（2）cycle(terable)：无限循环迭代 terable。terable 为可迭代对象，该函数的作用是保存迭代对象每个元素的副本，无限地重复返回每个元素的副本。例如：

```
import itertools
ns = itertools.cycle (["仙人垂两足", "桂树何团团"])
for n in ns:
    print (n)
```

运行上述代码，终端会不停地打印出"仙人垂两足"和 "桂树何团团"。

（3）repeat(object,[n])：循环迭代 object，次数为 n 次，如果不指定 n 的值，就默认为无限次。这里的 object 为可迭代对象。例如：

```
import itertools
ns = itertools.repeat(["仙人垂两足", "桂树何团团"],4)
for n in ns:
    print (n)
```

这里指定了循环次数为 4，如果不指定循环次数，就会无限循环下去。

注　意
使用无限迭代器时，必须添加迭代退出的条件，否则会导致死循环。

2. 迭代短序列

常用的迭代短序列函数如下：

（1）chain(*iterables)：将多个迭代器作为参数，但只返回单个迭代器，它产生所有参数迭代器的内容，就好像它们是来自于一个单一的序列。*iterables 为一个或多个可迭代序列。例如：

```
import itertools
ns = itertools.chain(["仙人垂两足", "桂树何团团"],["苹果树", "香蕉树"])
for n in ns:
    print (n)
```

输出结果如下所示。

```
仙人垂两足
桂树何团团
苹果树
香蕉树
```

（2）compress(data, selectors)：根据 selectors 中的值选择迭代 data 序列中的值。若 selectors 中的值为真，则输出对应的 data 中的值；否则不输出。例如：

```
import itertools
ns = itertools.compress(["苹果", "香蕉", "橘子", "桃子", "西瓜
"],[0,False,1,True,3,6])
for n in ns:
    print (n)
```

输出结果如下所示。从结果可以看出，0 和 Flase 对应的值"苹果"和"香蕉"没有被输出。

```
橘子
桃子
西瓜
```

（3）dropwhile(pred,seq)：当 pred 对序列元素处理结果为假时，开始迭代 seq 后的所有值。例如：

```
import itertools
ns = itertools. dropwhile (lambda x:x>10,[20,30,10,8,3,6])
for n in ns:
    print (n)
```

输出结果如下所示。

```
10
8
3
6
```

（4）filterfalse(pred,seq)：当 pred 处理为假时，开始迭代 seq 后的所有值。

```
import itertools
ns = itertools.filterfalse (lambda x:x>9,[20,30,10,8,3,6])
for n in ns:          print (n)
```

输出结果如下所示。

```
8
3
6
```

（5）takewhile(pred,seq)：该函数与 dropwhile()的功能相反。例如：

```
import itertools
ns = itertools.takewhile(lambda x:x>10,[20,30,10,8,3,6])
for n in ns:
    print (n)
```

输出结果如下所示。

```
20
30
```

（6）tee(it,n)：将 it 重复 n 次进行迭代。

```
import itertools
for its in itertools.tee([20,30,10],4):
```

```
    for n in its:
        print (n)
```

输出结果如下所示。

```
20
30
10
20
30
10
20
30
10
20
30
10
```

3. 组合迭代序列

常用的组合迭代函数如下：

（1）product(*iterables)：迭代排列出所有的排列。

例如：

```
import itertools
ns = itertools.product (["仙人垂两足", "桂树何团团"],["苹果树", "香蕉树"])
for n in ns:
        print (n)
```

输出结果如下所示。

```
('仙人垂两足', '苹果树')
('仙人垂两足', '香蕉树')
('桂树何团团', '苹果树')
('桂树何团团', '香蕉树')
```

（2）permutations(p,r)：迭代序列中 r 个元素的排列。例如：

```
import itertools
ns =itertools.permutations("ABC",3)
for n in ns:
    print (n)
```

输出结果如下所示。

```
('A', 'B', 'C')
('A', 'C', 'B')
```

```
('B', 'A', 'C')
('B', 'C', 'A')
('C', 'A', 'B')
('C', 'B', 'A')
```

（3）combinations(p,r)：迭代序列中 r 个元素的组合。例如：

```
import itertools
ns =itertools.combinations("ABCD",4)
for n in ns:
    print (n)
```

输出结果如下所示。

```
('A', 'B', 'C', 'D')
```

11.2　生成器

使用生成器可以生成一个值的序列用于迭代，并且这个值的序列不是一次生成的，而是使用一个再生成一个，可以使程序节约大量内存。

在 Python 中，使用了 yield 的函数被称为生成器。与普通函数不同的是，生成器将返回一个迭代器的函数，并且生成器只能用于迭代操作。可见，生成器是一种特殊的迭代器。

在调用生成器运行的过程中，每次遇到 yield 时函数就会暂停，并保存当前所有的运行信息，返回 yield 的值。在下一次执行 next()方法时，会从当前位置继续运行。

下面的示例创建一个嵌套列表，然后通过生成器打印出来。

```
list=[[1,2],[3,4],[5,6],[7,8]]          #创建一个嵌套列表
def qtlb(list):         # 创建生成器
    for aa in list:
        for bb in aa:
            yield bb
```

与 return 返回值不同的是，yield 语句每产生一个值，函数就会暂停，返回 yield 值，等待被重新唤醒后从当前位置继续运行。

接着通过在生成器上迭代来输出嵌套列表。

```
for nn in qtlb(list):
    print(nn)
```

输出结果如下所示。

```
1
2
3
```

```
4
5
6
7
8
```

【例11.2】自定义一个生成器（源代码\ch11\11.2.py）。

```
def myYield(n):                         #定义一个生成器（函数）
    while n>0:
        print("开始生成...:")
        yield n                         #yield语句，用于返回给调用者其后表达式的值
        print("完成一次...:")
        n -= 1
if __name__ == '__main__':
    for i in myYield(6):                #for语句遍历生成器
        print("遍历得到的值：",i)
    print()
    my_yield = myYield(3)
    print('已经实例化生成器对象')
    my_yield.__next__()
    print('第二次调用__next__()方法：')
    my_yield.__next__()
```

上述代码自定义了一个递减数字序列的生成器，输出结果如下所示。

```
1
2
3
4
5
6
7
8
```

11.3 装饰器

装饰器是一种增加函数或类的功能的方法，可以快速地给不同的函数或类插入相同的功能。

11.3.1 什么是装饰器

当写了一个很长的函数后，发现还需要添加一些功能，此时就要从开始读已经写好的代

码，在更改时会耗时很长。通过装饰器就可以轻松解决这个问题。

装饰器的表示语法是在函数或类前添加"@"符号。例如：

```
@disp_ff
def dd_ff():
    pass
```

这里的装饰器名称就是 disp_ff。可见，用装饰器装饰函数或类就是用"@装饰器名称"放在函数或类的定义行之前。

使用了装饰器后，此处定义的函数 dd_ff()就可以只定义自己所需要的功能，而装饰器所定义的功能会自动插入到函数 dd_ff()中，这样，可以节省大量具有相同功能的函数或类的代码。即使是不同目的或不同类的函数或类也可以插入相同的功能。

要用装饰器来装饰对象，必须先定义装饰器。装饰器的定义与普通函数的定义在形式上完全一致，只不过装饰器函数的参数必须有函数或类对象，然后在装饰器函数中重新定义一个新的函数或类，并在其中执行某些功能前后或中间使用被装饰的函数或类，最后返回这个新定义的函数或类。

11.3.2　装饰函数

用装饰器装饰函数，首先要定义装饰器，然后使用定义的装饰器来装饰函数。

【例 11.3】自定义一个装饰器并用来装饰自定义的函数（源代码\ch11\11.3.py）。

```
def aa(fun):                        #定义一个装饰器
    def ww(*args,**kwargs):         #定义装饰器函数
        print('开始运行...')
        fun(*args,**kwargs)         #调用被装饰函数
        print('运行结束！')
    return ww                       #返回装饰器函数

@aa                                 #装饰函数语句
def dd(x):                          #定义普通函数，被装饰器装饰
    a = []
    for i in range(x):
        a.append(i)
    print(a)

@aa                                 #定义普通函数，被装饰器装饰
def hh(n):
    print('最喜欢的水果是：',n)

if __name__ == '__main__':
    dd(6)
```

```
    print()
    hh('苹果')
```

上述代码首先定义了一个装饰器 aa，其带有一个可以使用函数对象的参数；然后定义了两个被装饰器装饰的普通函数：dd()和 hh()；最后对被装饰的函数进行调用。因为装饰器的内部定义了一个内嵌函数 ww()，所以在这个内嵌函数中执行了一些语句，也调用了被装饰的函数。返回这个内嵌的函数，代替了被装饰的函数，从而完成装饰器的功能。

输出结果如下所示。

```
开始运行...
[0, 1, 2, 3, 4, 5]
运行结束！


开始运行...
最喜欢的水果是： 苹果
运行结束！
```

11.3.3   装饰类

装饰器不仅可以装饰函数，还可以装饰类。定义装饰类的装饰器，需要定义内嵌类的函数并返回新类。

【例 11.4】自定义一个装饰器并用来装饰自定义的类（源代码\ch11\11.4.py）。

```
def aa(myclass):                                    #定义类装饰器
    class InnerClass:                               #定义内嵌类
        def __init__(self,z=0):
            self.z = 0
            self.wrapper = myclass()                #实例化被装饰类

        def position(self):
            self.wrapper.position()
            print('z axis:',self.z)

    return InnerClass                               #返回新定义的类

@aa                                                 #修饰器修饰类
class coordination:
    def __init__(self,x=100,y=100):
        self.x = x
        self.y =y

    def position(self):
        print('x axis:',self.x)
```

```
        print('y axis:',self.y)


if __name__ == '__main__':
    coor = coordination()
    coor.position()
```

上述代码首先定义了一个能够装饰类的装饰器 aa；然后定义了一个内嵌类 InnerClass，用于代替被修饰的类，并返回新的内嵌类；最后在实例化普通类时，得到的就是被装饰器装饰后的类。

输出结果如下所示。

```
x axis: 100
y axis: 100
z axis: 0
```

11.4 Python 3.8 的新特性——新增@cached_property

Python 3.8 新增的@cached_property 是内置 @property 装饰器的加强版，被装饰的实例方法不仅可以调用属性，还会自动缓存方法的返回值。

例如：

```
import time
from functools import cached_property
class Example:
    @cached_property
    def result(self):
        time.sleep(1)                  # 模拟计算耗费的时间
        print('运行了两秒钟')
        return 100


s = Example()
print(s.result)
print(s.result)                        # 第二次调用直接使用缓存，不会耗费时间
```

输出结果如下所示。

```
运行了两秒钟
100
100
```

11.5 疑难解惑

疑问 1：使用生成器如何输出斐波那契数列？

使用生成器可以轻松地输出斐波那契数列。

【例 11.5】通过生成器可以输出斐波那契数列（源代码\ch11\11.5.py）。

```
import sys

def fibonacci(n):                              # 生成器函数 - 斐波那契
    a, b, counter = 0, 1, 0
    while True:
        if (counter > n):
            return
        yield a
        a, b = b, a + b
        counter += 1
f = Fibonacci (10)                             # f 是一个迭代器，由生成器返回生成

while True:
    try:
        print (next(f), end=" ")
    except StopIteration:
        sys.exit()
```

输出结果如下所示。

```
0 1 1 2 3 5 8 13 21 34 55
```

疑问 2：不知道几层循环时如何创建生成器？

如果要处理的嵌套层还不确定，就可以使用递归生成器来操作。例如：

```
def qtlb(list):                              # 创建生成器
    try:
        for aa in list:
            for bb in qtlb(aa):
                yield bb
    except TypeError:
        yield list
```

第 12 章　文件与文件系统

内容导航┃Navigation

在前面的章节中，保存数据使用是变量的方法。如果希望程序结束后数据仍然能够保存，需要使用其他的保存方式，文件就是一个很好的选择。在程序运行过程中将数据保存到文件中，程序运行结束后，相关数据就保存在文件中了。Python 提供了文件对象，通过该对象可以访问、修改和存储来自其他程序的数据。本章将重点学习文件的操作方法和技巧。

学习目标┃Objective

- 掌握打开文件的方法
- 掌握读取文件的方法
- 掌握写入文件的方法
- 掌握关闭文件的方法
- 掌握刷新文件的方法

12.1　打开文件

在 Python 中，使用 open()函数可以打开文件。其语法格式如下：

```
open(name[,mode[,buffering]])
```

使用 open 函数将返回一个文件对象。可选参数 mode 表示打开文件的模式，可选参数 buffering 控制文件是否缓冲。例如：

```
ff=open(r'D:\file\demo.txt')
```

这里的参数 r 表示以读模式打开文件。如果该文件存在，就创建一个 ff 文件对象；如果该文件不存在，就提示异常信息。

```
Traceback (most recent call last):
  File "<pyshell#29>", line 1, in <module>
    ff=open(r'D:\file\demo.txt')
FileNotFoundError: [Errno 2] No such file or directory: 'D:\\file\\demo.txt'
```

open 函数还有其他的模式参数，如表 12-1 所示。

表12-1 open函数中的模式参数

参数名称	说明
'r'	以读方式打开文件。文件的指针将会放在文件的开头，这是默认方式
'rb'	以二进制格式打开一个文件，用于只读。文件的指针将会放在文件的开头，这是默认方式
'r+'	打开一个文件，用于读写。文件的指针将会放在文件的开头
'rb+'	以二进制格式打开一个文件，用于读写。文件的指针将会放在文件的开头
'w'	打开一个文件，只用于写入。如果该文件已存在，就将其覆盖；如果该文件不存在，就创建新文件
'wb'	以二进制格式打开一个文件，只用于写入。如果该文件已存在，就将其覆盖；如果该文件不存在，就创建新文件
'w+'	打开一个文件，用于读写。如果该文件已存在，就将其覆盖；如果该文件不存在，就创建新文件
'wb+'	以二进制格式打开一个文件，用于读写。如果该文件已存在，就将其覆盖；如果该文件不存在，就创建新文件
'a'	打开一个文件，用于追加。如果该文件已经存在，文件指针就会放在文件的结尾；如果该文件不存在，就创建新文件进行写入
'ab'	以二进制格式打开一个文件，用于追加。如果该文件已经存在，文件指针就会放在文件的结尾；如果该文件不存在，就创建新文件进行写入
'a+'	打开一个文件，用于读写。如果该文件已经存在，文件指针就会放在文件的结尾；如果该文件不存在，就创建新文件进行写入
'ab+'	以二进制格式打开一个文件，用于追加。如果该文件已经存在，文件指针就会放在文件的结尾；如果该文件不存在，就创建新文件用于读写

因为默认的模式为读模式，所以读模式和忽略不写的效果是一样的。'+'参数可以添加到其他模式中，表示读和写是允许的，比如'r+'表示打开一个文件用来读写使用。例如：

```
ff=open(r'D:\file\demo.txt', 'r+')
```

'b'参数主要应用于一些二进制文件，如声音和图像等，可以使用'rb'表示可以读取一个二进制文件。

open()函数的可选参数 buffering 控制文件是否缓冲。若该参数为 1 或 True，则表示有缓冲。数据的读取操作通过内存来运行，只有使用 flush()或 close()函数，才会更新硬盘上的数据。若该参数为 0 或 False，则表示无缓冲，所有的读写操作都直接更新硬盘上的数据。

```
ff=open(r'D:\file\demo.txt','r+',True)
```

12.2 读取文件

打开文件后，即可利用 Python 提供的方法读取文件的内容。

12.2.1 读取文件 read()方法

read()方法用于从文件读取指定的字符数，若未给定或为负，则读取所有。
read()方法语法如下：

```
fileObject.read(size)
```

其中，参数 size 用于指定返回的字符数。例如。创建一个文本文件 mm.txt，内容如下：

```
墙角数枝梅
凌寒独自开
遥知不是雪
为有暗香来
```

下面读取 mm.txt 文件的内容，其中结果中的"\n"为换行符号：

```
ff=open(r'D:\file\mm.txt')              #打开文件
print ("文件名为: ", ff.name)            #输出文件的名称
print (ff.read(5) )                     #读取前 5 个字符
print (ff.read(10) )                    #继续读取 10 个字符
```

输出结果如下所示。

```
文件名为:  D:\file\mm.txt
墙角数枝梅

凌寒独自开
遥知不
```

如果想读取整个文件的内容，就可以不指定 size 的值。

```
fb=open(r'D:\file\mm.txt')              #打开文件
print (fb.read())                       #输出文件的全部内容
```

输出结果如下所示。

```
墙角数枝梅
凌寒独自开
遥知不是雪
为有暗香来
```

将 size 设置为负数，则可以读取整个文件的内容。例如：

```
fb.read(-3)                    #输出文件的全部内容
```

12.2.2 逐行读取 readline()方法

readline()方法用于从文件读取整行，包括 "\n"字符。若指定了一个非负数的参数，则返回指定大小的字符数，包括 "\n" 字符。readline()的语法格式如下：

```
fileObject.readline(size)
```

其中，参数 size 用于指定从文件中读取的字符数。例如创建一个文本文件 ms.txt，内容如下：

晨起开门雪满山

雪晴云淡日光寒

檐流未滴梅花冻

一种清孤不等闲

下面逐行读取 ms.txt 文件的内容：

```
fu=open(r'D:\file\ms.txt')          #打开文件
print ("文件名为: ", fu.name)        #输出文件的名称
line = fu.readline()
print ("读取第一行 %s" % (line))
line = fu.readline(15)
print ("读取的字符串为: %s" % (line))
fu.close()                          # 关闭文件
```

输出结果如下所示。

```
文件名为:  D:\file\ms.txt
读取第一行 晨起开门雪满山

读取的字符串为: 雪晴云淡日光寒
```

12.2.3   返回文件各行内容的列表 readlines()方法

readlines()方法用于读取所有行并返回列表。其语法格式如下：

```
fileObject.readlines( size )
```

其中，参数 size 表示从文件中读取的字符数。例如创建一个文本文件 ts.txt，内容如下：

长相思，在长安。

络纬秋啼金井阑，微霜凄凄簟色寒。

孤灯不明思欲绝，卷帷望月空长叹。

美人如花隔云端！

上有青冥之长天，下有渌水之波澜。

天长路远魂飞苦，梦魂不到关山难。

长相思，摧心肝！

【例 12.1】读取 ts.txt 文件的内容（源代码\ch12\12.1.py）。

```
fo=open(r'D:\file\ts.txt')      #打开文件
print ("文件名为: ", fo.name)

for line in fo.readlines():                        #依次读取每行
    line = line.strip()                            #去掉每行头尾空白
    print ("读取的数据为: %s" % (line))

# 关闭文件
fo.close()
```

输出结果如下所示。

```
文件名为： D:\file\ts.txt
读取的数据为：长相思，在长安。
读取的数据为：络纬秋啼金井阑，微霜凄凄簟色寒。
读取的数据为：孤灯不明思欲绝，卷帷望月空长叹。
读取的数据为：美人如花隔云端！
读取的数据为：上有青冥之长天，下有渌水之波澜。
读取的数据为：天长路远魂飞苦，梦魂不到关山难。
读取的数据为：长相思，摧心肝！
```

12.2.4 返回文件的当前位置 tell()方法

tell()方法返回文件的当前位置，即文件指针的当前位置。其语法格式如下：

```
fileObject.tell()
```

例如创建一个文本文件 tt.txt，内容如下：

```
1:屋上春鸠鸣，村边杏花白。
2:持斧伐远扬，荷锄觇泉脉。
3:归燕识故巢，旧人看新历。
4:临觞忽不御，惆怅远行客。
```

下面读取 tt.txt 文件的内容：

```
fu=open(r'D:\file\tt.txt')        #打开文件
print ("文件名为: ", fu.name)      #输出文件的名称
line = fu.readline()
print ("读取数据为: %s" % (line))
post = fu.tell()                   # 获取当前文件位置
print ("当前位置为: %s" % (post))
fu.close()                         #关闭文件
```

输出结果如下所示。

```
文件名为： D:\file\tt.txt
读取数据为：1:屋上春鸠鸣，村边杏花白。

当前位置为：28
```

12.2.5 截断文件 truncate()方法

truncate() 方法用于截断文件。其语法格式如下：

```
fileObject.truncate( [ size ])
```

其中，size 为可选参数。若指定 size，则表示截断文件为 size 个字符；若没有指定 size，则重置到当前位置。例如使用 truncate()方法截断下面的文件内容：

```
fu=open(r'D:\file\tt.txt','r+')      #打开文件
print ("文件名为: ", fu.name)         #输出文件的名称
line = fu.readline()
```

```
print ("读取数据为: %s" % (line))
fu.truncate()                          #从当前文件位置截断文件
line = fu.readlines()
print ("当前位置为: %s" % (line))
fu.close()                             #关闭文件
```

输出结果如下所示。

```
文件名为: D:\file\tt.txt
读取数据为: 1:屋上春鸠鸣，村边杏花白。

当前位置为: ['2:持斧伐远扬，荷锄觇泉脉。\n', '3:归燕识故巢，旧人看新历。\n', '4:临觞忽
不御，惆怅远行客。\n']
```

读者也可以指定需要截断的字符数。例如：

```
fu=open(r'D:\file\tt.txt','r+')        #打开文件
print ("文件名为: ", fu.name)          #输出文件的名称
fu.truncate(10)                        #截断 10 个字节
line = fu.read()
print ("读取数据为: %s" % (line))
fu.close()                             #关闭文件
```

输出结果如下所示。截取 10 个字符，其中一个汉字将占用两个字符。

```
文件名为: D:\file\tt.txt
读取数据为: 1:屋上春鸠
```

12.2.6 设置文件当前位置 seek()方法

seek()方法用于移动文件读取指针到指定位置。其语法格式如下：

```
fileObject.seek(offset[, whence])
```

其中，参数 offset 表示开始的偏移量，即需要移动偏移的字节数；参数 whence 为可选参数，表示从哪个位置开始偏移，默认值为 0。若指定 whence 为 1，则表示从当前位置算起；若指定 whence 为 2，则表示从文件末尾算起。

使用 seek()方法设置文件的当前位置：

```
fu=open(r'D:\file\tt.txt','r+')        #打开文件
print ("文件名为: ", fu.name)          #输出文件的名称
line = fu.readline()
print ("读取数据为: %s" % (line))
fu.seek(0, 0)                          #重新设置文件读取指针到开头
line = fu.readline()
print ("读取的数据为: %s" % (line))
fu.close()                             #关闭文件
```

输出结果如下所示。

```
文件名为： D:\file\tt.txt
读取数据为：1:屋上春鸠
读取的数据为：1:屋上春鸠
```

12.3   写入文件

Python 提供了两个写入文件的方法，即 write()和 writelines()。

12.3.1   将字符串写入到文件

write()方法用于向文件中写入指定字符串。在文件关闭前或缓冲区刷新前，字符串内容存储在缓冲区中，此时在文件中看不到写入的内容。

write()方法的语法格式如下：

```
fileObject.write( [ str ])
```

其中，参数 str 为需要写入到文件中的字符串。例如创建一个文本文件 te.txt，内容如下：

```
坠素翻红各自伤，青楼烟雨忍相忘。
```

下面将字符串的内容添加到 te.txt 文件中：

```
fu=open(r'D:\file\te.txt','r+')          #打开文件
print ("文件名为： ", fu.name)            #输出文件的名称
str="将飞更作回风舞，已落犹成半面妆。"
fu.seek(0,2)                              #设置位置为文件末尾处
line=fu.write(str)                       #将字符串内容添加到文件末尾处
fu.seek(0,0)                             #设置位置为文件开始处
print(fu.read())
fu.close()                               #关闭文件
```

输出结果如下所示。

```
文件名为： D:\file\te.txt
坠素翻红各自伤，青楼烟雨忍相忘。将飞更作回风舞，已落犹成半面妆
```

如果用户需要换行输入内容，就可以使用“\n”。例如：

```
fu=open(r'D:\file\te.txt','r+')          #打开文件
print ("文件名为： ", fu.name)            #输出文件的名称
str="\n沧海客归珠有泪，章台人去骨遗香。可能无意传双蝶，尽付芳心与蜜房。"
fu.seek(0,2)                              #设置位置为文件末尾处
line=fu.write(str)                       #将字符串内容添加到文件末尾处
fu.seek(0,0)                             #设置位置为文件开始处
print(fu.read())
```

```
fu.close()                              #关闭文件
```

输出结果如下所示。

```
文件名为：  D:\file\te.txt
坠素翻红各自伤，青楼烟雨忍相忘。将飞更作回风舞，已落犹成半面妆。
沧海客归珠有泪，章台人去骨遗香。可能无意传双蝶，尽付芳心与蜜房。
```

12.3.2　写入多行 writelines()

writelines()方法可以向文件写入一个序列字符串列表，若需要换行，则要加入每行的换行符。其语法格式如下：

```
file.writelines([str])
```

其中，参数 str 为写入文件的字符串序列。例如创建一个空白内容的文本文件 tw.txt，将字符串列表的内容写入到 tw.txt 文件中。

```
fu=open(r'D:\file\tw.txt','w')      #打开文件
print ("文件名为：", fu.name)        #输出文件的名称
sq=["山冥云阴重，天寒雨意浓。\n", "数枝幽艳湿啼红。莫为惜花惆怅对东风。\n","蓑笠朝朝出，
沟塍处处通。\n", "人间辛苦是三农。要得一犁水足望年丰。"]
fu.writelines(sq)                   #将字符串列表内容添加到文件中
fu.close()
```

写入完成后，查看 tw.txt 的内容，输出结果如图 12-1 所示。

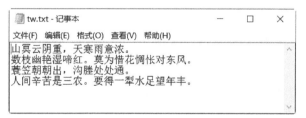

图 12-1　tw.txt 的内容

12.3.3　修改文件内容

使用 writelines()方法还可以修改文件的内容。例如定义一个文本文件 tm.txt，内容如下：

```
雨过横塘水满堤，
雨过横塘水满堤，
一番桃李花开尽，
惟有青青草色齐。
```

使用 writelines()方法修改文本内容：

```
fu=open(r'D:\file\tm.txt')          #打开文件
lines=fu.readlines()
```

```
fu.close()
lines[1]= '乱山高下路东西。\n '
fu=open(r'D:\file\tm.txt','w')     #打开文件
fu.writelines(lines)
fu.close()
```

修改完成后，查看 tm.txt 的内容，输出结果如图 12-2 所示。

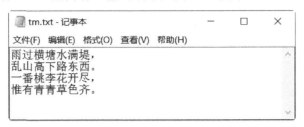

图 12-2 tm.txt 的内容

12.3.4 附加到文件

用户可以将一个文件的内容全部附加到另外一个文件中。例如创建一个文本文件 tk.txt，内容如下：

双飞燕子几时回？夹岸桃花蘸水开。

创建一个文本文件 to.txt，内容如下：

春雨断桥人不渡，小舟撑出柳阴来。

这里将 to 的内容附加到 tk 文件内容的结尾处。首先将 to 的内容赋值给变量 content，命令如下：

```
file = open(r"D:\file\to.txt","r" )
content = file.read()
file.close()
```

然后以追加模式打开 tk.txt 文件，将变量 content 的内容添加到 tk.txt 文件内容的结尾处。命令如下：

```
fileadd = open( r"D:\file\tk.txt","a" )
fileadd.write(content)
fileadd.close()
```

> **注　意**
>
> 　　如果打开 tk.txt 时不是以附加的模式，而是以写模式（w），就会发现 tk.txt 文件的原始内容被覆盖了。

查看 tk.txt 文件的内容：

```
fileadd = open( r"D:\file\tk.txt","r" )
fileadd.read()
fileadd.close()
```

输出结果如下所示。从结果可以看出，to.txt 文件的内容已经附加到 tk.txt 文件中。

双飞燕子几时回？夹岸桃花蘸水开。春雨断桥人不渡，小舟撑出柳阴来。

12.4　关闭和刷新文件

本节重点学习关闭和刷新文件的操作方法和技巧。

12.4.1　关闭文件

close()方法用于关闭一个已打开的文件。关闭后的文件不能再进行读写操作，否则会触发 ValueError 错误。close()方法允许调用多次。使用 close()方法关闭文件是一个好习惯。close() 方法语法规则如下：

```
fileObject.close()
```

例如：

```
fu=open(r'D:\file\tte.txt','r+')        #打开文件
print ("文件名为: ", fu.name)            #输出文件的名称
文件名为:  D:\file\tte.txt
fu.close()                              # 关闭文件
```

> **提　示**
>
> 当 file 对象被引用到操作另外一个文件时，Python 会自动关闭之前的 file 对象。

12.4.2　刷新文件

flush()方法是用来刷新缓冲区的，即将缓冲区中的数据立刻写入文件，同时清空缓冲区，不需要被动地等待输出缓冲区写入。一般情况下，文件关闭后会自动刷新缓冲区，但有时需要在关闭前刷新它，这时就可以使用 flush()方法。flush()方法的语法格式如下：

```
fileObject.flush()
```

例如：

```
fu = open(r'D:\file\tt.txt','r+')        #打开文件
print ("文件名为: ", fu.name)             #输出文件的名称
str = "好风胧月清明夜，碧砌红轩刺史家。\n 独绕回廊行复歌，遥听弦管暗看花。"
print(fu.write(str))                     #将字符串内容添加到文件中
fu.flush()                              #刷新缓冲区
```

```
fu.close()                                          #关闭文件
```

输出结果如下所示。

```
文件名为： D:\file\tt.txt
33
```

12.5　疑难解惑

疑问 1：如何重命名文件？

Python 的 os 模块提供了 rename 方法，可以重命名文件。rename 方法的语法格式如下：

```
os.rename(src, dst)
```

其中，os 是需要导入的模块；src 为当前文件名；dst 为新的文件名。若文件不在当前目录下，则文件名需要带上绝对路径。例如：

```
import os
os.rename("D:\\py\\demo.txt", "D:\\py\\newdemo.txt")
```

疑问 2：如何删除文件和文件夹？

Python 的 os 模块提供了 remove 方法，可以删除文件。remove 方法的语法格式如下：

```
os.remove(path)
```

path 为删除文件的路径。例如：

```
import os
os.remove("D:\demo.txt")
```

os 模块提供了 rmdir 方法，可以删除文件夹。rmdir 方法的语法格式如下：

```
os.rmdir(path)
```

path 为删除文件夹的路径。例如：

```
import os
os.rmdir("D:\ppth")
```

第 13 章　基于 tkinter 的 GUI 编程

内容导航!Navigation

Python 本身并没有包含操作图形模式（GUI）的模块，而是使用 tkinter 做图形化处理。tkinter 是 Python 的标准 GUI 库，应用非常广泛。本章将重点学习 tkinter 的使用方法及 tkinter 中控件的具体操作方法。通过对本章内容的学习，读者可以轻松地制作出符合要求的图形用户界面。

学习目标!Objective

- 熟悉常见的 Python GUI
- 掌握创建 GUI 的方法
- 熟悉 tkinter 的控件
- 掌握几何位置的设置方法
- 掌握 tkiner 事件的使用方法
- 掌握 tkiner 中各种控件的使用方法
- 掌握对话框的使用方法

13.1　常用的 Python GUI

图形用户界面（Graphical User Interface，GUI）又称图形用户接口，是指采用图形方式显示的计算机操作用户界面。Python 提供了多个图形界面的开发库，几个常用的 Python GUI 库介绍如下。

1. tkinter

tkinter 是 Python 的标准 GUI 接口，不仅可以运行在 Windows 系统中，还可以在大多数的 Linux/UNTX 平台下使用。由于 tkinter 库使用非常广泛，因此本节将重点讲述 tkinter 模块的使用方法和技巧。

2. wxPython

wxPython 是 Python 语言中一套优秀的 GUI 图形库，可使 Python 程序员很方便地创建完整的、功能键全的 GUI 用户界面。

wxPython 是使用 Python 语言编写的 GUI 工具程序，它是 wxWindows C++ 函数库的转换器。wxPython 可以跨平台。

3. Jython

Jython 程序可以与 Java 无缝集成。除了一些标准模块外，Jython 也使用 Java 的模块。Jython 拥有标准的 Python 中不依赖于 C 语言的全部模块，如 Jython 的用户界面使用 Swing、AWT 或 SWT。Jython 可以被动态或静态地编译成 Java 字节码。

13.2　使用 tkinter 创建 GUI 程序

tkinter 是 Python 的标准 GUI 库。Python 使用 tkinter 可以快速创建 GUI 应用程序。由于 tkinter 是内置到 python 安装包中的，因此只要安装好 Python 之后就能加载 tkinter 库。对于简单的图形界面，使用 tkinter 库可以轻松完成。

因为当安装好 Python 3.8 时，tkinter 也会随之安装好，所以用户要使用 tkinter 的功能，只需要加载 tkinter 模块即可。代码如下：

```
import tkinter
```

下面的示例使用 tkinter 库创建一个简单的图形用户界面。

【例 13.1】创建一个简单的图形用户界面（源代码\ch13\13.1.py）。

```
import tkinter
win = tkinter.Tk()
win.title(string = "古诗鉴赏")
b = tkinter.Label(win, text="火树银花合，星桥铁锁开。暗尘随马去，明月逐人来。")
b.pack()
win.mainloop()
```

示例代码分析如下：

（1）第 1 行：加载 tkinter 模块。

（2）第 2 行：使用 tkinter 模块的 Tk()方法创建一个主窗口。win 是此窗口的句柄。如果用户调用多次 Tk()方法，就可以创建多个主窗口。

（3）第 3 行：使用用户界面的标题为"古诗鉴赏"。

（4）第 4 行：使用 tkinter 模块的 Label()方法，在窗口内创建一个标签控件。其中，参数 win 是该窗口的句柄；参数 text 是标签控件的文字，Label()方法返回此标签控件的句柄。注意，tkinter 也支持 Unicode 字符串。

（5）第 5 行：调用标签控件的 pack()方法设置窗口的位置、大小等选项。后面章节将会详细讲述 pack()方法的使用。

（6）第 6 行：开始窗口的事件循环。

保存并运行程序，结果如图 13-1 所示。

图 13-1　程序运行结果

如果想要关闭此窗口，那么只要单击窗口右上方的 ☒（关闭）按钮即可。

如果想让 GUI 应用程序能够在 Windows 下单独执行，就必须将程序代码存储为.pyw 文件。这样就可以使用 pythonw.exe 来执行 GUI 应用程序，而不必打开 Python 解释器。如果将程序代码存储为.py 文件，就必须使用 python.exe 执行 GUI 应用程序，如此会打开一个 MS-DOS 窗口。

【例 13.2】包含关闭按钮的图形界面（源代码\ch13\13.2.pyw）。

```
from tkinter import *
win = Tk()
win.title(string = "古诗鉴赏")
Label(win, text="山气日夕佳，飞鸟相与还。此中有真意，欲辨已忘言。").pack()
Button(win, text="关闭", command=win.quit).pack(side="bottom")
win.mainloop()
```

示例代码分析如下：

（1）第 1 行：加载 tkinter 模块的所有属性，如此可以直接使用 tkinter 模块的属性名称。

（2）第 2 行：使用 tkinter 模块的 Tk()方法创建一个主窗口。win 是此窗口的句柄。

（3）第 3 行：使用用户界面的标题为"古诗鉴赏"。

（4）第 4 行：使用 tkinter 模块的 Label()方法，在窗口内创建一个 Label 控件。其中，参数 win 是该窗口的句柄；参数 text 是 Label 控件的文字，并调用 Label 控件的 pack()方法设置 Label 控件的位置在窗口的顶端（默认值）。

（5）第 5 行：使用 tkinter 模块的 Button()方法，在窗口内创建一个 Button 控件。其中，参数 win 是该窗口的句柄；参数 text 是 Button 控件的文字；参数 command 是单击该按钮后结束窗口，并调用 Button 控件的 pack()方法设置 Button 控件的位置在窗口的底端。

（6）第 6 行：开始窗口的事件循环。

保存 13.2.pyw 文件后，直接双击运行该文件，结果如图 13-2 所示。

图 13-2　程序运行结果

单击"关闭"按钮，即可将该用户界面窗口关闭。

13.3　认识 tkinter 的控件

tkinter 包含 15 个 tkinter 控件，如表 13-1 所示。

表13-1　tkinter的控件

控件名称	说明
Button	按钮控件，在程序中显示按钮
Canvas	画布控件，用来画图形，如线条及多边形等
Checkbutton	多选框控件，用于在程序中提供多项选择框
Entry	输入控件，定义一个简单的文字输入字段
Frame	框架控件，定义一个窗体，以作为其他控件的容器
Label	标签控件，定义一个文字或图片标签
Listbox	列表框控件，定义一个下拉方块
Menu	菜单控件，定义一个菜单栏、下拉菜单和弹出菜单
Menubutton	菜单按钮控件，用于显示菜单项
Message	消息控件，定义一个对话框
Radiobutton	单选按钮控件，定义一个单选按钮
Scale	范围控件，定义一个滑动条，以帮助用户设置数值
Scrollbar	滚动条控件，定义一个滚动条
Text	文本控件，定义一个文本框
Toplevel	此控件与 Frame 控件类似，可以作为其他控件的容器。但是此控件有自己的最上层窗口，可以提供窗口管理接口

1. 颜色名称常数

如果用户是在 Windows 操作系统内使用 tkinter，就可以使用表 13-2 所定义的颜色名称常数。

表13-2　Windows操作系统的颜色名称常数

SystemActiveBorder	SystemActiveCaption	SystemAppWorkspace
SystemBackground	SystemButtonFace	SystemButtonHighlight
SystemButtonShadow	SystemButtonText	SystemCaptionText
SystemDisabledText	SystemHighlight	SystemHighlightText
SystemInavtiveBorder	SystemInavtiveCaption	SystemInactiveCaptionText
SystemMenu	SystemMenuText	SystemScrollbar
SystemWindow	SystemWindowFrame	SystemWindowText

2. 大小的测量单位

一般在测量 tkinter 控件内的大小时，是以像素为单位。

下面定义 Button 控件的文字与边框之间的水平距离为 20 像素：

```
from tkinter import *
```

```
win = Tk()
Button(win, padx=20, text="关闭", command=win.quit).pack()
win.mainloop()
```

也可以使用其他测量单位,如 cm(厘米)、mm(毫米)、i(英寸)、p(点,1p = 1 / 72 英寸)。

【例 13.3】包含关闭按钮的图形界面(源代码\ch13\13.3.pyw)。

```
from tkinter import *
win = Tk()
Button(win, padx=20, text="关闭", command=win.quit).pack()
Button(win, padx="2c", text="关闭", command=win.quit).pack()
Button(win, padx="8m", text="关闭", command=win.quit).pack()
Button(win, padx="2i", text="关闭", command=win.quit).pack()
Button(win, padx="20p", text="关闭", command=win.quit).pack()
win.mainloop()
```

保存 13.3.pyw 文件后,直接双击运行该文件,结果如图 13-3 所示。

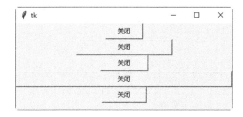

图 13-3 程序运行结果

3. 共同属性

每一个 tkinter 控件都有以下面共同的属性:

(1)anchor:定义控件在窗口内的位置或文字信息在控件内的位置。可以是 N、NE、E、SE、S、SW、W、NW 或 CENTER。

(2)background(bg):定义控件的背景颜色,颜色值可以是表 13-2 中的名称,也可以是"#rrggbb"形式的数字。用户可以使用 background 或 bg。

下面的示例定义一个背景颜色为绿色的文字标签,以及一个背景颜色为 SystemHightlight 的文字标签。

【例 13.4】设置控件背景颜色(源代码\ch13\13.4.pyw)。

```
from tkinter import *
win = Tk()
win.title(string = "古诗鉴赏")
Label(win, background="#00ff00", text="两个黄鹂鸣翠柳,一行白鹭上青天。").pack()
Label(win, background="SystemHighlight", text="窗含西岭千秋雪,门泊东吴万里船。
```

```
").pack()
    win.mainloop()
```

保存 13.4.pyw 文件后，直接双击运行该文件，结果如图 13-4 所示。

图 13-4　程序运行结果

（3）bitmap：定义显示在控件内的 bitmap 图片文件。

（4）borderwidth：定义控件的边框宽度，单位是像素。

下面的示例定义一边框宽度为 13 个像素的按钮。

【例 13.5】设置控件边框（源代码\ch13\13.5.pyw）。

```
from tkinter import *
win = Tk()
Button(win, relief=RIDGE, borderwidth=13, text="关闭", command=win.quit).
pack()
    win.mainloop()
```

保存 13.5.pyw 文件后，直接双击运行该文件，结果如图 13-5 所示。

图 13-5　程序运行结果

（5）command：当控件有特定的动作发生时，如单击按钮，此属性定义动作发生时所调用的 Python 函数。

下面的示例定义在单击按钮时，调用窗口的 quit()函数来结束程序：

```
from tkinter import *
win =Tk()
win.title(string = "结束程序")
Button(win, text="关闭", command=win.quit).pack()
    win.mainloop()
```

（6）cursor：定义当鼠标指针移到控件上时，鼠标指针的类型。可使用的鼠标指针类型有 crosshair、watch、xterm、fleur 及 arrow。

下面的示例定义鼠标指针的类型为一个十字。

【例 13.6】设置鼠标指针的类型（源代码\ch13\13.6.pyw）。

```
from tkinter import *
win = Tk()
Button(win, cursor="crosshair", text="关闭", command=win.quit).pack()
win.mainloop()
```

保存 13.6.pyw 文件后，直接双击运行该文件，结果如图 13-6 所示。

图 13-6　程序运行结果

（7）font：如果控件支持标题文字，就可以使用此属性来定义标题文字的字体格式。此属性是一个元组格式（字体，大小，字体样式），字体样式可以是 bold、italic、underline 及 overstrike。用户可以同时设置多个字体样式，中间以空白隔开。

下面的示例定义三个文字标签的字体。

【例 13.7】设置文本标签的字体（源代码\ch13\13.7.pyw）。

```
from tkinter import *
win=Tk()
Label(win, font=("Times", 8, "bold"), text="关山三五月，客子忆秦川。").pack()
Label(win, font=("Symbol", 16, "bold overstrike"), text="思妇高楼上，当窗应未眠。
"). pack()
Label(win, font=("细明体", 24, "bold italic underline"), text="星旗映疏勒，云阵
上祁连。"). pack()
win.mainloop()
```

保存 13.7.pyw 文件后，直接双击运行该文件，结果如图 13-7 所示。

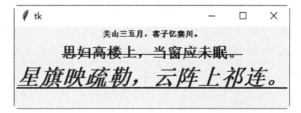

图 13-7　程序运行结果

（8）foreground(fg)：定义控件的前景（文字）颜色，颜色值可以是表 13-2 中的名称，也可以是"#rrggbb"形式的数字。可以使用 foreground 或 fg。

下面的示例定义一个文字颜色为红色的按钮，以及一个文字颜色为绿色的文字标签。

【例 13.8】设置文本的颜色（源代码\ch13\13.8.pyw）。

```
from tkinter import *
win = Tk()
Button(win, foreground="#ff0000", text="关闭", command=win.quit).pack()
Label(win, foreground="SystemHighlightText", text="海上生明月，天涯共此时。情人
怨遥夜，竟夕起相思。").pack()
win.mainloop()
```

保存 13.8.pyw 文件后，直接双击运行该文件，结果如图 13-8 所示。

图 13-8 程序运行结果

（9）height：如果是 Button、Label 或 Text 控件，此属性定义以字符数目为单位的高度。其他的控件则是定义以像素 pixel 为单位的高度。

下面的示例定义一个字符高度为 5 的按钮。

```
from tkinter import *
win = Tk()
Button(win, height=5, text="关闭", command=win.quit).pack()
win.mainloop()
```

（10）highlightbackground：定义控件在没有键盘焦点时，画 hightlight 区域的颜色。

（11）highlightcolor：定义控件在有键盘焦点时，画 hightlight 区域的颜色。

（12）highlightthickness：定义 hightlight 区域的宽度，以像素为单位。

（13）image：定义显示在控件内的图片文件。可参考 8.4 节 Button 控件的 image()方法。

（14）justify：定义多行文字标题的排列方式，此属性可以是 LEFT、CENTER 或 RIGHT。

（15）padx,pady：定义控件内的文字或图片与控件边框之间的水平和垂直距离。下面的示例定义按钮内文字与边框之间的水平距离为 20 像素，垂直距离为 40 像素。

```
from tkinter import *
win = Tk()
Button(win, padx=20, pady=40, text="关闭", command=win.quit).pack()
win.mainloop()
```

（16）relief：定义控件的边框形式。所有的控件都有边框，不过有些控件的边框默认是不可见的。如果是 3D 形式的边框，那么此属性可以是 SUNKEN、RIDGE、RAISED 或 GROOVE；如果是 2D 形式的边框，那么此属性可以是 FLAT 或 SOLID。

下面的示例定义一个平面的按钮。

```
from tkinter import *
win = Tk()
Button(win, relief=FLAT, text="关闭", command=win.quit).pack()
win.mainloop()
```

（17）text：定义控件的标题文字。

（18）variable：将控件的数值映像到一个变量。当控件的数值改变时，此变量也会跟着改变。同样地，当变量改变时，控件的数值也会跟着改变。此变量是 StringVar 类、IntVar 类、DoubleVar 类及 BooleanVar 的实例变量，这些实例变量可以分别使用 get() 与 set() 方法读取与设置变量。

（19）width：如果是 Button、Label 或 Text 控件，此属性定义以字符数目为单位的宽度。其他控件则是定义以像素 pixel 为单位的宽度。

下面的示例定义一个字符宽度为 16 的按钮。

```
from tkinter import *
win = Tk()
Button(win, width=16, text="关闭", command=win.quit).pack()
win.mainloop()
```

13.4　几何位置的设置

所有 tkinter 控件都可以使用以下方法设置控件在窗口内的几何位置。

（1）pack()：将控件放置在父控件内之前，规划此控件在区块内的位置。

（2）grid()：将控件放置在父控件内之前，规划此控件为一个表格类型的架构。

（3）place()：将控件放置在父控件内的特定位置。

13.4.1　pack()方法

pack() 方法依照其内的属性设置，将控件放置在 Frame 控件（窗体）或窗口内。当用户创建一个 Frame 控件后，就可以开始将控件放入。Frame 控件内存储控件的位置叫作 parcel。

如果用户想要将一组控件依照顺序放入，就必须将这些控件的 anchor 属性设成相同的。如果没有设置任何选项，这些控件就会从上而下排列。

pack() 方法有以下选项：

（1）expand：此选项让控件使用所有剩下的空间。如此当窗口改变大小时，才能让控件使用多余的空间。如果 expand 等于 1，当窗口改变大小时，窗体就会占满整个窗口剩余的空间；如果 expand 等于 0，当窗口改变大小时，窗体就维持不变。

（2）fill：此选项决定控件如何填满 parcel 的空间，可以是 X、Y、BOTH 或 NONE，此选项必须在 expand 等于 1 才有作用。当 fill 等于 X 时，窗体会占满整个窗口 X 方向剩余的空间；当 fill 等于 Y 时，窗体会占满整个窗口 Y 方向剩余的空间；当 fill 等于 BOTH 时，窗体会占满整个窗口剩余的空间；当 fill 等于 NONE 时，窗体维持不变。

（3）ipadx,ipady：此选项与 fill 选项共同使用，以定义窗体内的控件与窗体边界之间的距离。此选项的单位是像素，也可以是其他测量单位，如厘米、英寸等。

（4）padx,pady：此选项定义控件之间的距离，单位是像素，也可以是其他测量单位，如厘米、英寸等。

（5）side：此选项定义控件放置的位置，可以是 TOP（靠上对齐）、BOTTOM（靠下对齐）、LEFT（靠左对齐）或 RIGHT（靠右对齐）。

下面的示例是在窗口内创建 4 个窗体，在每一个窗体内创建三个按钮。使用了不同的参数创建这些窗体与按钮。

【例 13.9】使用 pack()方法（源代码\ch13\13.9.pyw）。

```
1. from tkinter import *
2. #主窗口
3. win = Tk()
4.
5. #第一个窗体
6. frame1 = Frame(win, relief=RAISED, borderwidth=2)
7. frame1.pack(side=TOP, fill=BOTH, ipadx=13, ipady=13, expand=0)
8. Button(frame1, text="Button 1").pack(side=LEFT, padx=13, pady=13)
9. Button(frame1, text="Button 2").pack(side=LEFT, padx=13, pady=13)
10. Button(frame1, text="Button 3").pack(side=LEFT, padx=13, pady=13)
11.
12. #第二个窗体
13. frame2 = Frame(win, relief=RAISED, borderwidth=2)
14. frame2.pack(side=BOTTOM, fill=NONE, ipadx="1c", ipady="1c", expand=1)
15. Button(frame2, text="Button 4").pack(side=RIGHT, padx="1c", pady="1c")
16. Button(frame2, text="Button 5").pack(side=RIGHT, padx="1c", pady="1c")
17. Button(frame2, text="Button 6").pack(side=RIGHT, padx="1c", pady="1c")
18.
19. #第三个窗体
20. frame3 = Frame(win, relief=RAISED, borderwidth=2)
21. frame3.pack(side=LEFT, fill=X, ipadx="0.1i", ipady="0.1i", expand=1)
22. Button(frame3, text="Button 7").pack(side=TOP, padx="0.1i", pady="0.1i")
23. Button(frame3, text="Button 8").pack(side=TOP, padx="0.1i", pady="0.1i")
24. Button(frame3, text="Button 9").pack(side=TOP, padx="0.1i", pady="0.1i")
25.
26. #第四个窗体
27. frame4 = Frame(win, relief=RAISED, borderwidth=2)
```

```
28. frame4.pack(side=RIGHT, fill=Y, ipadx="13p", ipady="13p", expand=1)
29. Button(frame4, text="Button 13").pack(side=BOTTOM, padx="13p",
pady="13p")
30. Button(frame4, text="Button 11").pack(side=BOTTOM, padx="13p",
pady="13p")
31. Button(frame4, text="Button 12").pack(side=BOTTOM, padx="13p",
pady="13p")
32.
33. #开始窗口的事件循环
34. win.mainloop()
```

保存 13.9.pyw 文件后，直接双击运行该文件，结果如图 13-9 所示。

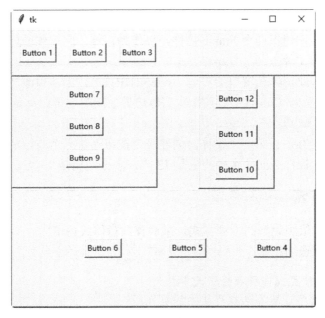

图 13-9 程序运行结果

示例代码分析如下：

（1）第 6 行：创建第一个 Frame 控件，以作为窗体。此窗体的外形突起，边框厚度为 2 像素。

（2）第 7 行：此窗体在窗口的顶端（side=TOP），当窗口改变大小时，窗体本应会占满整个窗口的剩余空间（fill=BOTH)，但因设置 expand=0，所以窗体维持不变。控件与窗体边界之间的水平距离是 13 像素，垂直距离是 13 像素。

（3）第 8~13 行：在第一个窗体内创建三个按钮。这三个按钮从窗体的左边开始排列（side=LEFT），控件之间的水平距离是 13 像素，垂直距离是 13 像素。

（4）第 13 行：创建第二个 Frame 控件，以作为窗体。此窗体的外形突起，边框厚度为 2 像素。

（5）第 14 行：此窗体在窗口的底端（side=BOTTOM），当窗口改变大小时，窗体不会占满整个窗口的剩余空间（fill=NONE）。控件与窗体边界之间的水平距离是 1 厘米，垂直距离是 1 厘米。

（6）第 15~17 行：在第一个窗体内创建三个按钮。这三个按钮从窗体的右边开始排列（side=RIGHT），控件之间的水平距离是 1 厘米，垂直距离是 1 厘米。

（7）第 20 行：创建第三个 Frame 控件，以作为窗体。此窗体的外形突起，边框厚度为 2 像素。

（8）第 21 行：此窗体在窗口的左边（side=LEFT），当窗口改变大小时，窗体会占满整个窗口的剩余水平空间（fill=X）。控件与窗体边界之间的水平距离是 0.1 英寸，垂直距离是 0.1 英寸。

（9）第 22~24 行：在第一个窗体内创建三个按钮。这三个按钮从窗体的顶端开始排列（side=TOP），控件之间的水平距离是 0.1 英寸，垂直距离是 0.1 英寸。

（10）第 27 行：创建第四个 Frame 控件，以作为窗体。此窗体的外形突起，边框厚度为 2 像素。

（11）第 28 行：此窗体在窗口的右边（side=RIGHT），当窗口改变大小时，窗体会占满整个窗口的剩余垂直空间（fill=Y）。控件与窗体边界之间的水平距离是 13 点（1 点等于 1/72 英寸），垂直距离是 13 点。

（12）第 29~31 行：在第一个窗体内创建三个按钮。这三个按钮从窗体的底端开始排列（side=BOTTOM），控件之间的水平距离是 13 点，垂直距离是 13 点。

13.4.2　grid()方法

grid()方法将控件依照表格的行列方式，来放置在窗体或窗口内。

grid()方法有以下选项：

- row：此选项设置控件在表格中的第几列。
- column：此选项设置控件在表格中的第几栏。
- columnspan：此选项设置控件在表格中合并栏的数目。
- rowspan：此选项设置控件在表格中合并列的数目。

下面的示例使用 grid()方法创建一个 5×5 的按钮数组。

【例 13.10】使用 grid()方法（源代码\ch13\13.10.pyw）。

```
1. from tkinter import *
2. #主窗口
3. win = Tk()
4.
5. #创建窗体
6. frame = Frame(win, relief=RAISED, borderwidth=2)
7. frame.pack(side=TOP, fill=BOTH, ipadx=5, ipady=5, expand=1)
8.
```

```
9.  #创建按钮数组
10. for i in range(5):
11.   for j in range(5):
12.     Button(frame, text="(" + str(i) + "," + str(j)+ ")").grid(row=i,
column=j)
13.
14. #开始窗口的事件循环
15. win.mainloop()
```

保存 13.13.pyw 文件后，直接双击运行该文件，结果如图 13-10 所示。

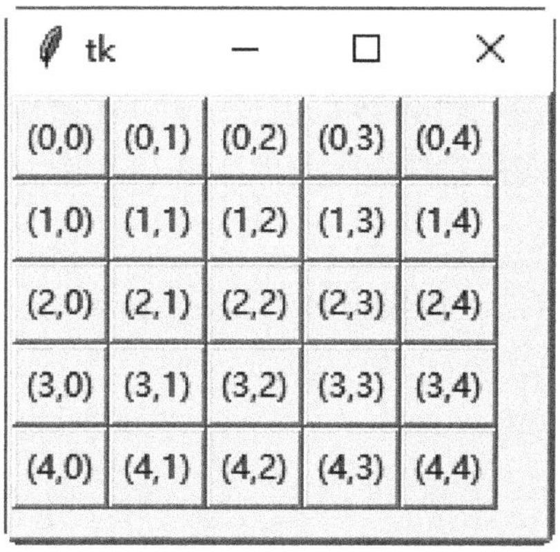

图 13-10　程序运行结果

示例代码分析如下：

（1）第 6 行：创建一个 Frame 控件，以作为窗体。此窗体的外形突起，边框厚度为 2 像素。

（2）第 7 行：此窗体在窗口的顶端（side=TOP），当窗口改变大小时，窗体会占满整个窗口的剩余空间（fill=BOTH）。控件与窗体边界之间的水平距离是 5 像素，垂直距离是 5 像素。

（3）第 10~12 行：创建一个按钮数组，按钮上的文字是(row, column)。str(i)是将数字类型的变量 i 转换为字符串类型。str(j)是将数字类型的变量 j 转换为字符串类型。

13.4.3　place()方法

place()方法设置控件在窗体或窗口内的绝对地址或相对地址。

place()方法有以下选项：

（1）anchor：此选项定义控件在窗体或窗口内的方位，可以是 N、NE、E、SE、S、SW、W、NW 或 CENTER。默认值是 NW，表示在左上角方位。

（2）bordermode：此选项定义控件的坐标是否要考虑边界的宽度。此选项可以是 OUTSIDE 或 INSIDE，默认值是 INSIDE。

（3）height：此选项定义控件的高度，单位是像素。

（4）width：此选项定义控件的宽度，单位是像素。

（5）in(in_)：此选项定义控件相对于参考控件的位置。若使用在键值，则必须使用 in_。

（6）relheight：此选项定义控件相对于参考控件（使用 in_选项）的高度。

（7）relwidth：此选项定义控件相对于参考控件（使用 in_选项）的宽度。

（8）relx：此选项定义控件相对于参考控件（使用 in_选项）的水平位移。若没有设置 in_选项，则是相对于父控件。

（9）rely：此选项定义控件相对于参考控件（使用 in_选项）的垂直位移。若没有设置 in_选项，则是相对于父控件。

（10）x：此选项定义控件的绝对水平位置，默认值是 0。

（11）y：此选项定义控件的绝对垂直位置，默认值是 0。

下面的示例使用 place()方法创建两个按钮。第一个按钮的位置在距离窗体左上角的(40, 40)坐标处，第二个按钮的位置在距离窗体左上角的(140, 80)坐标处。按钮的宽度均为 80 像素，高度均为 40 像素。

【例 13.11】使用 place()方法（源代码\ch13\13.11.pyw）。

```
1. from tkinter import *
2. #主窗口
3. win = Tk()
4.
5. #创建窗体
6. frame = Frame(win, relief=RAISED, borderwidth=2, width=400, height=300)
7. frame.pack(side=TOP, fill=BOTH, ipadx=5, ipady=5, expand=1)
8.
9. #第一个按钮的位置在距离窗体左上角的(40, 40)坐标处
10. button1 = Button(frame, text="Button 1")
11. button1.place(x=40, y=40, anchor=W, width=80, height=40)
12.
13. #第二个按钮的位置在距离窗体左上角的(140, 80)坐标处
14. button2 = Button(frame, text="Button 2")
15. button2.place(x=140, y=80, anchor=W, width=80, height=40)
16.
17. #开始窗口的事件循环
18. win.mainloop()
```

保存 13.11.pyw 文件后，直接双击运行该文件，结果如图 13-11 所示。

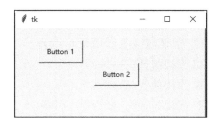

图 13-11　程序运行结果

示例代码分析如下：

（1）第 6 行：创建一个 Frame 控件，以作为窗体。此窗体的外形突起，边框厚度为 2 像素。窗体的宽度是 400 像素，高度是 300 像素。

（2）第 7 行：此窗体在窗口的顶端（side=TOP），当窗口改变大小时，窗体会占满整个窗口的剩余空间（fill=BOTH）。widget 与窗体边界之间的水平距离是 5 像素，垂直距离是 5 像素。

（3）第 10~11 行：创建第一个按钮。位置在距离窗体左上角的(40, 40)坐标处，宽度是 80 像素，高度是 40 像素。

（4）第 14~15 行：创建第二个按钮。位置在距离窗体左上角的(140, 80)坐标处，宽度是 80 像素，高度是 40 像素。

13.5　tkinter 的事件

有时候在使用 tkinter 创建图形模式应用程序过程中需要处理一些事件，如键盘、鼠标等动作。只要设置好事件处理例程（此函数称为 callback），就可以在控件内处理这些事件。使用的语法如下：

```
def function(event):

widget.bind("<event>", function)
```

参数的含义如下：

（1）widget 是 tkinter 控件的实例变量。

（2）<event>是事件的名称。

（3）function 是事件处理例程。tkinter 会传给事件处理例程一个 event 变量，此变量内包含事件发生时的 x、y 坐标（鼠标事件）及 ASCII 码（键盘事件）等。

13.5.1　事件的属性

当某个事件发生时，tkinter 会传给事件处理例程一个 event 变量，此变量包含以下属性：

（1）char：键盘的字符码，如"a"键的 char 属性等于"a"，F1 键的 char 属性无法显示。

（2）keycode：键盘的 ASCII 码，如"a"键的 keycode 属性等于 65。

（3）keysym：键盘的符号，如"a"键的 keysym 属性等于"a"，F1 键的 keysym 属性等于"F1"。

（4）height,width：控件的新高度与宽度，单位是像素。

（5）num：事件发生时的鼠标按键码。

（6）widget：事件发生所在的控件实例变量。

（7）x,y：目前的鼠标光标位置。

（8）x_root,y_root：相对于屏幕左上角的目前鼠标光标位置。

（9）type：显示事件的种类。

13.5.2　事件绑定方法

用户可以使用下面 tkinter 控件的方法，将控件与事件绑定起来。

（1）after(milliseconds [, callback [, arguments]])：在 milliseconds 事件后，调用 callback 函数，arguments 是 callback 函数的参数。此方法返回一个 identifier 值，可以应用在 after_cancel() 方法。

（2）after_cancel(identifier)：取消 callback 函数，identifier 是 after() 函数的返回值。

（3）after_idle(callback, arguments)：当系统在 idle 状态（无事可做）时，调用 callback 函数。

（4）bindtags()：返回控件所使用的绑定搜索顺序。返回值是一个元组，包含搜索绑定所用的命名空间。

（5）bind(event, callback)：设置 event 事件的处理函数 callback。可以使用 bind(event, callback, "+")格式设置多个 callback 函数。

（6）bind_all(event, callback)：设置 event 事件的处理函数 callback。可以使用 bind_all(event, callback, "+")格式设置多个 callback 函数。此方法可以设置公用的快捷键。

（7）bind_class(widgetclass, event, callback)：设置 event 事件的处理函数 callback，此 callback 函数由 widgetcalss 类而来。可以使用 bind_class(widgetclass, event, callback, "+")格式设置多个 callback 函数。

（8）<Configure>：此实例变量可以用于指示当控件的大小改变，或者移到新的位置。

（9）unbind(event)：删除 event 事件与 callback 函数的绑定。

（10）unbind_all(event)：删除应用程序附属的 event 事件与 callback 函数的绑定。

（11）unbind_class(event)：删除 event 事件与 callback 函数的绑定。此 callback 函数由 widgetcalss 类而来。

13.5.3　鼠标事件

当处理鼠标事件时，1 代表鼠标左键，2 代表鼠标中间键，3 代表鼠标右键。下面是鼠标事件：

（1）<Enter>：此事件在鼠标指针进入控件时发生。

（2）<Leave>：此事件在鼠标指针离开控件时发生。

（3）<Button-1>、<ButtonPress-1>或<1>：此事件在控件上单击鼠标左键时发生。同理，

<Button-2>是在控件上单击鼠标中间键时发生，<Button-3>是在控件上单击鼠标右键时发生。

（4）<B1-Motion>：此事件在单击鼠标左键，移动控件时发生。

（5）<ButtonRelease-1>：此事件在释放鼠标左键时发生。

（6）<Double-Button-1>：此事件在双击鼠标左键时发生。

在窗口内创建一个窗体，在窗体内创建三个文字标签。在窗体内处理所有的鼠标事件，将事件的种类写入第一个文字标签内，将事件发生时的 x 坐标写入第二个文字标签内，将事件发生时的 y 坐标写入第三个文字标签内。

【例 13.12】使用 tkinter 事件（源代码\ch13\13.12.pyw）。

```
from tkinter import *

#处理鼠标光标进入窗体时的事件
def handleEnterEvent(event):
    label1["text"] = "You enter the frame"
    label2["text"] = ""
    label3["text"] = ""

#处理鼠标光标离开窗体时的事件
def handleLeaveEvent(event):
    label1["text"] = "You leave the frame"
    label2["text"] = ""
    label3["text"] = ""

#处理在窗体内单击鼠标左键的事件
def handleLeftButtonPressEvent(event):
    label1["text"] = "You press the left button"
    label2["text"] = "x = " + str(event.x)
    label3["text"] = "y = " + str(event.y)

#处理在窗体内单击鼠标中间键的事件
def handleMiddleButtonPressEvent(event):
    label1["text"] = "You press the middle button"
    label2["text"] = "x = " + str(event.x)
    label3["text"] = "y = " + str(event.y)

#处理在窗体内单击鼠标右键的事件
def handleRightButtonPressEvent(event):
    label1["text"] = "You press the right button"
    label2["text"] = "x = " + str(event.x)
    label3["text"] = "y = " + str(event.y)

#处理在窗体内单击鼠标左键,然后移动鼠标光标的事件
def handleLeftButtonMoveEvent(event):
    label1["text"] = "You are moving mouse with the left button pressed"
    label2["text"] = "x = " + str(event.x)
    label3["text"] = "y = " + str(event.y)
```

```
#处理在窗体内放开鼠标左键的事件
def handleLeftButtonReleaseEvent(event):
    label1["text"] = "You release the left button"
    label2["text"] = "x = " + str(event.x)
    label3["text"] = "y = " + str(event.y)

#处理在窗体内双击鼠标左键的事件
def handleLeftButtonDoubleClickEvent(event):
    label1["text"] = "You are double clicking the left button"
    label2["text"] = "x = " + str(event.x)
    label3["text"] = "y = " + str(event.y)

#创建主窗口
win = Tk()

#创建窗体
frame = Frame(win, relief=RAISED, borderwidth=2, width=300, height=200)

frame.bind("<Enter>", handleEnterEvent)
frame.bind("<Leave>", handleLeaveEvent)
frame.bind("<Button-1>", handleLeftButtonPressEvent)
frame.bind("<ButtonPress-2>", handleMiddleButtonPressEvent)
frame.bind("<3>", handleRightButtonPressEvent)
frame.bind("<B1-Motion>", handleLeftButtonMoveEvent)
frame.bind("<ButtonRelease-1>", handleLeftButtonReleaseEvent)
frame.bind("<Double-Button-1>", handleLeftButtonDoubleClickEvent)

#文字标签,显示鼠标事件的种类
label1 = Label(frame, text="No event happened", foreground="#0000ff", \
  background="#00ff00")
label1.place(x=16, y=20)

#文字标签,显示鼠标事件发生时的 x 坐标
label2 = Label(frame, text="x = ", foreground="#0000ff", background= "#00ff00")
label2.place(x=16, y=40)

#文字标签,显示鼠标事件发生时的 y 坐标
label3 = Label(frame, text="y = ", foreground="#0000ff", background= "#00ff00")
label3.place(x=16, y=60)

#设置窗体的位置
frame.pack(side=TOP)

#开始窗口的事件循环
win.mainloop()
```

保存 13.12.pyw 文件后，直接双击运行该文件，结果如图 13-12 所示。

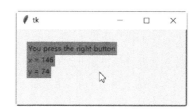

图 13-12　程序运行结果

13.5.4　键盘事件

可以处理所有的键盘事件，包括 Ctrl、Alt、F1、Home 等特殊键。

下面是键盘事件：

（1）<Key>：此事件在按下 ASCII 码为 48~90 时发生，即数字键、字母键及+、~等符号。

（2）<Control-Up>：此事件在按下 Ctrl+Up 组合键时发生。同理，可以使用类似的名称在 Alt、Shift 键加上 Up、Down、Left 和 Right 键。

（3）其他按键，使用其按键名称。包括<Return>、 <Escape>、<F1>、<F2>、<F3>、<F4>、<F5>、<F6>、<F7>、<F8>、<F9>、<F13>、<F11>、<F12>、<Num_Lock>、<Scroll_Lock>、<Caps_Lock>、<Print>、<Insert>、<Delete>、<Pause>、<Prior>（Page Up）、<Next>（Page Down）、<BackSpace>、<Tab>、<Cancel>（Break）、<Control_L>（任何的 Ctrl 键）、<Alt_L>（任何的 Alt 键）、<Shift_L>（任何的 Shift 键）、<End>、<Home>、<Up>、<Down>、<Left>、<Right>。

下面的示例是在窗口内创建一个窗体，在窗体内创建一个文字标签。在主窗口内处理所有的键盘事件，当有按键时，将键盘的符号与 ASCII 码写入文字标签内。

【例 13.13】使用 tkinter 事件（源代码\ch13\13.13.pyw）。

```
from tkinter import *

#处理在窗体内按下键盘按键(非功能键)的事件
def handleKeyEvent(event):
    label1["text"] = "You press the " + event.keysym + " key\n"
    label1["text"] += "keycode = " + str(event.keycode)


#创建主窗口
win = Tk()

#创建窗体
frame = Frame(win, relief=RAISED, borderwidth=2, width=300, height=200)

#将主窗口与键盘事件连接
eventType = ["Key", "Control-Up", "Return", "Escape", "F1", "F2", "F3", "F4", "F5",
    "F6", "F7", "F8", "F9", "F13", "F11", "F12", "Num_Lock", "Scroll_Lock",
```

```
    "Caps_Lock", "Print", "Insert", "Delete", "Pause", "Prior", "Next",
"BackSpace",
    "Tab", "Cancel", "Control_L", "Alt_L", "Shift_L", "End", "Home", "Up",
"Down",
    "Left", "Right"]

    for type in eventType:
        win.bind("<" + type + ">", handleKeyEvent)

    #文字标签,显示键盘事件的种类
    label1 = Label(frame, text="No event happened", foreground="#0000ff", \
      background="#00ff00")
    label1.place(x=16, y=20)

    #设置窗体的位置
    frame.pack(side=TOP)

    #开始窗口的事件循环
    win.mainloop()
```

保存 13.13.pyw 文件后，直接双击运行该文件，结果如图 13-13 所示。

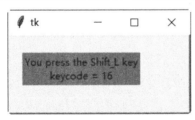

图 13-13   程序运行结果

13.5.5   系统协议

tkinter 提供拦截系统信息的机制，用户可以拦截这些系统信息，然后设置成自己的处理例程，这个机制称为协议处理例程（protocol handler）。

通常处理的协议如下：

● WM_DELETE_WINDOW：当系统要关闭该窗口时发生。
● WM_TAKE_FOCUS：当应用程序得到焦点时发生。
● WM_SAVE_YOURSELF：当应用程序需要存储内容时发生。

虽然这个机制是由 X system 成立的，但是，Tk 函数库可以在所有操作系统上处理这个机制。要将协议与处理例程连接，其语法如下：

```
widget.protocol(protocol, function_handler)
```

注　意
widget 必须是一个 Toplevel 控件。

下面的示例拦截系统信息 WM_DELETE_WINDOW。当用户使用窗口右上角的"关闭"按钮关闭打开的窗口时，应用程序会显示一个对话框来询问是否真的结束应用程序。

【例 13.14】使用系统协议（源代码\ch13\13.14.pyw）。

```python
from tkinter import *
import tkinter.messagebox

#处理 WM_DELETE_WINDOW 事件
def handleProtocol():
    #打开一个[确定/取消]对话框
    if tkinter.messagebox.askokcancel("提示", "你确定要关闭窗口吗？"):
        #确定要结束应用程序
        win.destroy()

#创建主窗口
win = Tk()

#创建协议
win.protocol("WM_DELETE_WINDOW", handleProtocol)

#开始窗口的事件循环
win.mainloop()
```

保存 13.14.pyw 文件后，直接双击运行该文件。单击窗口右上角的"关闭"按钮，提示对话框如图 13-14 所示。

图 13-14　程序运行结果

13.6　Button 控件

Button 控件用于创建按钮，按钮内可以显示文字或图片。

Button 控件的方法如下：

（1）flash()：将前景与背景颜色互换，以产生闪烁的效果。

（2）invoke()：执行 command 属性所定义的函数。

Button widget 的属性如下：

（1）activebackground：按钮在作用时的背景颜色。

（2）activeforeground：按钮在作用时的前景颜色。例如：

```
from tkinter import *
win = Tk()
Button(win, activeforeground="#ff0000", activebackground="#00ff00", \
  text="关闭", command=win.quit).pack()
win.mainloop()
```

（3）bitmap：显示在按钮上的位图，此属性只有在忽略 image 属性时才有用。此属性一般可设置为 gray12、gray25、gray50、gray75、hourglass、error、questhead、info、warning 或 question。也可以直接使用 XBM(X Bitmap)文件，在 XBM 文件名称前添加一个@符号，如 bitmap=@hello.xbm。例如：

```
from tkinter import *
win = Tk()
Button(win, bitmap="question", command=win.quit).pack()
win.mainloop()
```

（4）default：若设置此属性，则该按钮为默认按钮。

（5）disabledforeground：按钮在无作用时的前景颜色。

（6）image：显示在按钮上的图片，此属性的顺序在 text 与 bitmap 属性之前。

（7）state：定义按钮的状态，可以是 NORMAL、ACTIVE 或 DISABLED。

（8）takefocus：定义用户是否可以使用 Tab 键，以改变按钮的焦点。

（9）text：显示在按钮上的文字。如果定义了 bitmap 或 image 属性，text 属性就不会被使用。

（10）underline：一个整数偏移值，表示按钮上的文字哪一个字符要加下画线。第一个字符的偏移值是 0。

下面的示例是在按钮的第一个文字上添加下画线。

【例 13.15】在文字上添加下画线（源代码\ch13\13.15.pyw）。

```
from tkinter import *
win = Tk()
Button(win, text="公司主页面", underline=0, command=win.quit).pack()
win.mainloop()
```

保存 13.15.pyw 文件后，直接双击运行该文件，结果如图 13-15 所示。

图 13-15　程序运行结果

（11）wraplength：一个以屏幕单位（screen unit）为单位的距离值，用来决定按钮上的文字在哪里需要换成多行。默认值是不换行。

13.7　Canvas 控件

Canvas 控件用于创建与显示图形，如弧形、位图、图片、线条、椭圆形、多边形及矩形等。

Canvas 控件的方法如下：

（1）create_arc(coord, start, extent, fill)：创建一个弧形。其中，参数 coord 定义画弧形区块的左上角与右下角坐标；参数 start 定义画弧形区块的起始角度（逆时针方向）；参数 extent 定义画弧形区块的结束角度（逆时针方向）；参数 fill 定义填满弧形区块的颜色。

下面的示例是在窗口客户区的(13, 50)与(240, 213)坐标间画一个弧形，起始角度是 0，结束角度是 270°，使用红色填满弧形区块。

【例 13.16】绘制一个弧形（源代码\ch13\13.16.pyw）。

```
from tkinter import *
win = Tk()
coord = 13, 50, 240, 213
canvas = Canvas(win)
canvas.create_arc(coord, start=0, extent=270, fill="red")
canvas.pack()
win.mainloop()
```

保存 13.16.pyw 文件后，直接双击运行该文件，结果如图 13-16 所示。

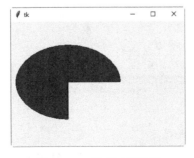

图 13-16　程序运行结果

（2）create_bitmap(x, y, bitmap)：创建一个位图。其中，参数 x 与 y 定义位图的左上角坐标；参数 bitmap 定义位图的来源，可为 gray12、gray25、gray50、gray75、hourglass、error、questhead、info、warning 或 question。也可以直接使用 XBM(X Bitmap)文件，在 XBM 文件名称前添加一个@符号，如 bitmap=@hello.xbm。

下面的示例是在窗口客户区的(40, 40)坐标处画上一个"warning"位图。

【例 13.17】绘制一个位图（源代码\ch13\13.17.pyw）。

```
from tkinter import *
win =Tk()
canvas = Canvas(win)
canvas.create_bitmap(40, 40, bitmap="warning")
canvas.pack()
win.mainloop()
```

保存 13.17.pyw 文件后，直接双击运行该文件，结果如图 13-17 所示。

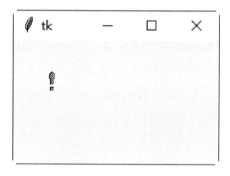

图 13-17　程序运行结果

（3）create_image(x, y, image)：创建一个图片。其中，参数 x 与 y 定义图片的左上角坐标；参数 image 定义图片的来源，必须是 tkinter 模块的 BitmapImage 类或 PhotoImage 类的实例变量。

下面的示例是在窗口客户区的(40, 140)坐标处加载一个名为"13.1.gif"的图片文件。

【例 13.18】创建一个图片（源代码\ch13\13.18.pyw）。

```
from tkinter import *
win = Tk()
img = PhotoImage(file="13.1.gif")
canvas = Canvas(win)
canvas.create_image(40, 140, image=img)
canvas.pack()
win.mainloop()
```

保存 13.18.pyw 文件后，直接双击运行该文件，结果如图 13-18 所示。

图 13-18　程序运行结果

（4）create_line(x0, y0, x1, y1, … , xn, yn, options)：创建一个线条。其中，参数 x0,y0,x1,y1,…,xn,yn 定义线条的坐标；参数 options 可以是 width 或 fill。width 定义线条的宽度，默认值是 1 像素。fill 定义线条的颜色，默认值是 black。

下面的示例从窗口客户区的（13, 13）坐标处画一条线到（40, 120）坐标处，再从（40, 120）坐标处画一条线到（230, 270）坐标处。线条的宽度是 3 像素，颜色是绿色。

【例 13.19】绘制一个线条（源代码\ch13\13.19.pyw）。

```
from tkinter import *
win = Tk()
canvas = Canvas(win)
canvas.create_line(13, 13, 40, 120, 230, 270, width=3, fill="green")
canvas.pack()
win.mainloop()
```

保存 13.19.pyw 文件后，直接双击运行该文件，结果如图 13-19 所示。

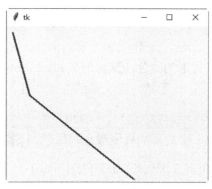

图 13-19　程序运行结果

（5）create_oval(x0, y0, x1, y1, options)：创建一个圆形或椭圆形。其中，参数 x0 与 y0 定义绘图区域的左上角坐标；参数 x1 与 y1 定义绘图区域的右下角坐标；参数 options 可以是 fill 或 outline。fill 定义填满圆形或椭圆形的颜色，默认值是 empty（透明）。outline 定义圆形或椭圆形的外围颜色。

下面的示例是在窗口客户区的（13，13）到（240，240）坐标处画一个圆形。圆形的填满颜色是绿色，外围颜色是蓝色。

【例 13.20】绘制一个圆形（源代码\ch13\13.20.pyw）。

```
from tkinter import *
win = Tk()
canvas = Canvas(win)
canvas.create_oval(13, 13, 240, 240, fill="green", outline="blue")
canvas.pack()
win.mainloop()
```

保存 13.20.pyw 文件后，直接双击运行该文件，结果如图 13-20 所示。

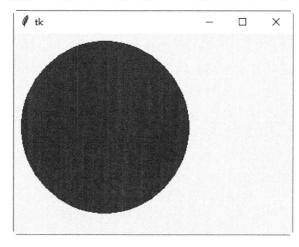

图 13-20　程序运行结果

（6）create_polygon(x0, y0, x1, y1, ... , xn, yn, options)：创建一个至少三个点的多边形。其中，参数 x0、y0、x1、y1、...、xn、yn 定义多边形的坐标；参数 options 可以是 fill、outline 或 splinesteps。fill 定义填满多边形的颜色，默认值是 black。outline 定义多边形的外围颜色，默认值是 black。splinestepsg 是一个整数，定义曲线的平滑度。

下面的示例是在窗口客户区的（13，13）、（320，80）、（213，230）坐标处画一个三角形。多边形的填满颜色是绿色，多边形的外围颜色是绿色，多边形的曲线平滑度是 1。

【例 13.21】绘制一个三角形（源代码\ch13\13.21.pyw）。

```
from tkinter import *
win =Tk()
canvas = Canvas(win)
canvas.create_polygon(13, 13, 320, 80, 213, 230, outline="blue",
splinesteps=1,fill="green")
```

```
canvas.pack()
win.mainloop()
```

保存 13.21.pyw 文件后，直接双击运行该文件，结果如图 13-21 所示。

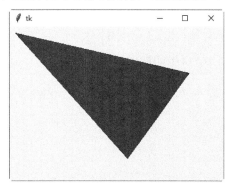

图 13-21 程序运行结果

（7）create_rectangle(x0, y0, x1, y1, options)：创建一个矩形。其中，参数 x0 与 y0 定义矩形的左上角坐标；参数 x1 与 y1 定义矩形的右下角坐标；参数 options 可以是 fill 或 outline。fill定义填满矩形的颜色，默认值是 empty（透明）。outline 定义矩形的外围颜色，默认值是 black。

下面的示例是在窗口客户区的（13，13）到（220，220）坐标处，画一个矩形。矩形的填满颜色是红色，矩形的外围颜色是空字符串，表示不画矩形的外围。

【例 13.22】绘制一个矩形（源代码\ch13\13.22.pyw）。

```
from tkinter import *
win = Tk()
canvas = Canvas(win)
canvas.create_rectangle(13, 13, 220, 220, fill="red", outline="")
canvas.pack()
win.mainloop()
```

保存 13.22.pyw 文件后，直接双击运行该文件，结果如图 13-22 所示。

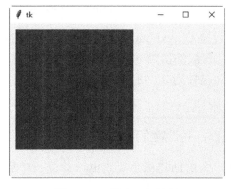

图 13-22 程序运行结果

（8）create_text(x0, y0, text, options)：创建一个文字字符串。其中，参数 x0 与 y0 定义文字字符串的左上角坐标，参数 text 定义文字字符串的文字；参数 options 可以是 anchor 或 fill。anchor 定义(x0, y0)在文字字符串内的位置，可以是 N、NE、E、SE、S、SW、W、NW 或 CENTER，默认值是 CENTER。fill 定义文字字符串的颜色，默认值是 empty（透明）。

下面的示例是在窗口客户区的（40, 40）坐标处画一个文字字符串。文字字符串的颜色是红色，（40, 40）坐标是在文字字符串的西面。

【例 13.23】创建一个文字字符串（源代码\ch13\13.23.pyw）。

```python
from tkinter import *
win = Tk()
canvas = Canvas(win)
canvas.create_text(40, 40, text="秋风起兮白云飞，草木黄落兮雁南归。", fill="red",
anchor=W)
canvas.pack()
win.mainloop()
```

保存 13.23.pyw 文件后，直接双击运行该文件，结果如图 13-23 所示。

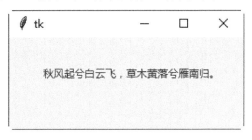

图 13-23　程序运行结果

13.8　Checkbutton 控件

Checkbutton 控件用于创建复选框。Checkbutton 控件的属性如下：

（1）onvalue,offvalue：设置 Checkbutton 控件的 variable 属性指定的变量，所要存储的数值。若复选框没有被选中，则此变量的值为 offvalue；若复选框被选中，则此变量的值为 onvalue。

（2）indicatoron：设置此属性为 0，可以将整个控件变成复选框。

Checkbutton 控件的方法如下：

（1）select()：选中复选框，并设置变量的值为 onvalue。

下面的示例是在窗口客户区内创建三个复选框，并将三个复选框靠左对齐，然后选择第一个复选框。

【例 13.24】创建三个复选框（源代码\ch13\13.24.pyw）。

```
from tkinter import *
win = Tk()
check1 = Checkbutton(win, text="苹果")
check2 = Checkbutton(win, text="香蕉")
check3 = Checkbutton(win, text="橘子")
check1.select()
check1.pack(side=LEFT)
check2.pack(side=LEFT)
check3.pack(side=LEFT)
win.mainloop()
```

保存 13.24.pyw 文件后，直接双击运行该文件，结果如图 13-24 所示。

图 13-24　程序运行结果

（2）flash()：将前景与背景颜色互换，以产生闪烁的效果。

（3）invoke()：执行 command 属性所定义的函数。

（4）toggle()：改变复选框的状态，如果复选框现在的状态是 on，就改成 off；反之亦然。

13.9　Entry 控件

Entry 控件用于在窗体或窗口内创建一个单行文本框。

Entry 控件的属性为 textvariable，此属性为用户输入的文字，或者是要显示在 Entry 控件内的文字。

Entry 控件的方法为 get()，此方法可以读取 Entry widget 内的文字。

下面的示例是在窗口内创建一个窗体，在窗体内创建一个文本框，让用户输入一个表达式。在窗体内创建一个按钮，单击此按钮后即计算文本框内所输入的表达式。在窗体内创建一个文字标签，将表达式的计算结果显示在此文字标签上。

【例 13.25】创建一个简单的计算器（源代码\ch13\13.25.pyw）。

```
from tkinter import *
win = Tk()
#创建窗体
frame = Frame(win)
```

```
#创建一个计算器
def calc():
    #将用户输入的表达式,计算结果后转换为字符串
    result = "= " + str(eval(expression.get()))
    #将计算的结果显示在 Label 控件上
    label.config(text = result)


#创建一个 Label 控件
label = Label(frame)
#创建一个 Entry 控件
entry = Entry(frame)


#读取用户输入的表达式
expression = StringVar()
#将用户输入的表达式显示在 Entry 控件上
entry["textvariable"] = expression


#创建一个 Button 控件.当用户输入完毕后,单击此按钮即计算表达式的结果
button1 = Button(frame, text="等于", command=calc)


#设置 Entry 控件为焦点所在
entry.focus()
framc.pack()
#Entry 控件位于窗体的上方
entry.pack()
#Label 控件位于窗体的左方
label.pack(side=LEFT)
#Button 控件位于窗体的右方
button1.pack(side=RIGHT)


#开始程序循环
frame.mainloop()
```

保存 13.25.pyw 文件后，直接双击运行该文件。在文本框中输入需要计算的公式，单击"等于"按钮，即可查看运算结果，如图 13-25 所示。

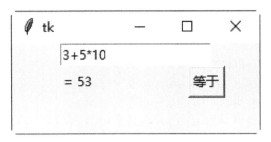

图 13-25　程序运行结果

13.10　Label 控件

Label 控件用于创建一个显示方块，可以在这个显示方块内放置文字或图片。当用户在 Entry 控件内输入数值时，其值会存储在 tkinter 的 StringVar 类内。可以将 Entry 控件的 textvariable 属性设置成 StringVar 类的实例变量，使用户输入的数值自动显示在 Entry 控件上。

```
expression = StringVar()
entry = Entry(frame, textvariable=expression)
entry.pack()
```

此方式也适用于 Label 控件上。可以使用 StringVar 类的 set()方法直接写入 Label 控件要显示的文字。例如：

```
expression = StringVar()
Label(frame, textvariable=expression).pack()
expression.set("Hello Python"0
```

在窗口内创建一个 3×3 的窗体表格，在每一个窗体内创建一个 Label 控件。在每一个 Label 控件内加载一张图片，其中图片的名称分别为 a0~a8.gif，共 9 张图片。

【例 13.26】创建一个窗体表格（源代码\ch13\13.26.pyw）。

```
from tkinter import *
win = Tk()

#设置图片文件的路径
path = "D:\\python\\ch13\\"
img = []
#将 9 张图片放入一个列表中
for i in range(9):
    img.append(PhotoImage(file=path + "a" + str(i) + ".gif"))

#创建 9 个窗体
frame = []
```

```
for i in range(3):
    for j in range(3):
        frame.append(Frame(win, relief=RAISED, borderwidth=1,
width=158,height=112))
        #创建9个Label控件
        Label(frame[j+i*3], image=img[j+i*3]).pack()
        #将窗体编排成3×3的表格
        frame[j+i*3].grid(row=j, column=i)

#开始程序循环
win.mainloop()
```

保存 13.26.pyw 文件后，直接双击运行该文件，结果如图 13-26 所示。

图 13-26　程序运行结果

在【例 13.25】中，还可以添加清除表达式与文字内容的功能。下面的示例中将新增一个按钮，单击此按钮后，会清除表达式与文字标签的内容。

【例 13.27】创建一个优化计算器（源代码\ch13\13.27.pyw）。

```
from tkinter import *
win = Tk()
#创建窗体
frame = Frame(win)

#创建一个计算器
def calc():
    #将用户输入的表达式,计算结果后转换为字符串
    result = "= " + str(eval(expression.get()))
```

```
    #将计算的结果显示在 Label widget 上
    label.config(text = result)

#清除文本框与文字标签的内容
def clear():
    expression.set("")
    label.config(text = "")

#创建一个 Label 控件
label = Label(frame)
#读取用户输入的表达式
expression = StringVar()
#创建一个 Entry 控件，Entry 控件位于窗体的上方
entry = Entry(frame, textvariable=expression)
entry.pack()

#创建一个 Button 控件.当用户输入完毕后,单击此按钮即计算表达式的结果
button1 = Button(frame, text="等于", command=calc)
button2 = Button(frame, text="清除", command=clear)

#设置 Entry 控件为焦点所在
entry.focus()
frame.pack()
#Label 控件位于窗体的左方
label.pack(side=LEFT)
#Button 控件位于窗体的右方
button1.pack(side=RIGHT)
button2.pack(side=RIGHT)

#开始程序循环
frame.mainloop()
```

保存 13.27.pyw 文件后，直接双击运行该文件。在文本框中输入需要计算的公式，单击"等于"按钮，即可查看运算结果，如图 13-27 所示。

单击"清除"按钮，即可清除文本框中的表达式和标签的内容，如图 13-28 所示。

图 13-27　查看运算结果

图 13-28　清除表达式和标签内容

13.11　Listbox 控件

Listbox 控件用于创建一个列表框。列表框内包含许多选项，用户可以只选择一项或多项。Listbox 控件的属性如下：

（1）height：此属性设置列表框的行数目。如果此属性为 0，就自动设置为能找到的最大选择项数目。

（2）selectmode：此属性设置列表框的种类，可以是 SINGLE、EXTENDED、MULTIPLE、或 BROWSE。

（3）width：此属性设置每一行的字符数目。如果此属性为 0，就自动设置为能找到的最大字符数目。

Listbox 控件的方法如下：

（1）delete(row [, lastrow])：删除指定行 row，或者删除 row 到 lastrow 之间的行。

（2）get(row)：取得指定行 row 内的字符串。

（3）insert(row , string)：在指定列 row 插入字符串 string。

（4）see(row)：将指定行 row 变成可视。

（5）select_clear()：清除选择项。

（6）select_set(startrow , endrow)：选择 startrow 与 endrow 之间的行。

下面的示例创建一个列表框，并插入 8 个选项。

【例 13.28】创建一个列表框（源代码\ch13\13.28.pyw）。

```
from tkinter import *
win = Tk()

#创建窗体
frame = Frame(win)

#创建列表框选项列表
name = ["香蕉", "苹果", "橘子", "西瓜", "桃子", "菠萝", "柚子", "橙子"]

#创建 Listbox 控件
listbox = Listbox(frame)
#清除 Listbox 控件的内容
listbox.delete(0, END)
#在 Listbox 控件内插入选项
for i in range(8):
    listbox.insert(END, name[i])

listbox.pack()
```

```
frame.pack()

#开始程序循环
win.mainloop()
```

保存 13.28.pyw 文件后，直接双击运行该文件，结果如图 13-29 所示。

图 13-29　程序运行结果

13.12　Menu 控件

Menu 控件用于创建三种类型的菜单，即 pop-up（快捷式菜单）、toplevel（主目录）及 pull-down（下拉式菜单）。

Menu 控件的方法如下：

（1）add_command(options)：新增一个菜单项。

（2）add_radiobutton(options)：创建一个选择钮菜单项。

（3）add_checkbutton(options)：创建一个复选框菜单项。

（4）add_cascade(options)：将一个指定的菜单与其父菜单连接，创建一个新的级联菜单。

（5）add_separator()：新增一个分隔线。

（6）add(type, options)：新增一个特殊类型的菜单项。

（7）delete(startindex [, endindex])：删除 startindex 到 endindex 之间的菜单项。

（8）entryconfig(index, options)：修改 index 菜单项。

（9）index(item)：返回 index 索引值的菜单项标签。

Menu 控件方法如下：

（1）accelerator：设置菜单项的快捷键，快捷键会显示在菜单项目的右边。注意，此选项并不会自动将快捷键与菜单项连接在一起，必须另行设置。

（2）command：选择菜单项时执行的 callback 函数。

（3）indicatorOn：设置此属性，可以让菜单项选择 on 或 off。

（4）label：定义菜单项内的文字。

（5）menu：此属性与 add_cascade() 方法一起使用，用来新增菜单项的子菜单项。

（6）selectColor：菜单项 on 或 off 的颜色。

（7）state：定义菜单项的状态，可以是 normal、active 或 disabled。

（8）onvalue、offvalue：存储在 variable 属性内的数值。当选择菜单项时，将 onvalue 内的数值复制到 variable 属性内。

（9）tearOff：如果此选项为 True，在菜单项目的上面就会显示一个可选择的分隔线。此分隔线，会将此菜单项分离出来成为一个新的窗口。

（10）underline：设置菜单项中哪一个字符要有下画线。

（11）value：选择按钮菜单项的值。

（12）variable：用于存储数值的变量。

下面的示例创建一个主目录（toplevel）菜单，并新增 5 个菜单项。

【例 13.29】创建一个主目录菜单（源代码\ch13\13.29.pyw）。

```python
from tkinter import *
import tkinter.messagebox
#创建主窗口
win = Tk()

#执行菜单命令,显示一个对话框
def doSomething():
    tkinter.messagebox.askokcancel("菜单", "你正在选择菜单命令")

#创建一个主目录(toplevel)
mainmenu = Menu(win)
#新增菜单项
mainmenu.add_command(label="文件", command=doSomething)
mainmenu.add_command(label="编辑", command=doSomething)
mainmenu.add_command(label="视图", command=doSomething)
mainmenu.add_command(label="窗口", command=doSomething)
mainmenu.add_command(label="帮助", command=doSomething)

#设置主窗口的菜单
win.config(menu=mainmenu)

#开始程序循环
win.mainloop()
```

保存 13.29.pyw 文件后，直接双击运行该文件，结果如图 13-30 所示。

选择任意一个菜单，将会弹出提示对话框，如图 13-31 所示。

图 13-30 主目录菜单   图 13-31 提示对话框

下面的示例创建一个下拉式菜单（pull-down），并在菜单项目内加入快捷键。

【例 13.30】创建一个下拉式菜单（源代码\ch13\13.30.pyw）。

```
from tkinter import *
import tkinter.messagebox


#创建主窗口
win = Tk()


#执行[文件/新建]菜单命令,显示一个对话框
def doFileNewCommand(*arg):
    tkinter.messagebox.askokcancel("菜单", "你正在选择"新建"菜单命令")


#执行[文件/打开]菜单命令,显示一个对话框
def doFileOpenCommand(*arg):
    tkinter.messagebox.askokcancel ("菜单", "你正在选择"打开"菜单命令")


#执行[文件/保存]菜单命令,显示一个对话框
def doFileSaveCommand(*arg):
    tkinter.messagebox.askokcancel ("菜单", "你正在选择"文档"菜单命令")


#执行[帮助/档]菜单命令,显示一个对话框
def doHelpContentsCommand(*arg):
    tkinter.messagebox.askokcancel ("菜单", "你正在选择"保存"菜单命令")


#执行[帮助/文关于]菜单命令,显示一个对话框
def doHelpAboutCommand(*arg):
    tkinter.messagebox.askokcancel ("菜单", "你正在选择"关于"菜单命令")


#创建一个下拉式菜单(pull-down)
mainmenu = Menu(win)


#新增"文件"菜单的子菜单
```

```
    filemenu = Menu(mainmenu, tearoff=0)
    #新增"文件"菜单的菜单项
    filemenu.add_command(label="新建", command=doFileNewCommand,
accelerator="Ctrl-N")
    filemenu.add_command(label="打开",
command=doFileOpenCommand,accelerator="Ctrl-O")
    filemenu.add_command(label="保存",
command=doFileSaveCommand,accelerator="Ctrl-S")
    filemenu.add_separator()
    filemenu.add_command(label="退出", command=win.quit)
    #新增"文件"菜单
    mainmenu.add_cascade(label="文件", menu=filemenu)

    #新增"帮助"菜单的子菜单
    helpmenu = Menu(mainmenu, tearoff=0)
    #新增"帮助"菜单的菜单项
    helpmenu.add_command(label="文档",
command=doHelpContentsCommand,accelerator="F1")
    helpmenu.add_command(label="关于",
command=doHelpAboutCommand,accelerator="Ctrl-A")
    #新增"帮助"菜单
    mainmenu.add_cascade(label="帮助", menu=helpmenu)

    #设置主窗口的菜单
    win.config(menu=mainmenu)

    win.bind("<Control-n>", doFileNewCommand)
    win.bind("<Control-N>", doFileNewCommand)
    win.bind("<Control-o>", doFileOpenCommand)
    win.bind("<Control-O>", doFileOpenCommand)
    win.bind("<Control-s>", doFileSaveCommand)
    win.bind("<Control-S>", doFileSaveCommand)
    win.bind("<F1>", doHelpContentsCommand)
    win.bind("<Control-a>", doHelpAboutCommand)
    win.bind("<Control-A>", doHelpAboutCommand)

    #开始程序循环
    win.mainloop()
```

保存 13.30.pyw 文件后，直接双击运行该文件，选择"文件"下拉菜单，如图 13-32 所示。选择"打开"子菜单，将会弹出提示对话框，如图 13-33 所示。

图 13-32　下拉式菜单　　　　　　图 13-33　提示对话框

下面的示例创建一个快捷式菜单（pop-up）。

【例 13.31】创建一个快捷式菜单（源代码\ch13\13.31.pyw）。

```python
from tkinter import *
import tkinter.messagebox
#创建主窗口
win = Tk()

#执行菜单命令,显示一个对话框
def doSomething():
    tkinter.messagebox.askokcancel ("菜单", "你正在选择快捷式菜单命令")

#创建一个快捷式菜单(pop-up)
popupmenu = Menu(win, tearoff=0)

#新增快捷式菜单的项目
popupmenu.add_command(label="复制", command=doSomething)
popupmenu.add_command(label="粘贴", command=doSomething)
popupmenu.add_command(label="剪切", command=doSomething)
popupmenu.add_command(label="删除", command=doSomething)

#在单击鼠标右键的窗口(x,y)坐标处,显示此快捷式菜单
def showPopUpMenu(event):
    popupmenu.post(event.x_root, event.y_root)

#设置单击鼠标右键后,显示此快捷式菜单
win.bind("<Button-3>", showPopUpMenu)

#开始程序循环
win.mainloop()
```

保存 13.31.pyw 文件后，直接双击运行该文件，右击鼠标，弹出快捷式菜单，如图 13-34
所示。

选择"粘贴"菜单命令，将会弹出提示对话框，如图 13-35 所示。

图 13-34　快捷菜单

图 13-35　提示对话框

13.13　Message 控件

Message 控件用于显示多行、不可编辑的文字。Message 控件会自动分行，并编排文字的位置。Message 控件与 Label 控件的功能类似，但是 Message 控件多了自动编排的功能。

下面的示例创建一个简单的 Message 控件。

【例 13.32】创建一个 Message 控件（源代码\ch13\13.32.pyw）。

```
from tkinter import *

#创建主窗口
win = Tk()

txt = "暮云收尽溢清寒，银汉无声转玉盘。此生此夜不长好，明月明年何处看。"
msg = Message(win, text=txt)
msg.pack()

#开始程序循环
win.mainloop()
```

保存 13.32.pyw 文件后，直接双击运行该文件，结果如图 13-36 所示。

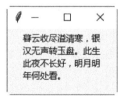

图 13-36　程序运行结果

13.14   Radiobutton 控件

Radiobutton 控件用于创建一个单选按钮。为了让一群单选按钮可以执行相同的功能，必须设置这群单选按钮的 variable 属性为相同值，value 属性值就是各单选按钮的数值。

Radiobutton 控件的属性如下：

（1）command：当用户选中此单选按钮时，所调用的函数。

（2）variable：当用户选中此单选按钮时，要更新的变量。

（3）width：当用户选中此单选按钮时，要存储在变量内的值。

Radiobutton 控件的方法如下：

（1）flash()：将前景与背景颜色互换，以产生闪烁的效果。

（2）invoke()：执行 command 属性所定义的函数。

（3）select()：选择此单选按钮，将 variable 变量的值设置为 value 属性值。

下面的示例创建 5 个运动项目的单选按钮及一个文字标签，将用户的选择显示在文字标签上。

【例 13.33】创建单选按钮（源代码\ch13\13.33.pyw）。

```
from tkinter import *
#创建主窗口
win = Tk()


#运动项目列表
sports = ["棒球", "篮球", "足球", "网球", "排球"]


#将用户的选择显示在 Label 控件上
def showSelection():
    choice = "你的选择是: " + sports[var.get()]
    label.config(text = choice)


#读取用户的选择值是一个整数
var = IntVar()
#创建单选按钮,靠左边对齐
Radiobutton(win, text=sports[0], variable=var,
value=0,command=showSelection).pack(anchor=W)
    Radiobutton(win, text=sports[1], variable=var,
value=1,command=showSelection).pack(anchor=W)
    Radiobutton(win, text=sports[2], variable=var,
value=2,command=showSelection).pack(anchor=W)
    Radiobutton(win, text=sports[3], variable=var,
```

```
value=3,command=showSelection).pack(anchor=W)
    Radiobutton(win, text=sports[4], variable=var,
value=4,command=showSelection).pack(anchor=W)

    #创建文字标签,用于显示用户的选择
    label = Label(win)
    label.pack()

    #开始程序循环
    win.mainloop()
```

保存 13.33.pyw 文件后，直接双击运行该文件，选中不同的单选按钮，将提示不同的信息，如图 13-37 所示。

图 13-37　程序运行结果

下面的示例创建命令型的单选按钮。

【例 13.34】创建命令型的单选按钮（源代码\ch13\13.34.pyw）。

```
from tkinter import *
#创建主窗口
win = Tk()

#运动项目列表
sports = ["棒球", "篮球", "足球", "网球", "排球"]

#将用户的选择显示在 Label 控件上
def showSelection():
    choice = "你的选择是: " + sports[var.get()]
    label.config(text = choice)

#读取用户的选择值是一个整数
var = IntVar()
#创建单选按钮
radio1 = Radiobutton(win, text=sports[0],
variable=var,value=0,command=showSelection)
```

```
    radio2 = Radiobutton(win, text=sports[1], variable=var, value=1,
command=showSelection)
    radio3 = Radiobutton(win, text=sports[2], variable=var, value=2,
command=showSelection)
    radio4 = Radiobutton(win, text=sports[3], variable=var,
value=3,command=showSelection)
    radio5 = Radiobutton(win, text=sports[4], variable=var,
value=4,command=showSelection)

    #将单选按钮设置成命令型按钮
    radio1.config(indicatoron=0)
    radio2.config(indicatoron=0)
    radio3.config(indicatoron=0)
    radio4.config(indicatoron=0)
    radio5.config(indicatoron=0)

    #将单选按钮靠左边对齐
    radio1.pack(anchor=W)
    radio2.pack(anchor=W)
    radio3.pack(anchor=W)
    radio4.pack(anchor=W)
    radio5.pack(anchor=W)

    #创建文字标签,用于显示用户的选择
    label = Label(win)
    label.pack()

    #开始程序循环
    win.mainloop()
```

保存 13.34.pyw 文件后,直接双击运行该文件,选中不同的命令单选按钮,将提示不同的信息,如图 13-38 所示。

图 13-38 程序运行结果

13.15　Scale 控件

Scale 控件用于创建一个标尺式的滑动条对象，让用户可以移动标尺上的光标来设置数值。Scale 控件的方法如下：

（1）get()：取得目前标尺上的光标值。

（2）set(value)：设置目前标尺上的光标值。

下面的示例创建三个 Scale 控件，分别用来选择 R、G、B 三原色的值。移动 Scale 控件到显示颜色的位置后，单击 Show color 按钮即可将 RGB 的颜色显示在一个 Label 控件上。

【例 13.35】创建滑块控件（源代码\ch13\13.35.pyw）。

```python
from tkinter import *
from string import *

#创建主窗口
win = Tk()

#将标尺上的 0~130 范围的数字转换为 0~255 范围的 16 进位数字，
#再转换为两个字符的字符串，如果数字只有一位，就在前面加一个零
def getRGBStr(value):
    #将标尺上的 0~130 范围的数字，转换为 0~255 范围的 16 进位数字，
#再转换为字符串
    ret = str(hex(int(value/130*255)))
    #将 16 进位数字前面的 0x 去掉
    ret = ret[2:4]
    #转换成两个字符的字符串，如果数字只有一位，就在前面加一个零
    ret = zfill(ret, 2)
    return ret

#将 RGB 颜色的字符串转换为#rrggbb 类型的字符串
def showRGBColor():
    #读取#rrggbb 字符串的 rr 部分
    strR = getRGBStr(var1.get())
    #读取#rrggbb 字符串的 gg 部分
    strG = getRGBStr(var2.get())
    #读取#rrggbb 字符串的 bb 部分
    strB = getRGBStr(var3.get())
    #转换为#rrggbb 类型的字符串
    color = "#" + strR + strG + strB
    #将颜色字符串设置给 Label 控件的背景颜色
```

```
        colorBar.config(background = color)

    #分别读取三个标尺的值,是一个双精度浮点数
    var1 = DoubleVar()
    var2 = DoubleVar()
    var3 = DoubleVar()

    #创建标尺
    scale1 = Scale(win, variable=var1)
    scale2 = Scale(win, variable=var2)
    scale3 = Scale(win, variable=var3)

    #将选择按钮靠左对齐
    scale1.pack(side=LEFT)
    scale2.pack(side=LEFT)
    scale3.pack(side=LEFT)

    #创建一个标签,用于显示颜色字符串
    colorBar = Label(win, text=" "*40, background="#000000")
    colorBar.pack(side=TOP)

    #创建一个按钮,单击后即将标尺上的 RGB 颜色显示在 Label 控件上
    button = Button(win, text="查看颜色", command=showRGBColor)
    button.pack(side=BOTTOM)

    #开始程序循环
    win.mainloop()
```

保存 13.35.pyw 文件后,直接双击运行该文件。拖动滑块选择不同的 RGB 值,然后单击
"查看颜色"按钮,即可查看对应的颜色效果,如图 13-39 所示。

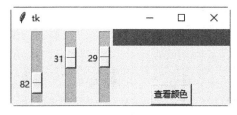

图 13-39　程序运行结果

13.16　Scrollbar 控件

Scrollbar 控件用于创建一个水平或垂直滚动条，可与 Listbox、Text、Canvas 等控件共同使用来移动显示的范围。Scrollbar 控件的方法如下：

（1）set(first, last)：设置目前的显示范围，其值在 0 与 1 之间。

（2）get()：返回目前的滚动条设置值。

下面的示例创建一个列表框（60 个选项），包括一个水平滚动条及一个垂直滚动条。当移动水平或垂直滚动条时，改变列表框的水平或垂直方向可见范围。

【例 13.36】创建滚动条控件（源代码\ch13\13.36.pyw）。

```python
from tkinter import *

#创建主窗口
win = Tk()

#创建一个水平滚动条
scrollbar1 = Scrollbar(win, orient=HORIZONTAL)
#水平滚动条位于窗口底端,当窗口改变大小时会在 X 方向填满窗口
scrollbar1.pack(side=BOTTOM, fill=X)

#创建一个垂直滚动条
scrollbar2 = Scrollbar(win)
#垂直滚动条位于窗口右端,当窗口改变大小时会在 Y 方向填满窗口
scrollbar2.pack(side=RIGHT, fill=Y)

#创建一个列表框,x 方向的滚动条指令是 scrollbar1 对象的 set()方法,
#y 方向的滚动条指令是 scrollbar2 对象的 set()方法
mylist = Listbox(win, xscrollcommand=scrollbar1.set,
yscrollcommand=scrollbar2.set)
#在列表框内插入 60 个选项
for i in range(60):
    mylist.insert(END, "火树银花合, 星桥铁锁开。暗尘随马去, 明月逐人来。" + str(i))
#列表框位于窗口左端,当窗口改变大小时会在 X 与 Y 方向填满窗口
mylist.pack(side=LEFT, fill=BOTH)

#移动水平滚动条时,改变列表框的 x 方向可见范围
scrollbar1.config(command=mylist.xview)
#移动垂直滚动条时,改变列表框的 y 方向可见范围
scrollbar2.config(command=mylist.yview)
```

```
#开始程序循环
win.mainloop()
```

保存 13.36.pyw 文件后，直接双击运行该文件，拖动流动滚动条可以查看对应的内容，如图 13-40 所示。

图 13-40   程序运行结果

13.17   Text 控件

Text 控件用于创建一个多行、格式化的文本框。用户可以改变文本框内的字体及文字颜色。

Text 控件的属性如下：

（1）state：此属性值可以是 normal 或 disabled。state 等于 normal，表示此文本框可以编辑内容。state 等于 disabled，表示此文本框可以不编辑内容。

（2）tabs：此属性值为一个 tab 位置的列表。列表中的元素是 tab 位置的索引值，再加上一个调整字符：l、r、c。l 代表 left，r 代表 right，c 代表 center。

Text 控件的方法如下：

（1）delete(startindex [, endindex])：删除特定位置的字符，或者一个范围内的文字。
（2）get(startindex [, endindex])：返回特定位置的字符，或者一个范围内的文字。
（3）index(index)：返回指定索引值的绝对值。
（4）insert(index [, string]...)：将字符串插入指定索引值的位置。
（5）see(index)：如果指定索引值的文字是可见的，就返回 True。

Text 控件支持三种类型的特殊结构，即 Mark、Tag 及 Index。

Mark 用来当作书签，书签可以帮助用户快速找到文本框内容的指定位置。tkinter 提供了两种类型的书签，即 INSERT 与 CURRENT。INSERT 书签指定光标插入的位置，CURRENT 书签指定鼠标光标最近的位置。

Text 控件用来操作书签的方法如下：

（1）index(mark)：返回书签行与列的位置。

（2）mark_gravity(mark [, gravity])：返回书签的 gravity。如果指定了 gravity 参数，就设置此书签的 gravity。此方法用在要将插入的文字准确地放在书签的位置时。

（3）mark_names()：返回 Text 控件的所有书签。

（4）mark_set(mark, index)：设置书签的新位置。

（5）mark_unset(mark)：删除 Text 控件的指定书签。

Tag 用于来将一个范围内的文字指定一个标签名称，如此就可以很容易地将此范围内的文字同时修改其设置值。Tag 也可以用于将一个范围与一个 callback 函数连接。tkinter 提供一种类型的 Tag：SEL。SEL 指定符合目前的选择范围。

Text 控件用来操作 Tag 的方法如下：

（1）tag_add(tagname, startindex [, endindex]...)：将 startindex 位置或 startindex 到 endindex 之间的范围指定为 tagname 名称。

（2）tag_config()：用来设置 tag 属性的选项。选项可以是 justify，其值可以是 left、right 或 center；选项可以是 tabs，tabs 与 Text 控件的 tag 属性功能相同；选项可以是 underline，underline 用于在标签文字内添加下画线。

（3）tag_delete(tagname)：删除指定的 tag 标签。

（4）tag_remove(tagname, startindex [, endindex]...)：将 startindex 位置或 startindex 到 endindex 之间的范围指定的 tag 标签删除。

Index 用于指定字符的真实位置。tkinter 提供下面类型的 Index：INSERT、CURRENT、END、line/column("line.column")、line end("line.end")、用户定义书签、用户定义标签（"tag.first", "tag.last"）、选择范围(SEL_FIRST，SEL_LAST)、窗口的坐标("@x,y")、嵌入对象的名称（窗口，图像）及表达式。

下面的示例创建一个 Text 控件，并在 Text 控件内分别插入一段文字及一个按钮。

【例 13.37】创建多行文本框控件（源代码\ch13\13.37.pyw）。

```
from tkinter import *

#创建主窗口
win = Tk()
win.title(string = "文本控件")

#创建一个 Text 控件
text = Text(win)

#在 Text 控件内插入一段文字
text.insert(INSERT, "晴明落地犹惆怅，何况飘零泥土中。:\n\n")

#跳下一行
```

```
text.insert(INSERT, "\n\n")

#在 Text 控件内插入一个按钮
button = Button(text, text="关闭", command=win.quit)
text.window_create(END, window=button)


text.pack(fill=BOTH)

#在第一行文字的第 13 个字符到第 14 个字符处插入标签,标签名称为"print"
text.tag_add("print", "1.13", "1.15")
#将插入的按钮设置其标签名称为"button"
text.tag_add("button", button)

#改变标签"print"的前景与背景颜色,并添加下画线
text.tag_config("print", background="yellow", foreground="blue",
underline=1)
#设置标签"button"的居中排列
text.tag_config("button", justify="center")

#开始程序循环
win.mainloop()
```

保存 13.37.pyw 文件后，直接双击运行该文件，结果如图 13-41 所示。

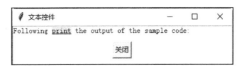

图 13-41　程序运行结果

13.18　Toplevel 控件

Toplevel widget 用于创建一个独立窗口，此独立窗口可以不必有父控件。Toplevel 控件拥有与 tkinter.Tk()方法所打开窗口的所有特性，同时还拥有以下方法：

（1）deiconify()：在使用 iconify()或 withdraw()方法后，显示该窗口。

（2）frame()：返回一个系统特定的窗口识别码。

（3）group(window)：将此窗口加入 window 窗口群组中。

（4）iconify()：将窗口缩小成小图标。

（5）protocol(name, function)：将 function 函数登记为 callback 函数。

（6）state()：返回目前窗口的状态，可以是 normal、iconic、withdrawn、或 icon。

（7）transient([master])：将此窗口转换为 master 或父窗口的暂时窗口。当 master 变成小图标时，此窗口也会跟之隐藏起来。

（8）withdraw()：将此窗口从屏幕上关闭，但不删除它。

以下方法用于存取窗口的特定信息。

（1）aspect(minNumber, minDenom, masNumber, masDenom)：设置窗口宽度与长度的比值，此比值必须在 minNumber / minDenom 与 masNumber / masDenom 之间。如果忽略这些参数，则返回这 4 个值的元组。

（2）client(name)：使用在 X window 系统中，用于定义 WM_CLIENT_MACHINE 属性。

（3）colormapwindows(wlist...)：使用在 X window 系统中，用于定义 WM_COLORMAP_WINDOWS 属性。

（4）command(value)：使用在 X window 系统，用于定义 WM_COMMAND 属性。

（5）focusmodel(model)：设置焦点模型。

（6）geometry(geometry)：使用"widthxheight+xoffset+yoffset"格式改变窗口的几何设置。

（7）iconbitmap(bitmap)：定义窗口变成小图标时，所使用的单色位图图标。

（8）iconmask(bitmap)：定义窗口变成小图标时，所使用的单色位图屏蔽。

（9）iconname(newName=None)：定义窗口变成小图标时，所使用的图标名称。

（10）iconposition(x, y)：定义窗口变成小图标时，窗口的 x、y 位置。

（11）iconwindow(window)：定义窗口变成小图标时，所使用的图标窗口。

（12）maxsize(width, height)：定义窗口大小的最大值。

（13）minsize(width, height)：定义窗口大小的最小值。

（14）overrideredirect(flag)：定义一个非零的标志。

（15）position(who)：定义位置控制器。

（16）resizable(width, height)：定义是否可以改变窗口大小的标志。

（17）sizefrom(who)：定义大小控制器。

（18）title(string)：定义窗口的标题。

13.19　对话框

tkinter 提供不同类型的对话框，这些对话框的功能存放在 tkinte 的不同子模块中，主要包括 messagebox 模块、filedialog 模块和 colorchooser 模块。

13.19.1　messagebox 模块

messagebox 模块提供以下方法打开供用户选择项目的对话框：

（1）askokcancel(title=None, message=None)：打开一个"确定/取消"的对话框。例如：

```
import tkinter.messagebox
tkinter.messagebox.askokcancel("提示", "你确定要关闭窗口吗？")
```

打开如图 13-42 所示的对话框。如果单击"确定"按钮，就返回 True；如果单击"取消"按钮，就返回 False。

（2）askquestion(title=None, message=None)：打开一个"是/否"的对话框。

例如：

```
import tkinter.messagebox
tkinter.messagebox.askquestion("提示", "你确定要关闭窗口吗？")
```

打开如图 13-43 所示的对话框。如果单击"是"按钮，就返回"yes"；如果单击"否"按钮，就返回"no"。

图 13-42　"确定/取消"对话框　　　　图 13-43　"是/否"对话框

（3）askretrycancel(title=None, message=None)：打开一个"重试/取消"的对话框。

例如：

```
import tkinter.messagebox
tkinter.messagebox.askretrycancel ("提示", "你确定要关闭窗口吗？")
```

打开如图 13-44 所示的对话框。如果单击"重试"按钮，就返回 True；如果单击"取消"按钮，就返回 False。

（4）askyesno(title=None, message=None)：打开一个"是/否"的对话框。

例如：

```
import tkinter.messagebox
tkinter.messagebox. askyesno ("提示", "你确定要关闭窗口吗？")
```

打开如图 13-45 所示的对话框。如果单击"是"按钮。就返回 True；如果单击"否"按钮，就返回 False。

图 13-44　"重试/取消"对话框　　　　图 13-45　"是/否"对话框

（5）showerror(title=None, message=None)：打开一个错误提示对话框。

```
import tkinter.messagebox
tkinter.messagebox.showerror ("提示", "你确定要关闭窗口吗？")
```

打开如图 13-46 所示的对话框。如果单击"确定"按钮，就返回"ok"。

（6）showinfo(title=None, message=None)：打开一个信息提示对话框。

```
import tkinter.messagebox
tkinter.messagebox.showerror ("提示", "你确定要关闭窗口吗？")
```

打开如图 13-47 所示的对话框。如果单击"确定"按钮，就返回"ok"。

（7）showwarning(title=None, message=None)：打开一个警告提示对话框。

```
import tkinter.messagebox
tkinter.messagebox.showwarning("提示", "你确定要关闭窗口吗？")
```

打开如图 13-48 所示的对话框。如果单击"确定"按钮，就返回"ok"。

图 13-46　错误提示对话框　　　图 13-47　信息提示对话框　　　图 13-48　警告提示对话框

13.19.2　filedialog 模块

tkinter.filedialog 模块可以打开"打开旧文件"对话框或"另存新文件"对话框。

（1）Open(master=None, filetypes=None)：打开一个"打开旧文件"的对话框。filetypes 是要打开的文件类型，为一个列表。

（2）SaveAs(master=None, filetypes=None)：打开一个"另存新文件"的对话框。filetypes 是要打开的文件类型，为一个列表。

下面的示例创建两个按钮，第一个按钮打开一个"打开旧文件"的对话框，第二个按钮打开一个"另存新文件"的对话框。

【例 13.38】创建两种对话框（源代码\ch13\13.38.pyw）。

```
from tkinter import *
import tkinter.filedialog

#创建主窗口
win = Tk()
```

```
win.title(string = "打开文件和保存文件")

#打开一个[打开旧文件]对话框
def createOpenFileDialog():
    myDialog1.show()

#打开一个[另存新文件]对话框
def createSaveAsDialog():
    myDialog2.show()

#单击按钮后,即打开对话框
Button(win, text="打开文件", command=createOpenFileDialog).pack(side=LEFT)
Button(win, text="保存文件",command=createSaveAsDialog).pack(side=LEFT)

#设置对话框打开的文件类型
myFileTypes = [('Python files', '*.py *.pyw'), ('All files', '*')]

#创建一个[打开旧文件]对话框
myDialog1 = tkinter.filedialog.Open(win, filetypes=myFileTypes)
#创建一个[另存新文件]对话框
myDialog2 = tkinter.filedialog.SaveAs(win, filetypes=myFileTypes)

#开始程序循环
win.mainloop()
```

保存 13.38.pyw 文件后，直接双击运行该文件，结果如图 13-49 所示。

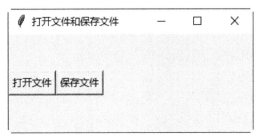

图 13-49　程序运行结果

单击"打开文件"按钮，弹出"打开"对话框，如图 13-50 所示。单击"保存文件"按钮，弹出"另存为"对话框，如图 13-51 所示。

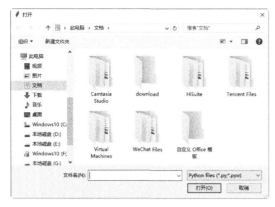

图 13-50　"打开"对话框

图 13-51　"另存为"对话框

13.19.3　colorchooser 模块

colorchooser 模块用于打开"颜色"对话框。

（1）skcolor(color=None)：直接打开一个"颜色"的对话框，不需要父控件与 show()方法。返回值是一个元组，其格式为((R, G, B), "#rrggbb")。

（2）Chooser(master=None)：打开一个"颜色"的对话框。返回值是一个元组，其格式为((R, G, B), "#rrggbb")。

下面的示例创建一个按钮，单击该按钮后即打开一个"颜色"对话框。

【例 13.39】创建两种对话框（源代码\ch13\13.39.pyw）。

```python
from tkinter import *
import tkinter.colorchooser, tkinter.messagebox

#创建主窗口
win = Tk()
win.title(string = "颜色对话框")

#打开一个[颜色]对话框
def openColorDialog():
    #显示[颜色]对话框
    color = colorDialog.show()
    #显示所选择颜色的R,G,B值
    tkinter.messagebox.showinfo("提示", "你选择的颜色是: " + color[1] + "\n" + \
        "R = " + str(color[0][0]) + " G = " + str(color[0][1]) + " B = " + \
str(color[0][2]))

#单击按钮后,即打开对话框
Button(win, text="打开颜色对话框", \
    command=openColorDialog).pack(side=LEFT)
```

```
#创建一个[颜色]对话框
colorDialog = tkinter.colorchooser.Chooser(win)

#开始程序循环
win.mainloop()
```

保存 13.39.pyw 文件后，直接双击运行该文件，结果如图 13-52 所示。单击"打开颜色对话框"按钮，弹出"颜色"对话框，如图 13-53 所示。

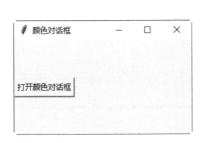

图 13-52　程序运行结果

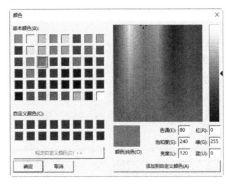

图 13-53　"颜色"对话框

选择一种颜色后，单击"确定"按钮，弹出"提示"对话框，显示选择的颜色值和 RGB 值，如图 13-54 所示。

图 13-54　"提示"对话框

13.20　疑难解惑

疑问 1：Frame 控件有什么用？

Frame 控件用于创建窗体。窗体是很重要的控件，因为它可以将一群控件组合在一个矩形区域内，用户可以在这个矩形区域内编排控件的位置。

疑问 2：如何使用 tkinter 实现简易的聊天窗口？

通过 tkinter 可以轻松实现简易的聊天窗口。

【例 13.40】创建聊天窗口（源代码\ch13\13.40.pyw）。

```python
from tkinter import *
import datetime
import time
root = Tk()
root.title('与 xxx 聊天中')
#发送按钮事件
def sendmessage():
    #在聊天内容上方加一行，显示发送人及发送时间
    msgcontent ='我:' + time.strftime("%Y-%m-%d %H:%M:%S",time.localtime()) + \
'\n '
    text_msglist.insert(END, msgcontent, 'green')
    text_msglist.insert(END, text_msg.get('0.0', END))
    text_msg.delete('0.0', END)


#创建几个 frame 作为容器
frame_left_top    = Frame(width=380, height=270, bg='white')
frame_left_center = Frame(width=380, height=130, bg='white')
frame_left_bottom = Frame(width=380, height=20)
frame_right       = Frame(width=170, height=400, bg='white')
##创建需要的几个元素
text_msglist    = Text(frame_left_top)
text_msg      = Text(frame_left_center);
button_sendmsg   = Button(frame_left_bottom, text=('发送'),
command=sendmessage)
#创建一个绿色的 tag
text_msglist.tag_config('green', foreground='#008B00')
#使用 grid 设置各个容器的位置
frame_left_top.grid(row=0, column=0, padx=2, pady=5)
frame_left_center.grid(row=1, column=0, padx=2, pady=5)
frame_left_bottom.grid(row=2, column=0)
frame_right.grid(row=0, column=1, rowspan=3, padx=4, pady=5)
frame_left_top.grid_propagate(0)
frame_left_center.grid_propagate(0)
frame_left_bottom.grid_propagate(0)
#把元素填充进 frame
text_msglist.grid()
text_msg.grid()
button_sendmsg.grid(sticky=E)
#主事件循环
root.mainloop()
```

保存 13.40.pyw 文件后，直接双击运行该文件。在窗口的下方输入内容后单击"发送"按钮，即可将内容发送到聊天窗口中，如图 13-55 所示。

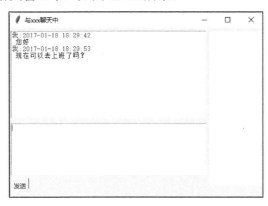

图 13-55　聊天窗口

第 14 章 Python 的高级技术

内容导航！Navigation

Python 包含一些常用的高级技术。本章将学习这些高级技术，主要包括处理图像模块、处理语音模块、科学计算模块、正则表达式、线程等。

学习目标丨Objective

- 掌握 Pillow 模块处理图像的方法
- 掌握 winsound 模块处理语音的方法
- 掌握 numpy 模块的使用方法
- 掌握正则表达式的设置方法
- 掌握线程模块的使用方法

14.1 图像的处理

虽然 Tkinter 模块的 BitmapImage 其与 PhotoImage 类可以用来处理两种颜色的位图及 GIF 文件，但是这两个类处理图像的能力实在有限。当想要更强的图像处理功能，如能够处理 JPEG、TIFF、FLI、MPEG 文件，以及转换图像文件内的颜色模式等，就需要使用 Python 图像函数库 Pillow。

14.1.1 下载与安装 Pillow 模块

由于 Pillow 模块并没有附在 Python 3.8 的安装程序内，因此需要用户自行下载并安装 Pillow，然后才能使用 Pillow。

用户可以在"命令提示符"中，使用 pip 安装 numpy 模块，命令如下：

```
pip install numpy
```

下载和安装过程如图 14-1 所示。

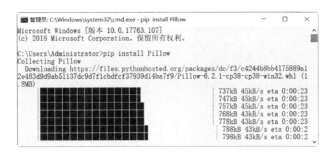

图 14-1 Pillow 下载和安装

14.1.2 加载图像文件

要打开图像文件，需要使用 Image 模块的 open()函数。其语法格式如下：

```
open(infile [, mode])
```

（1）infile 是要打开图像文件的路径。
（2）mode 是文件打开的模式，与一般文件的模式相同。

下面加载"14.1.jpg"文件：

```
from PIL import Image
img= Image.open("D:\\python\\ch14\\14.1.jpg")
```

加载成功后，将返回一个 Image 对象，可以通过示例属性查看文件内容：

```
print(img.format, img.size, img.mode)
```

输出结果如下所示。

```
JPEG (198, 181) RGB
```

只要有了 Image 类的实例，用户就可以通过类的方法处理图像。例如，下面的方法可以显示图像：

```
img.show()
```

当用户使用 Image 模块的 open()函数打开一个图像文件后，如果想要使用 tkinter 控件来显示该图像，就必须先使用 ImageTk 模块的 PhotoImage 类加载打开的图像。代码如下：

```
from PIL import Image, ImageTk
imgFile = Image.open("D:\\python\\ch14\\14.1.jpg")
img = ImageTk.PhotoImage(imgFile)
canvas = Canvas(win, width=400, height=360)
canvas.create_image(40, 40, image=img, anchor=NW)
canvas.pack(fill=BOTH)
```

下面的示例使用 Pillow 模块加载 4 个图像文件，即 demo.gif、demo.jpg、demo.bmp、demo.tif，并使用 Canvas 控件显示这 4 个图像。

【例 14.1】使用 Pillow 模块加载图像文件（源代码\ch14\14.1.py）。

```python
from tkinter import *
from PIL import Image, ImageTk

#创建主窗口
win = Tk()
win.title(string = "加载图像文件")

path = "D:\\python\\ch14\\"
imgFile1 = Image.open(path + "14.1.gif")
imgFile2 = Image.open(path + "14.1.jpg")
imgFile3 = Image.open(path + "14.1.bmp")
imgFile4 = Image.open(path + "14.1.tif")

img1 = ImageTk.PhotoImage(imgFile1)
img2 = ImageTk.PhotoImage(imgFile2)
img3 = ImageTk.PhotoImage(imgFile3)
img4 = ImageTk.PhotoImage(imgFile4)

canvas = Canvas(win, width=400, height=360)
canvas.create_image(40, 40, image=img1, anchor=NW)
canvas.create_image(220, 40, image=img2, anchor=NW)
canvas.create_image(40, 190, image=img3, anchor=NW)
canvas.create_image(220, 190, image=img4, anchor=NW)
canvas.pack(fill=BOTH)

#开始程序循环
win.mainloop()
```

保存并运行程序，输出结果如图 14-2 所示。

图 14-2　程序运行结果

14.1.3　图像文件的属性

使用 Image 模块的 open()函数打开的图像文件都有以下属性：

（1）format：图像文件的格式，如 JPEG、GIF、BMP、TIFF 等。

（2）mode：图像文件的色彩表示模式，如 RGB、P 等。图像的色彩表示模式如表 14-1 所示。

表14-1　图像的色彩表示模式

模式	说明
1	1 位的像素，黑与白，存储为 8 位的像素
L	8 位的像素，黑与白
P	8 位的像素，使用颜色对照表（color palette table）
RGB	3×8 位的像素，真实颜色
RGBA	4×8 位的像素，真实颜色加上屏蔽
CMYK	4×8 位的像素，颜色分离
YCbCr	3×8 位的像素，颜色图像格式
I	32 位的整数像素
F	32 位的浮点数像素

（3）size：图像文件的大小，以像素为单位。返回值是一个含两个元素的元组，格式为(width, height)。

（4）palette：图像文件的颜色对照表（color palette table）。

（5）info：图像文件的辞典集。

下面的示例使用"打开旧文件"对话框打开图像文件，并显示该图像文件的所有属性。

【例 14.2】显示图像文件的属性（源代码\ch14\14.2.py）。

```
from tkinter import *
import tkinter.filedialog
from PIL import Image

#创建主窗口
win = Tk()
win.title(string = "图像文件的属性")

#打开一个[打开旧文件]对话框
def createOpenFileDialog():
    #返回打开的文件名
    filename = myDialog.show()
    #打开该文件
    imgFile = Image.open(filename)
    #输入该文件的属性
```

```
        label1.config(text = "format = " + imgFile.format)
        label2.config(text = "mode = " + imgFile.mode)
        label3.config(text = "size = " + str(imgFile.size))
        label4.config(text = "info = " + str(imgFile.info))

    #创建 Label 控件,用于输入图像文件的属性
    label1 = Label(win, text = "format = ")
    label2 = Label(win, text = "mode = ")
    label3 = Label(win, text = "size = ")
    label4 = Label(win, text = "info = ")
    #靠左边对齐
    label1.pack(anchor=W)
    label2.pack(anchor=W)
    label3.pack(anchor=W)
    label4.pack(anchor=W)

    #单击按钮后,即打开对话框
    Button(win, text="打开图像文件
",command=createOpenFileDialog).pack(anchor=CENTER)

    #设置对话框打开的文件类型
    myFileTypes = [('Graphics Interchange Format', '*.gif'), ('Windows bitmap',
'*.bmp'),
        ('JPEG format', '*.jpg'), ('Tag Image File Format', '*.tif'),
        ('All image files', '*.gif *.jpg *.bmp *.tif')]

    #创建一个[打开旧文件]对话框
    myDialog = tkinter.filedialog.Open(win, filetypes=myFileTypes)

    #开始程序循环
    win.mainloop()
```

保存并运行程序 14.2.py，在打开的窗口中单击"打开图像文件"按钮，然后在弹出的对话框中选择需要查看的图像文件，即可查看图像的属性信息，输出结果如图 14-3 所示。

图 14-3　程序运行结果

14.1.4　复制与粘贴图像

可以使用 Image 模块的 copy()方法复该图像，使用 Image 模块的 paste()方法粘贴图像，使用 Image 模块的 crop()方法剪下图像中的一个矩形方块。这三个方法的语法如下：

```
copy()
paste(image, box)
crop(box)
```

box 该图像中的一个矩形方块，是一个含有 4 个元素的元组：(left, top, right, bottom)，表示矩形左上角与右下角的坐标。如果使用的是 paste()方法，box 就是一个含有两个元素的元组：((left, top), (right, bottom))。

下面的示例创建使用相同图文件的左右两个图像。右边的图像是将原来图像的上半部旋转 180° 后复制粘贴到上半部的。

【例 14.3】复制与粘贴图像（源代码\ch14\14.3.py）。

```
from tkinter import *
from PIL import Image, ImageTk

#创建主窗口
win = Tk()
win.title(string = "复制与粘贴图像")

#打开图像文件
path = "D:\\python\\ch14\\"
imgFile = Image.open(path + "14.2.jpg")

#创建第一个图像实例变量
img1 = ImageTk.PhotoImage(imgFile)

#读取图像文件的宽与高
width, height = imgFile.size
#设置剪下的区块范围
box1 = (0, 0, width, int(height/2))

#将图像的上半部剪下
part = imgFile.crop(box1)
#将
part= part.transpose(Image.ROTATE_180)
#将图像的上半部粘贴到上半部
imgFile.paste(part, box1)
```

```
#创建第二个图像实例变量
img2 = ImageTk.PhotoImage(imgFile)

#创建 Label 控件,以显示图像
label1 = Label(win, width=400, height=400, image=img1, borderwidth=1)
label2 = Label(win, width=400, height=400, image=img2, borderwidth=1)
label1.pack(side=LEFT)
label2.pack(side=LEFT)

#开始程序循环
win.mainloop()
```

保存并运行程序 14.3.py，输出结果如图 14-4 所示。

图 14-4　程序运行结果

14.1.5　图像的几何转换

图像几何转换的操作主要包括以下几个方面。

（1）改变图像大小：可以使用 resize()方法改变图像的大小。其法格式如下：

```
resize((width, height))
```

（2）旋转图像：可以使用 rotate()方法旋转图像的角度。其语法格式如下：

```
rotate(angle)
```

（3）颠倒图像：可以使用 transpose()方法颠倒图像。其语法格式如下：

```
transpose(method)
```

参数 method 可以是 FLIP_LEFT_RIGHT、FLIP_TOP_BOTTOM、ROTATE_90、ROTATE_180 或 ROTATE_270。

下面的示例创建 4 个图形，从左至右分别是原始图形、使用 rotate()方法旋转 45°、使用 transpose()方法旋转 90°，以及使用 resize()方法改变图像大小为原来的 1 / 4。

【例 14.4】图像的几何转换（源代码\ch14\14.4.py）。

```python
from tkinter import *
from PIL import Image, ImageTk


#创建主窗口
win = Tk()
win.title(string = "图像的几何转换")

#打开图像文件
path = "D:\\python\\ch14\\"
imgFile1 = Image.open(path + "14.3.gif")

#创建第一个图像实例变量
img1 = ImageTk.PhotoImage(imgFile1)

#创建 Label 控件,以显示原始图像
label1 = Label(win, width=162, height=160, image=img1)
label1.pack(side=LEFT)

#旋转图像成 45°
imgFile2 = imgFile1.rotate(45)
img2 = ImageTk.PhotoImage(imgFile2)
#创建 Label 控件,以显示图像
label2 = Label(win, width=162, height=160, image=img2)
label2.pack(side=LEFT)

#旋转图像成 90°
imgFile3 = imgFile1.transpose(Image.ROTATE_90)
img3 = ImageTk.PhotoImage(imgFile3)
#创建 Label 控件,以显示图像
label3 = Label(win, width=162, height=160, image=img3)
label3.pack(side=LEFT)

#改变图像大小为 1 / 4 倍
width, height = imgFile1.size
imgFile4 = imgFile1.resize((int(width/2), int(height/2)))
img4 = ImageTk.PhotoImage(imgFile4)
#创建 Label 控件,以显示原始图像
label4 = Label(win, width=162, height=160, image=img4)
label4.pack(side=LEFT)
```

```
#开始程序循环
win.mainloop()
```

保存并运行程序 14.4.py，输出结果如图 14-5 所示。

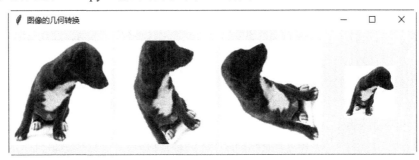

图 14-5　程序运行结果

14.1.6　存储图像文件

可以使用 save()方法存储图像文件。其语法格式如下：

```
save(outfile [, options])
```

Pillow 模块的 open()函数使用文件内容识别文件格式。save()方法使用扩展名识别文件格式，options 参数为文件格式的名称。

下面的示例将 14.1.gif 文件另存为 14.4.bmp 文件。

```
from PIL import Image
im = Image.open("D:\\python\\ch14\\14.1.gif")
im.save("D:\\python\\ch14\\14.4.bmp", "BMP")
```

14.2　语音的处理

Python 提供了许多处理语音的模块，不仅可以收听 CD，而且可以读/写各种语音文件的格式，如.wav、.aifc 等。

14.2.1　winsound 模块

winsound 模块提供 Windows 操作系统的语音播放接口。winsound 模块的 PlaySound()函数可以播放.wav 语音文件。PlaySound()函数的语法如下：

```
PlaySound(sound, flags)
```

sound 可以是 wave 文件名称、字符串类型的语音数据或 None。flagso 为语音变量的参数，可以取变量值如下：

（1）SND_FILENAME：表示一个 wav 文件名。

（2）SND_ALIAS：表示一个注册表中指定的别名。

（3）SND_LOOP：重复播放语音，必须与 SND_ASYNC 共同使用。

（4）SND_MEMORY：表示 wave 文件的内存图像（memory image），是一个字符串。

（5）SND_PURGE：停止所有播放的语音。

（7）SND_ASYNC：PlaySound()函数立即返回，语音在背景播放。

（8）SND_NOSTOP：不会中断目前播放的语音。

（9）SND_NOWAIT：若语音驱动程序忙碌，则立即返回。

下面的示例创建两个按钮：一个按钮用来打开语音文件并重复播放；另一个按钮则是停止播放该语音文件。

【例 14.5】使用 winsound 模块（源代码\ch14\14.5.py）。

```python
from tkinter import *
import tkinter.filedialog,winsound

#创建主窗口
win = Tk()
win.title(string = "处理声音")

#打开一个[打开旧文件]对话框
def openSoundFile():
    #返回打开的语音文件名
    infile = myDialog.show()
    label.config(text = "声音文件: " + infile)
    return infile

#播放语音文件
def playSoundFile():
    infile = openSoundFile()
    #重复播放
    flags = winsound.SND_FILENAME | winsound.SND_LOOP | winsound.SND_ASYNC
    winsound.PlaySound(infile, flags)

#停止播放
def stopSoundFile():
    winsound.PlaySound("*", winsound.SND_PURGE)

label = Label(win, text="声音文件: ")
label.pack(anchor=W)
```

```
Button(win, text="播放声音", command=playSoundFile).pack(side=LEFT)
Button(win, text="停止播放", command=stopSoundFile).pack(side=LEFT)

#设置对话框打开的文件类型
myFileTypes = [('WAVE format', '*.wav')]

#创建一个[打开旧文件]对话框
myDialog = tkinter.filedialog.Open(win, filetypes=myFileTypes)

#开始程序循环
win.mainloop()
```

保存并运行程序 14.5.py，输出结果如图 14-6 所示。单击"播放声音"按钮，在打开的对话框中选择 wav 格式的文件，即可重复播放；单击"停止播放"按钮，即可停止声音播放。

图 14-6　程序运行结果

14.2.2　sndhdr 模块

sndhdr 模块用于识别语音文件的格式。调用 sndhdr 模块的 what()方法来执行识别语音文件的功能，语法格式如下：

```
info = sndhdr.what(filename)
```

filename 是语音文件的名称。返回值 info 是一个元组，格式如下：

```
(type, sampling_rate, channels, frames, bits_per_sample)
```

（1）type 是语音文件的格式，可以是 aifc、aiff、au、hcom、sndr、sndt、voc、wav、8svx、sb、ub 或 ul。

（2）sampling_rate 是每一秒内的取样数目，如果无法译码，就为 0。

（3）channels 是声道数目，如果无法译码，就为 0。

（4）frames 是帧的数目，每一帧由每一个声道和一个取样组成。如果无法译码，就为-1。

（5）bits_per_sample 可以是取样大小，以位为单位。或是 A，表示 A-LAW，或是 U，表示 U-LAW。

下面的示例创建一个按钮来打开语音文件，并显示该语音文件的取样格式。

【例 14.6】使用 sndhdr 模块（源代码\ch14\14.6.py）。

```python
from tkinter import *
import tkinter.filedialog, sndhdr

#创建应用程序的类
class App:
    def __init__(self, master):

        #创建一个 Label 控件
        self.label = Label(master, text="语音文件: ")
        self.label.pack()

        #创建一个 Button 控件
        self.button = Button(master, text="打开语音文件
",command=self.openSoundFile)
        self.button.pack(side=LEFT)

        #设置对话框打开的文件类型
        self.myFileTypes = [('WAVE format', '*.wav')]
    #创建一个[打开旧文件]对话框
    self.myDialog = tkinter.filedialog.Open(master, filetypes=self.myFileTypes)

    #打开语音文件
    def openSoundFile(self):
        #返回打开的语音文件名
        infile = self.myDialog.show()
        #显示该语音文件的格式
        self.getSoundHeader(infile)

    def getSoundHeader(self, infile):
        #读取语音文件的格式
        info = sndhdr.what(infile)
        txt = "语音文件: " + infile + "\n" + "Type: " + info[0] + "\n" + \
            "Sampling rate: " + str(info[1]) + "\n" + \
            "Channels: " + str(info[2]) + "\n" + \
            "Frames: " + str(info[3]) + "\n" + "Bits per sample: " + str(info[4])
        self.label.config(text = txt)

#创建主窗口
win = Tk()
win.title(string = "处理声音")

#创建应用程序类的实例变量
app = App(win)

#开始程序循环
win.mainloop()
```

保存并运行程序 14.2.py，输出结果如图 14-7 所示。单击"打开语音文件"按钮，在打开的对话框中选择 wav 格式的文件，即可查看文件的信息。

图 14-7　程序运行结果

14.2.3　wave 模块

wave 模块让用户读写、分析及创建 WAVE（.wav）文件。可以使用 wave 模块的 open() 方法打开旧文件或创建新文件。其语法格式如下：

```
open(file [, mode])
```

其中，file 是 WAVE 文件名称；mode 可以是 r 或 rb，表示只读模式，返回一个 Wave_read 对象；可以是 w 或 wb，表示只写模式，返回一个 Wave_write 对象。

表 14-2 是 Wave_read 对象的方法列表。

表14-2　Wave_read对象的方法列表

方法	说明
getnchannels()	返回声道数目。1 是单声道，2 是双声道
getsampwidth()	返回样本宽度，单位是字节
getframerate()	返回取样频率
getnframes()	返回帧的数目
getcomptype()	返回压缩类型。返回 None 表示线性样本
getcompname()	返回可读的压缩类型
getparams()	返回一个元组：（nchannels, sampwidth, framerate, nframes, comptype, compname）
getmarkers()	返回 None。此方法用来与 aifc 模块兼容
getmark(id)	抛出一个例外，因为此 mark 不存在。此方法用来与 aifc 模块兼容
readframes(n)	返回 n 个帧的语音数据
rewind()	倒转至语音串流的开头
setpos(pos)	移到 pos 位置
tell()	返回目前的位置
close()	关闭语音串流

表 14-3 是 Wave_write 对象的方法列表。

表14-3　Wave_write对象的方法列表

方法	说明
setnchannels()	设置声道的数目
setsampwidth(n)	设置样本宽度
setframerate(n)	设置取样频率
setnframes(n)	设置帧的数目
setcomptype(type, name)	设置压缩类型与可读的压缩类型
setparams()	设置一个元组：nchannels, sampwidth, framerate, nframes, comptype, compname
tell()	返回目前的位置
writeframesraw(data)	写入语音帧，但是没有文件表头
writeframes(data)	写入语音帧及文件表头
close()	写入文件表头，并且关闭语音串流

下面的示例创建一个按钮来打开语音文件，并显示该语音文件的格式。

【例 14.7】使用 wave 模块（源代码\ch14\14.7.py）。

```python
from tkinter import *
import tkinter.filedialog, wave

#创建应用程序的类
class App:
    def __init__(self, master):

        #创建一个 Label 控件
        self.label = Label(master, text="语音文件：")
        self.label.pack(anchor=W)

        #创建一个 Button 控件
        self.button = Button(master, text="打开语音文件
",command=self.openSoundFile)
        self.button.pack(anchor=CENTER)

        #设置对话框打开的文件类型
        self.myFileTypes = [('WAVE format', '*.wav')]

        #创建一个[打开旧文件]对话框
        self.myDialog = tkinter.filedialog.Open(master,
filetypes=self.myFileTypes)

    #打开语音文件
    def openSoundFile(self):
```

```
        #返回打开的语音文件名
        infile = self.myDialog.show()
        #显示该语音文件的格式
        self.getWaveFormat(infile)


    def getWaveFormat(self, infile):
        #读取语音文件的格式
        audio = wave.open(infile, "r")
        txt = "语音文件: " + infile + "\n" + \
            "Channels: " + str(audio.getnchannels()) + "\n" + \
            "Sample width: " + str(audio.getsampwidth()) + "\n" + \
            "Frame rate: " + str(audio.getframerate()) + "\n" + \
            "Compression type: " + str(audio.getcomptype()) + "\n" + \
            "Compression name: " + str(audio.getcompname())
        self.label.config(text = txt)


#创建主窗口
win = Tk()
win.title(string = "处理声音")
#创建应用程序类的实例变量
app = App(win)
#开始程序循环
win.mainloop()
```

保存并运行 14.7.py，输出结果如图 14-8 所示。单击"打开语音文件"按钮，在打开的对话框中选择 wav 格式的文件，即可查看文件的信息。

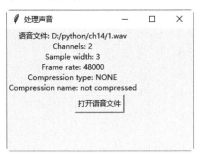

图 14-8　程序运行结果

14.2.4　aifc 模块

aifc（Audio Interchange File Format）模块用于存取 AIFF 与 AIFC 格式的语音文件。aifc 模块的函数与 wave 模块的函数大致相同。

下面的示例使用 aifc 模块创建一个新的 AIFC 语音文件。

【例 14.8】使用 aifc 模块（源代码\ch14\14.8.py）。

```python
import aifc

#创建一个新语音文件
stream = aifc.open("d:\\test.aifc", "w")
#声道数为 2
stream.setnchannels(2)
#样本宽度为 2
stream.setsampwidth(2)
#每一秒 22050 个帧
stream.setframerate(22050)
#写入表头以及语音串流
stream.writeframes(b"143456787654321" * 20000)
#关闭文件
stream.close()
```

14.3 科学计算——numpy 模块

numpy 模块提供了功能强大的科学计算功能，本节将学习该模块的安装和使用方法。

14.3.1 下载和安装 numpy 模块

numpy 模块提供快速、简洁的多维数组语言机制。同时该模块还包括操作线性几何、快速傅立叶转换及随机数等方法。

由于 numpy 模块是第三方模块，因此需要用户下载并安装 numpy 模块。用户可以在"命令提示符"中，使用 pip 安装 numpy 模块，命令如下：

```
pip install numpy
```

注　意
在安装 numpy 模块，需要确定系统已经安装了 Microsoft Visual C++ 14.0，否则会提示以下错误信息： 　error: Microsoft Visual C++ 14.0 is required. Get it with "Microsoft Visual C++ Build Tools": https://visualstudio.microsoft.com/downloads/

14.3.2 array 对象

numpy 模块定义两个新的对象类型：array 和 ufunc，以及一组操作该对象的函数，以将这两个新的对象类型与其他 Python 类型进行转换。

array 对象是一个可为大数目的数字集合，集合内的数字必须是相同类型，如都是双精度浮点数。

使用 numpy 模块的 array()方法创建 array 对象。其语法格式如下：

```
array(numbers [, typecode=None])
```

其中，numbers 是一个序列对象，如元组与列表；typecode 是 numbers 元素的类型。

下面的示例创建一个一维向量数组。

```
from numpy import *
x, y, z = 1, 2, 3
a = array([x, y, z])
print (a)
```

输出结果如下所示。

```
[1 2 3]
```

下面的示例创建一个一维向量数组，并将向量值以浮点数表示。

```
from numpy import *
x, y, z = 1, 2, 3
a = array([x, y, z], float)
print (a)
```

输出结果如下所示。

```
[ 1.  2.  3.]
```

下面的示例创建一个 2 行 3 列的矩阵。

```
from numpy import *
ma = array([[1, 2, 3], [4, 5, 6]])
print (ma)
```

输出结果如下所示。

```
[[1 2 3]
 [4 5 6]]
```

下面的示例显示矩阵 ma 的行列数。

```
print ma.shape
```

输出结果如下所示。

```
(2, 3)
```

下面的示例将矩阵 ma 改成一维矩阵。

```
ma2 = reshape(ma, (6,))
print (ma2)
```

输出结果如下所示。

```
[1 2 3 4 5 6]
```

下面的示例将矩阵 ma 改成 9 行 9 列的矩阵。

```
ma = array([[1, 2, 3], [4, 5, 6]])
big = resize(ma, (9, 9))
print (big)
```

输出结果如下所示。

```
[[1 2 3 4 5 6 1 2 3]
 [4 5 6 1 2 3 4 5 6]
 [1 2 3 4 5 6 1 2 3]
 [4 5 6 1 2 3 4 5 6]
 [1 2 3 4 5 6 1 2 3]
 [4 5 6 1 2 3 4 5 6]
 [1 2 3 4 5 6 1 2 3]
 [4 5 6 1 2 3 4 5 6]
 [1 2 3 4 5 6 1 2 3]]
```

下面的示例将两个矩阵相加。

```
a = array([[1, 2, 3], [4, 5, 6]])
b = array([[7, 8, 9], [10, 11, 14]])
print (a + b)
```

输出结果如下所示。

```
[[ 8 10 14]
 [14 16 18]]
```

下面的示例将两个矩阵相乘。

```
a = array([[1, 2, 3], [4, 5, 6]])
b = array([[7, 8, 9], [10, 11, 14]])
print (a * b)
```

输出结果如下所示。

```
[[ 7 16 27]
 [40 55 72]]
```

14.3.3 ufunc 对象

ufunc 对象是一个用于操作 array 对象的函数集合。这些函数如表 14-4 所示。

表14-4　ufunc对象的函数

ufunc 对象的函数			
add (+)	subtract (-)	multiply (*)	divide (/)
remainder (%)	power (**)	arccos	arccosh
arcsin	arcsinh	arctan	arctanh
cos	cosh	exp	log
log10	sin	sinh	sqrt
tan	tanh	maximum	minimum
conjugate	equal (=)	not_equal (!=)	greater (>)
greater_equal (>=)	less (<)	less_equal (<=)	logical_and (and)
logical_or (or)	logical_xor	logical_not (not)	bitwise_and (&)
bitwise_or (|)	bitwise_xor	bitwise_not (~)	

下面的示例将两个矩阵相加。

```
from numpy import *
a = array([[1, 2, 3], [4, 5, 6]])
b = array([[7, 8, 9], [10, 11, 14]])
print (add(a, b))
```

输出结果如下所示。

```
[[ 8 10 14]
 [14 16 18]]
```

下面的示例计算矩阵的正弦值。

```
a = arange(10)
print (sin(a))
```

输出结果如下所示。

```
[ 0.          0.84147098  0.90929743  0.14112001 -0.7568025  -0.95892427
 -0.2794155   0.6569866   0.98935825  0.41211849]
```

14.4　正则表达式

re 模块可以执行正则表达式（regular expression）的功能。正则表达式是字符串，它包含文本和特殊字符。利用文字与特定字符的混合，可以定义复杂的字符串匹配与取代类型。

14.4.1　正则表达式的特定字符

正则表达式所用的特定字符如表 14-5 所示。

表14-5　正则表达式所用的特定字符

特定字符	说明
\w	匹配字母与数字的字符，包含下画线 "_" 符号，与"[A-Za-z0-9_]"相等
\W	匹配非字母或数字的字符。与"[^A-Za-z0-9_]"相等
\s	匹配 white space 字符，包含 tab、newline、form feed 及换行字符，与"[\f\n\r\t\v]"相等
\S	匹配非 white space 字符，与"[^\f\n\r\t\v]"相等
\d	匹配数字，与"[0-9]"相等
\D	匹配非数字，与"[^0-9]"相等
[\b]	匹配 backspace 字符
.	匹配 newline 以外的任何字符
[...]	匹配中括号[]内的任何字符
[^...]	匹配不在中括号[]内的任何字符
[x-y]	匹配 x 到 y 之间的任何字符
[^x-y]	匹配不在 x 到 y 之间的任何字符
{x,y}	匹配上一个搜索目标的次数至少 x 次，但是不可以超过 y 次
{x,}	匹配上一个搜索目标的次数至少 x 次
{x}	匹配上一个搜索目标的次数正好 x 次
?	匹配上一个搜索目标的次数只有一次或没有符合
+	匹配上一个搜索目标的次数至少一次
*	匹配上一个搜索目标的次数是任何次数或没有符合
|	匹配|符号左边或右边的搜索字符
(...)	将小括号()内的所有搜索字符集合成为一个新的搜索字符
\x	匹配 x 集合的相同搜索字符
^	匹配字符串的开头，或者在多行模式中匹配每一行的开头
$	匹配字符串的结尾，或者在多行模式中匹配每一行的结尾
\b	匹配字母数字的字符，以及非字母数字的字符之间的字符
\B	不在字母数字的字符，以及非字母数字的字符之间的字符

如果用户要在正则表达式内使用?、*、+或换行等符号，就必须使用表 14-6 所示的字符。

表14-6　正则表达式内的特殊字符

特殊字符	说明
\f	Form feed
\n	Newline
\r	换行
\t	Tab
\v	Vertical tab
\/	/符号
\\	\符号

（续表）

特殊字符	说明
\.	.符号
*	*符号
\+	+符号
\?	?符号
|	|符号
\(	(符号，小括号的左边
\)	)符号，小括号的右边
\[	[符号，中括号的左边
\]	]符号，中括号的右边
\{	{符号，大括号的左边
\}	}符号，大括号的右边
\XXX	八进位数字 XXX 所代表的 ASCII 字符
\xHH	十六进位数字 HH 所代表的 ASCII 字符
\cX	X 所代表的控制字符

14.4.2　re 模块的方法

re 模块的方法如下：

（1）RegExpObject = re.compile(string [, flags])：将一个正则表达式字符串编译成一个文字表示对象。

（2）MatchObject = RegExpObject.search(string [, startpos] [, endpos])：搜索匹配正则表达式的字符串。

（3）MatchObject = RegExpObject.match(string [, startpos] [, endpos])：检查 string 字符串的初始字符是否匹配正则表达式。

（4）MatchList = RegExpObject.findall(string)：搜索没有重复的匹配字符串。

（5）StringList = RegExpObject.split((string [, maxsplit])：依照正则表达式分割字符串。

（6）RegExpObject.sub(newtext, string [, count])：将 string 字符串中匹配正则表达式者，以 newtext 取代。

（7）RegExpObject.subn(newtext, string [, count])：与 sub()方法相同，但是会返回一个元组，元组的元素为新字符串及执行的取代次数。

（8）MatchObject = re.search(pattern [, string] [, flags])：搜索匹配正则表达式的字符串。

（9）MatchObject = re.match(pattern [, string] [, flags])：检查 string 字符串的初始字符，是否匹配正则表达式。

（10）MatchList = re.findall(pattern, string)：搜索没有重复的匹配字符串。

（11）StringList = re.split(pattern, string [, maxsplit])：搜索匹配正则表达式的字符串。依照正则表达式分割字符串。

（12）re.sub(pattern, newtext, string [, count])：将 string 字符串中匹配正则表达式者，以

newtext 取代。

（13）re.subn(pattern, newtext, string [, count=0])：与 sub()方法相同，但是会返回一个元组，元组的元素为新字符串及执行的取代次数。

（14）newstring = re.escape(string)：将字符串中的非英文字符删除。

每一个 RegExpObject 都有以下方法与属性：

（1）RegExpObject.flags：返回编译期间正则表达式对象的标志参数。

（2）RegExpObject.groupindex：返回一个辞典集，将符号群组名称映像到群组数字。

（3）RegExpObject.pattern：返回对象的原始正则表达式字符串。

每一个 MatchObject 都有以下方法与属性：

（1）MatchObject.group([groupid, ...])：当提供一个群组名称或数字列表时，Python 将返回一个符合每个群组的文字组成的元组。

（2）MatchObject.groupdict()：返回一个辞典集，内容为所有符合的次群组。

（3）MatchObject.groups()：返回一个元组，内容为符合所有群组的文字。

（4）MatchObject.start([group])：返回符合群组的子字符串的第一个位置。

（5）MatchObject.end([group])：返回符合群组的子字符串的最后一个位置。

（6）MatchObject.span([group])：返回一个元组，元组的内容为 MatchObject.start 与 MatchObject.end 的值。

（7）MatchObject.pos：返回创建时传给函数的 pos 值。

（8）MatchObject.endpos：返回创建时传给函数的 endpos 值。

（9）MatchObject.string：返回创建时传给函数的 string 值。

（10）MatchObject.re：返回产生 MatchObject 实例变量的 RegExpObject 对象。

下面的示例读取 D:\\python\\ch14\\14.1.html 文件，并标记<title></title>之间的文字。

```
import re
fileContent = open("D:\\python\\ch14\\14.1.html").read()
result = re.search(r"<title>(.*?)</title>", fileContent, re.IGNORECASE)
print (result.group(1))
```

输出结果如下所示。

```
Example HTML file
```

14.1.html 文件的内容如下：

```
<html>
  <head>
    <title>Example HTML file</title>
  </head>
  <body>
    <h1 style="text-align: center">
        选择你要连接的网站
```

```
        </h1>
        <ul>
            <li>http://www.python.org</li>
            <li>http://www.iso.ch</li>
            <li>http://www.w3.org</li>
            <li>http://www.midi.org</li>
            <li>http://www.mpeg.org</li>
        </ul>
    </body>
</html>
```

下面的示例将 14.1.html 文件内<li>与</li>之间的字符串转换为超级链接。

【例 14.9】字符串转换为超级链接（源代码\ch14\14.9.py）。

```python
import re

#打开文件
fileContent = open("D:\\python\\ch14\\14.1.html").read()

#设置正则表达式(regular expression)为http:...的类型
pattern =
re.compile(r"(http://[\w-]+(?:\.[\w-]+)*(?:/[\w-]*)*(?:\.[\w-]*)*)")

#寻找文件内所有匹配正则表达式的字符串
re.findall(pattern, fileContent)

#将匹配正则表达式的字符串,以超级链接类型的新字符串取代
result = re.sub(pattern, r"<a href=\1>\1</a>", fileContent)

#打开新文件
file = open("D:\\python\\ch14\\new.html", "w")

#写入新的HTML文件
file.write(result)
file.close()
```

产生新的文件 new.html，其内容如下：

```html
<html>
    <head>
        <title>Example HTML file</title>
    </head>
    <body>
```

```
    <h1 style="text-align: center">
        选择你要连接的网站
    </h1>
    <ul>
        <li><a href=http://www.python.org>http://www.python.org</a></li>
        <li><a href=http://www.iso.ch>http://www.iso.ch</a></li>
        <li><a href=http://www.w3.org>http://www.w3.org</a></li>
        <li><a href=http://www.midi.org>http://www.midi.org</a></li>
        <li><a href=http://www.mpeg.org>http://www.mpeg.org</a></li>
    </ul>
    </body>
</html>
```

14.5　线　程

多线程用于同时执行多个不同的程序或任务，可以做到并行处理和提高程序执行性能。Python 提供了两个多线程模块，即_thread 和 threading。

14.5.1　Python 多线程

当执行任何应用程序时，CPU 会为应用程序创建一个进程（process）。该进程由下面元素组成：

（1）给应用程序保留的内存空间。

（2）一个应用程序计数器。

（3）一个应用程序打开的文件列表。

（4）一个存储应用程序内变量的调用堆栈。

如果该应用程序只有一个调用堆栈及一个计数器，那么该应用程序称为单线程的应用程序。

多线程的应用程序会创建一个函数，来执行需要重复执行多次的程序代码，然后创建一个线程执行该函数。一个线程（thread）是一个应用程序单元，用于在后台并行执行多个耗时的动作。

在多线程的应用程序中，每一个线程的执行时间等于应用程序所花的 CPU 时间除以线程的数目。因为线程彼此之间会分享数据，所以在更新数据之前，必须先将程序代码锁定，如此所有的线程才能同步。

Python 有两个线程接口：_thread 模块与 threading 模块。_thread 模块提供低级的接口，用于支持小型的进程线程；threading 模块则是以 thread 模块为基础，提供高级的接口。

除了_thread 模块与 threading 模块之外，Python 还有一个 queue 模块。queue 模块内的 queue 类，可以在多个线程中安全地移动 Python 对象。

14.5.2 _thread 模块

_thread 模块的函数如下：

（1）_thread.allocate_lock()：创建并返回一个该对象。lckobj 对象有以下 3 种方法：

- lckobj.acquire([flag]): 用来捕获一个 lock。
- lcjobj.release(): 释放 lock。
- lckobj.locked(): 若对象成功锁定，则返回 True；否则返回 False。

（2）_thread.exit()：抛出一个 SystemExit，以终止线程的执行。它与 sys.exit()函数相同。

（3）_thread.get_ident()：读取目前线程的识别码。

（4）_thread.start_new_thread(func, args [, kwargs])：开始一个新的线程。

下面的示例创建一个类，内含 5 个函数，每执行一个函数就激活一个线程，本示例同时执行 5 个线程。

【例 14.10】创建多个线程（源代码\ch14\14.10.py）。

```python
import _thread, time

class threadClass:

    def __init__(self):
        self._threadFunc = {}
        self._threadFunc['1'] = self.threadFunc1
        self._threadFunc['2'] = self.threadFunc2
        self._threadFunc['3'] = self.threadFunc3
        self._threadFunc['4'] = self.threadFunc4

    def threadFunc(self, selection, seconds):
        self._threadFunc[selection] (seconds)

    def threadFunc1(self, seconds):
        _thread.start_new_thread(self.output, (seconds, 1))

    def threadFunc2(self, seconds):
        _thread.start_new_thread(self.output, (seconds, 2))

    def threadFunc3(self, seconds):
        _thread.start_new_thread(self.output, (seconds, 3))

    def threadFunc4(self, seconds):
        _thread.start_new_thread(self.output, (seconds, 4))
```

```
    def output(self, seconds, number):
        for i in range(seconds):
            time.sleep(0.0001)
        print ("进程%d 已经运行" % number)

mythread = threadClass()

mythread.threadFunc('1', 800)
mythread.threadFunc('2', 700)
mythread.threadFunc('3', 500)
mythread.threadFunc('4', 300)

time.sleep(5.0)
```

保存并运行程序，输出结果如图 14-9 所示。

```
进程4 已经运行
>>> 进程3 已经运行
进程2 已经运行
进程1 已经运行
```

图 14-9　运行结果

14.5.3　threading 模块

threading 模块的函数如下：

（1）threading.activeCount()：返回活动中的线程对象数目。

（2）threading.currentThread()：返回目前控制中的线程对象。

（3）threading.enumerate()：返回活动中的线程对象列表。

每一个 threading.Thread 类对象都有以下方法：

（1）threadobj.start()：执行 run()方法。

（2）threadobj.run()：此方法被 start()方法调用。

（3）threadobj.join([timeout])：此方法等待线程结束。timeout 的单位是秒。

（4）threadobj.isActive()：如果线程对象的 run()方法已经执行，就返回 1；否则返回 0。

下面的示例改写 threading.Thread 类的 run()方法，在 run()方法内读取一个 10~20 的随机数，然后创建 5 个 Thread 类的实例变量，以同时激活 5 个线程。

【例 14.11】改写 run()方法（源代码\ch14\14.11.py）。

```
import threading, time, random
```

```
class threadClass(threading.Thread):
    def run(self):
        x = 0
        y = random.randint(1, 100)
        while x < y:
            x += 1
            time.sleep(0.1)
        print (y)

for i in range(5):
    mythread = threadClass()
    mythread.start()
print ("进程运行结束")
```

保存并运行程序，输出结果如下所示。

```
进程运行结束
12
15
17
17
20
```

14.6 Python 3.8 的新特性 1——强制位置参数

Asyncio 是用来编写并发代码的库，使用 async/await 语法。在 Python 3.8 之前的版本中，涉及 Asyncio 异步函数，通常需要使用 asyncio.run(func())才能执行。在 Python 3.8 版本中，当使用 python -m asyncio 进入交互模式时，则不再需要 asyncio.run(func())。

例如：

```
async def main():
    await asyncio.sleep(1)
    return '异步交互'
```

在 Python 3.7 版本中，运行协程的方法如下：

```
asyncio.run(main())
```

输出结果如下所示。

```
'异步交互'
```

在 Python 3.8 版本中，使用 python -m asyncio 进入交互模式，运行协程则不再需要 asyncio.run(func())：

```
await main()
```

输出结果如下所示。

```
'异步交互'
```

14.7 Python 3.8 的新特性 2——跨进程共享内存

在 Python 多进程中，不同进程之间的通信是常见的问题，通常的方式是使用 multiprocessing.Queue 或者 multiprocessing.Pipe，在 3.8 版本中加入了 multiprocessing.shared_memory，利用专用于共享 Python 基础对象的内存区域，为进程通信提供一个新的选择。例如下面的代码：

```python
from multiprocessing import Process
from multiprocessing import shared_memory

share_nums = shared_memory.ShareableList(range(5))

def work1(nums):
    for i in range(3):
        nums[i] += 100
    print('work1 nums = %s'% nums)

def work2(nums):
    print('work2 nums = %s'% nums)

if __name__ == '__main__':
    p1 = Process(target=work1, args=(share_nums, ))
    p1.start()
    p1.join()
    p2 = Process(target=work2, args=(share_nums, ))
    p2.start()
```

输出结果如下：

```
work1 nums = [100, 101, 102]
work2 nums = [100, 101, 102]
```

在上面代码中，work1 与 work2 虽然分别运行在两个进程中，但都可以访问和修改同一个 ShareableList 对象。

14.8　疑难解惑

疑问 1：如何创建缩略图？

缩略图是网络开发或图像软件预览常用的一种基本技术，使用 Python 的 Pillow 图像库可以很方便地创建缩略图。

【例 14.12】创建缩略图（源代码\ch14\14.12.py）。

```
from PIL import Image
import glob,os
size = (148,148)
for infile in glob.glob("D:/python/ch14/*.jpg"):
    f, ext = os.path.splitext(infile)
    img = Image.open(infile)
    img.thumbnail(size,Image.ANTIALIAS)
img.save(f+".thumbnail","JPEG")
```

保存并运行程序，即可将 ch14 文件夹下的 jpg 图像文件全部创建缩略图。glob 模块是一种智能化的文件名匹配技术，在图像批处理中经常会用到。

疑问 2：如何使用 numpy 模块产生随机数？

使用 numpy 模块的 linspace()方法可以产生指定数目和范围的随机数，非常好用。例如：

```
import numpy as nps
nps.linspace(1,3,9)
```

输出结果如下所示。

```
array([ 1.  , 1.25, 1.5 , 1.75, 2.  , 2.25, 2.5 , 2.75, 3.  ])
```

上述示例将在 1~3 中产生 9 个随机数。

第 15 章 数据库的应用

 内容导航┃Navigation

虽然通过操作文件可以实现简单的数据操作功能，但是不能快速查询，只有把数据全部读取到内存中才能遍历查询。而在实际应用中，不可能每次读取数据都把数据全部读入内存中，因为数据大小经常远远超过内存大小。为了解决上述问题，可以将数据存储在专门的数据库软件中。本章将重点讲述 Python 操作 SQLite 数据库和 MySQL 数据库的方法和技巧。

学习目标┃Objective

- 了解平面数据库的含义
- 掌握 SQLite 数据库的操作方法
- 掌握 PyMySQL 的安装方法
- 掌握连接 MySQL 数据库的方法
- 掌握在 MySQL 数据表中插入数据的方法
- 掌握在 MySQL 数据表中查询数据的方法
- 掌握在 MySQL 数据表中更新数据的方法
- 掌握在 MySQL 数据表中删除数据的方法

15.1 平面数据库

平面数据库（flat database）是文本数据或二进制数据文件。要打开文本数据文件，使用 Python 内置函数 open() 即可，这个在前面的章节中已经讲述过。要打开二进制数据文件，则是使用 struct 模块。本节将重点学习如何打开二进制数据文件。

struct 模块可以处理和操作与系统无关的二进制数据文件。struct 模块只适合处理小型文件，如果是大型文件，就需要用 array 模块来处理。struct 模块将二进制文件的数据与 Python 结构进行转换，通常是使用 C 语言所写的接口来完成。

struct 模块主要的方法包括 pack()、unpack() 和 calcsize()，在前面章节已经介绍过。

下面的示例将 4 个数值数据（100、200、300、400）转换为 integer 类型的二进制数据，然后转换回原来的数值数据。

【例 15.1】读取二进制文件（源代码\ch15\15.1.py）。

```
from tkinter import *
import tkinter.filedialog, struct
```

```
#创建应用程序的类
class App:
    def __init__(self, master):
        #创建一个 Label 配件
        self.label = Label(master)
        self.label.pack(anchor=W)
        #创建一个 Button 配件
        self.button = Button(master, text="Start", command=self.getBinaryData)
        self.button.pack(anchor=CENTER)

    def setBinaryData(self):
        #将数值数据 100, 200, 300, 400 转换为 integer 类型的二进制数据
        self.bytes = struct.pack("i"*4, 100, 200, 300, 400)

    def getBinaryData(self):
        self.setBinaryData()
        #将 integer 类型的二进制数据转换为原来的数值数据(100, 200, 300, 400)
        values = struct.unpack("i"*4, self.bytes)
        self.label.config(text = str(values))

#创建应用程序窗口
win = Tk()
win.title(string - "平面数据库")

#创建应用程序类的实例变量
app = App(win)

#开始程序循环
win.mainloop()
```

保存并运行程序，在打开的窗口中单击 Start 按钮，结果如图 15-1 所示。

图 15-1　程序运行结果

15.2　内置数据库 SQLite

　　SQLite 是小型数据库，它不需要作为独立的服务器运行，可以直接在本地运行。在 Python 3 版本中，SQLite 已经被包装成标准库 pySQLite。可以先将 SQLite 作为一个模块导入，模块的名称为 sqlite3，然后就可以创建一个数据库文件进行连接。

　　例如：

```
import sqlite3
myconn=sqlite3.connect("D:\python\ch15\mydata.db")
```

　　connect()函数将返回一个连接对象 myconn，这个对象是目前和数据库的连接对象。该对象支持的方法如下：

　　（1）close()：关闭连接。连接关闭后，连接对象和游标均不可用。

　　（2）commit()：提交事务。这里需要数据库支持事务，如果数据库不支持事务，该方法就不会起作用。

　　（3）rollback()：回滚挂起的事务。

　　（4）cursor()：返回连接的游标对象。

　　上面的命令运行后将创建一个 myconn 连接，如果 mydata.db 文件不存在，就会创建一个名称为 mydata.db 的数据库文件。

　　下面将继续创建一个连接的游标，该游标用于执行 SQL 语句。命令如下：

```
mycur=myconn.cursor()
```

　　cursor()方法将返回一个游标对象 mycur。游标对象支持的方法如下：

　　（1）close()：关闭游标。游标关闭后，将不可用。

　　（2）callproc(name[,params])：使用给定的名称和参数（可选）调用已命名的数据库。

　　（3）execute(oper[,params])：执行一个 SQL 操作。

　　（4）executemany(oper,pseq)：对序列中的每个参数集执行 SQL 操作。

　　（5）fetchone()：把查询的结果集中在下一行保存为序列。

　　（6）fetchmany([size])：获取查询集中的多行。

　　（7）fetchall()：把所有的行作为序列的序列。

　　（8）nextset()：跳至下一个可用的结果集。

　　（9）setinputsizes(sizes)：为参数预先定义内存区域。

　　（10）setoutputsizes(size[,col])：为获取的大数据值设置缓冲区大小。

　　游标对象的属性如下：

　　（1）description：结果列描述的序列，只读。

　　（2）rowcount：结果中的行数，只读。

　　（3）arraysize：fetchmany 中返回的行数，默认为 1。

当游标执行 SQL 语句后，即可提交事务。命令如下：

```
myconn.commit()
```

事务提交后，即可关闭连接。命令如下：

```
myconn.close()
```

下面将通过一个综合示例来学习操作 SQLite 数据库的方法。

【例 15.2】创建数据表并插入数据（源代码\ch15\15.2.py）。

```
import sqlite3

conn=sqlite3.connect("D:\python\ch15\mydata.db")
curs = conn.cursor()


curs.execute('''
CREATE TABLE fruits (
  id         TEXT        PRIMARY KEY,
  name       TEXT,
  number      INT,
  info        TEXT
  )
''')
curs.execute('''
INSERT INTO fruits VALUES(
  1,'苹果',1200,'苹果的库存很充足'
  )
''')
curs.execute('''
INSERT INTO fruits VALUES(
  2,'香蕉',2600,'香蕉的库存很充足'
  )
''')
curs.execute('''
INSERT INTO fruits VALUES(
  3,'橘子',3600,'橘子的库存很充足'
  )
''')

conn.commit()
conn.close()
```

保存并运行程序后，即可在 ch15 文件夹下创建一个名称为 fruits.db 的数据库文件，如图
15-2 所示。

图 15-2　创建数据库

数据库创建完成后，可使用 execute()方法执行 SQL 查询，使用 fetchall()等方法提取需要的结果。

下面将通过一个综合示例来学习使用 SELECT 条件语句查询数据库，并打印出查询结果。

【例 15.3】查询数据（源代码\ch15\15.3.py）。

```python
import sqlite3, sys

conn = sqlite3.connect('D:\python\ch15\person.db')
curs = conn.cursor()

curs.execute('''
SELECT * FROM fruits
WHERE name="苹果"
''')
names = [f[0] for f in curs.description]
for row in curs.fetchall():
    for pair in zip(names, row):
        print ('%s: %s' % pair)
```

保存并运行程序，输出结果如下所示。

```
id: 1
name: 苹果
number: 1200
info: 苹果的库存很充足
```

15.3　操作 MySQL 数据库

MySQL 是目前比较流行的数据库管理系统。本节将重点学习 Python 操作 MySQL 数据库的方法和技巧。

15.3.1 安装 PyMySQL

Python 语言为操作 MySQL 数据库提供了标准库 PyMySQL。下面讲述 PyMySQL 的下载和安装方法。

在浏览器地址栏中输入 PyMySQL 的下载地址：https://pypi.python.org/pypi/PyMySQL/，如图 15-3 所示。选择 PyMySQL-0.9.3-py2.py3-none-any.whl 文件。

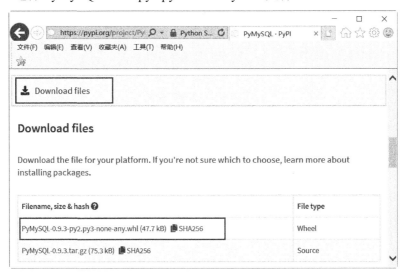

图 15-3　PyMySQL 的下载页面

将下载的文件放置在 D:\python\ch15\中。下面开始安装 pymysql-0.9.3。

以管理员身份启动"命令提示符"窗门，然后进入 PyMySQL-0.9.3-py2.py3-none-any.whl 文件所在的路径。命令如下：

```
C:\windows\system32>d:
D:\>cd D:\python\ch15\
```

开始安装 PyMySQL-0.9.3，命令如下：

```
D:\python\ch15>pip install PyMySQL-0.9.3-py2.py3-none-any.whl
```

运行结果如图 15-4 所示。

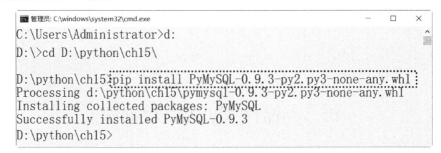

图 15-4　安装 PyMySQL

15.3.2 连接 MySQL 数据库

在连接 MySQL 数据库之前，需要完成以下工作：

（1）安装 MySQL 5.7 服务器软件。

（2）创建数据库 ffs。

下面的示例演示 Python 如何连接 MySQL 数据库。

【例 15.4】连接 MySQL 数据库（源代码\ch15\15.4.py）。

```python
import pymysql

# 打开数据库连接
db = pymysql.connect("localhost","root","","ffs" )

# 使用 cursor() 方法创建一个游标对象 cursor
cursor = db.cursor()

# 使用 execute()  方法执行 SQL 查询
cursor.execute("SELECT VERSION()")
# 使用 fetchone() 方法获取单条数据.
data = cursor.fetchone()
print ("Database version : %s " % data)
# 关闭数据库连接
db.close()
```

保存并运行程序，输出数据库的版本号，结果如下所示。

```
Database version : 5.7.14
```

15.3.3 创建数据表

数据库连接完成后，即可使用 execute()方法为数据库创建数据表。

【例 15.5】创建数据表（源代码\ch15\15.5.py）。

```python
import pymysql

# 打开数据库连接
db = pymysql.connect("localhost","root","","ffs" )

# 使用 cursor() 方法创建一个游标对象 cursor
cursor = db.cursor()
# 定义 SQL 语句
sql = """CREATE TABLE fruits(
```

```
id  INT (10) NOT NULL UNIQUE,
name  CHAR(20) NOT NULL,
number INT)
"""
# 使用 execute() 方法执行 SQL
cursor.execute(sql)

# 关闭数据库连接
db.close()
```

保存并运行程序，即可创建数据表 fruits。

15.3.4　插入数据

数据表 fruits 创建完成后，使用 INSERT 语句可以向数据表中插入数据。

【例 15.6】插入数据（源代码\ch15\15.6.py）。

```
import pymysql

# 打开数据库连接
db = pymysql.connect("localhost","root","","ffs" )

# 使用 cursor()方法获取操作游标
cursor = db.cursor()
sql = "INSERT INTO fruits (id,name,number)VALUES ('%d', '%s', '%d', )" % (1,
'apple', 2600)
try:
    #执行插入数据语句
    cursor.execute(sql)
    # 提交到数据库执行
    db.commit()
except:
    # 如果发生错误，就回滚
    db.rollback()

# 关闭数据库连接
db.close()
```

保存并运行程序，即可向数据表 fruits 中插入数据。

15.3.5　查询数据

Python 查询 MySQL 数据库时，主要用到以下几个方法：

（1）fetchone()：该方法获取下一个查询结果集，结果集是一个对象。

（2）fetchall()：接收全部的返回结果行。

（3）rowcount：这是一个只读属性，返回执行 execute()方法后影响的行数。

下面的示例查询数量大于 2500 的水果。

【例 15.7】查询数据（源代码\ch15\15.7.py）。

```python
import pymysql

# 打开数据库连接
db = pymysql.connect("localhost","root","","ffs" )

# 使用 cursor()方法获取操作游标
cursor = db.cursor()
sql = "SELECT * FROM fruits WHERE number > '%d'" % (2500)
#执行 SQL 查询语句
try:
    # 执行 SQL 语句
    cursor.execute(sql)
    # 获取所有记录列表
    results = cursor.fetchall()
    for row in results:
        id = row[0]
        name = row[1]
        number = row[2]
        # 打印结果
        print ("id=%s,name=%s,number=%d " % (id,name, number))
except:
    print ("错误：无法查询数据")

# 关闭数据库连接
db.close()
```

保存并运行程序，输出结果如下所示。

```
id=1,name=apple,number=2600
```

15.3.6　更新数据

使用 UPDATE 语句可以更新数据库记录。

下面将更新 fruits 表中 number 字段，各行均减去 1000。

【例 15.8】更新数据（源代码\ch15\15.8.py）。

```python
import pymysql

# 打开数据库连接
db = pymysql.connect("localhost","root","","ffs" )

# 使用 cursor()方法获取操作游标
cursor = db.cursor()
# SQL 更新语句
sql = "UPDATE fruits SET number=number-1000"
try:
    # 执行 SQL 语句
    cursor.execute(sql)
    # 提交到数据库执行
    db.commit()
except:
    # 发生错误时回滚
    db.rollback()

# 关闭数据库连接
db.close()
```

保存并运行程序，即可实现数据表中 number 字段的数值减值操作。

15.3.7   删除数据

使用 DELETE 语句可以删除数据表中的数据。
下面的示例删除数据表 fruits 中 name 为 apple 的所有数据。

【例 15.9】删除数据（源代码\ch15\15.9.py）。

```python
import pymysql

# 打开数据库连接
db = pymysql.connect("localhost","root","","ffs" )

# 使用 cursor()方法获取操作游标
cursor = db.cursor()
# SQL 更新语句
sql = " DELETE fruits WHERE name='%s'" % ('apple')
try:
    # 执行 SQL 语句
    cursor.execute(sql)
    # 提交到数据库执行
```

```
        db.commit()
except:
        # 发生错误时回滚
        db.rollback()

# 关闭数据库连接
db.close()
```

保存并运行程序，即可删除数据表中字段 name 为 apple 的所有记录。

15.4 疑难解惑

疑问 1：数据库中的事务是什么含义？

对于支持事务的数据库，在 Python 数据库编程中，当游标建立时，就自动开始了一个隐形的数据库事务。commit()方法提交游标的所有更新操作，rollback()方法回滚当前游标的所有操作。每一个方法都开始了一个新的事务。

事务机制可以确保数据的一致性。事务应该具有 4 个属性，即原子性、一致性、隔离性和持久性。

（1）原子性（atomicity）。一个事务是一个不可分割的工作单位，事务中包括的操作要么都做，要么都不做。

（2）一致性（consistency）。事务必须使数据库从一个一致性状态变到另一个一致性状态。一致性与原子性是密切相关的。

（3）隔离性（isolation）。一个事务的执行不能被其他事务干扰，即一个事务内部的操作及使用的数据对并发的其他事务是隔离的，并发执行的各个事务之间不能互相干扰。

（4）持久性（durability）。持久性也称永久性（permanence），指一个事务一旦提交，它对数据库中数据的改变就应该是永久性的，接下来的其他操作或故障不应该对其有任何影响。

疑问 2：数据库操作中异常如何处理？

基于对数据库系统的需要，许多人共同开发了 Python DB API 作为数据库的接口。DB API 中定义了一些数据库操作的错误及异常：

（1）Warning：当有严重警告时触发，如插入数据时被截断等。必须是 StandardError 的子类。

（2）Error：警告以外所有其他错误类。必须是 StandardError 的子类。

（3）InterfaceError：当有数据库接口模块本身的错误（不是数据库的错误）发生时触发。必须是 Error 的子类。

（4）DatabaseError：与数据库有关的错误发生时触发。必须是 Error 的子类。

（5）DataError：当有数据处理并发生错误时触发，如除零错误、数据超范围等。必须是

DatabaseError 的子类。

（6）OperationalError：指非用户控制的，而是操作数据库时发生的错误，如连接意外断开、数据库名未找到、事务处理失败、内存分配错误等。必须是 DatabaseError 的子类。

（7）IntegrityError：完整性相关的错误，如外键检查失败等。必须是 DatabaseError 子类。

（8）InternalError：数据库的内部错误，如游标（cursor）失效、事务同步失败等。必须是 DatabaseError 子类。

（9）ProgrammingErro：程序错误，如数据表（table）没找到或已存在、SQL 语句语法错误、参数数量错误等。必须是 DatabaseError 的子类。

第16章 网络编程的应用

内容导航 Navigation

Python 语言在网络编程中的应用比较广泛。socket 模块可以实现网络设备之间的通信；HTTP 库可以实现网站服务器与网站浏览器之间的通信；urllib 库可以处理客户端的请求和服务器端的响应，还可以解析 URL 地址；ftplib 模块可以实现文件的上传和下载；电子邮件服务模块可以实现邮件的发送和接收；telnetlib 模块可以连接远程计算机。本章将重点学习 Python 在上述网络编程中的应用。

学习目标 Objective

- 熟悉网络的基本概念
- 掌握 socket 模块的使用方法
- 掌握 HTTP 库的使用方法
- 掌握 urllib 模块的使用方法
- 掌握 ftplib 模块的使用方法
- 掌握电子邮件模块的使用方法
- 掌握 nntplib 模块的使用方法
- 掌握远程计算机的连接方法

16.1 网络概要

网络系统（network system）是使用国际标准化组织（Open Systems Interconnection/International Standards Organization，OSI/ISO）制定的开放系统互连七层模型（seven-layer model）定义的。这七层模型代表七层的网络进程：物理层、数据链路层、网络层、传输层、会话层、表示层及应用层。

现在的网络协议（包括 TCP/IP）实际上都使用较少的层数，而不是 OSI 定义的完整层数。OSI 定义的七层网络模型如下：

（1）物理层（Physical layer）：定义在实物上，如电缆上传输数据时所需的信息。

（2）数据链路层（Data link layer）：定义数据如何在实物上传进/传出，点对点的错误更正通常是在此层进行。

（3）网络层（Network layer）：设置唯一的地址给网络上的元素，如此信息才能传到正确的计算机上。IP 协议在此层进行。

（4）传输层（Transport layer）：封装数据并确定数据传输没有错误。TCP 与 UDP 协议在此层进行。

（5）会话层（Session layer）：处理每一个连接，一个连接称为一个会话（session）。

（6）表示层（Presentation layer）：用来处理不同的操作系统，有不同的整数格式的问题。TCP/IP 将此问题放在应用层上处理，Python 则使用 struct 模块处理此问题。

（7）应用层（Application layer）：操作最后的产物。应用程序、FTP 客户机、SMTP/POP3 邮件处理器及 HTTP 浏览器都属于此层。

网络的连接有两种类型：以连接为导向（connection-oriented）与以包为导向（packet-oriented）。

1. TCP/IP

TCP/IP 以包为导向，是目前非常受欢迎的网络协议。TCP/IP 原先是由美国国防部所创建，很快成为美国政府、因特网及大学广泛使用的网络协议。由于 TCP/IP 可以在任何操作系统上执行，因此在不同的局域网环境中都能适用。

TCP/IP 的网络层由 IP（Internet Protocol）协议提供。IP 协议提供包在 Internet 上传输的基本机制。因为 IP 协议将包在 Internet 传输，所以不需要创建 end-to-end 的连接。

由于 IP 协议不了解包之间的关系，也不提供重新传输，是无法信赖的传输协议，因此 IP 协议需要高阶的协议，如 TCP 与 UDP 提供可信赖的服务。TCP 与 UDP 可以保证 IP 表头不会被破坏。

TCP 代表传输控制协议（Transmission Control Protocol），是在因特网上传输的主要结构。因为 TCP 提供可信赖、以会话为基础、以连接为导向的传输包服务，所以每一个连接上交换信息的包都会给予一个序号，重复的包会被检测出来，并且被会话服务所丢弃。序号不需要是全域唯一，甚至是会话唯一。在很短的时间内，会话的序号会是唯一。

TCP/IP 并没有提供应用接口层，而是由应用程序提供应用层。socket 已经将 TCP/IP 比较重要的 peer-to-peer API 合并，让网络应用程序可以跨平台使用。

UDP 协议代表 User Datagram Protocol，是除 TCP 之外的另一种传输服务。UDP 协议提供不可信赖、快速、以包为导向的数据服务。UDP 被 ping 命令使用来检查主机是否可连通。

UDP 的速度比 TCP 快，因为 TCP 协议需要花时间转换机器间的信息，以确保信息确实有传输，而 UDP 则没有做此转换。另外一点就是，TCP 协议会等待所有的包到达后为客户端应用程序有序地整理数据包，UDP 则没有这么做，它让客户端应用程序自己决定如何解读数据包，因为数据包并不是按照顺序接收的。

2. 网络协议

Python 有许多模块可以处理下面的网络协议：

（1）HTTP：浏览网页。
（2）FTP：在不同计算机间传输文件。
（3）Telnet：提供登录其他计算机的服务。
（4）POP3：从 POP3 服务器读取电子邮件。

（5）SMTP：送出电子邮件到邮件服务器。

（6）IMAP：从 IMAP 服务器读取电子邮件。

（7）NNTP：提供存取 Usenet 新闻。

这些协议使用 socket 提供的服务来连接不同的主机，以及在网络上传输包。

3. 网络地址

在 TCP/IP 的网络结构上，一个 socket 地址包含两部分：Internet 地址（IP 地址）和端口号（port number）。

IP 地址定义为在网络上传输数据的地址，是一个 32 位（4 个字节）的数字。每一个字节所代表的数字在 0~255，中间以点号（.）隔开，如 128.72.23.50。IP 地址必须是唯一的。

一个端口号是服务器内应用程序或服务程序的入口。端口号是一个 16 位的整数，可表示的范围在 0~65535。端口号不能随便使用，0~1023 的端口号是保留给操作系统使用的，用户必须使用 1024 之后的端口号。

表 16-1 是一些特定的端口号。在 Windows 操作系统上，用户可以在 C:\Windows 文件夹内的 Services 文件中找到更多的端口号定义。如果是 Linux/UNTX 操作系统，就是/etc/services 文件。

表16-1 特定的端口号

端口号	协议
20	FTP（文件传输）
70	Gopher（信息查找）
23	Telnet（命令行）
25	SMTP（发送邮件）
80	HTTP（网页访问）
110	POP3（接收邮件）
119	NNTP（阅读和张贴新闻文章）

16.2 socket 模块

socket 由一些对象所组成，这些对象提供网络应用程序的跨平台标准。

16.2.1 认识 socket 模块

socket 又称"套接字"，应用程序通常通过"套接字"向网络发出请求或应答网络请求，使主机间或一台计算机上的进程间可以通信。socket 模块提供了标准的网络接口，可以访问底层操作系统 socket 接口的全部方法。

Python 使用 socket()函数创建套接字。其语法格式如下：

```
socket.socket([family[, type[, protocol]]])
```

各个参数的含义如下：

（1）family：套接字中的网络协议，包括 AF_UNTX（UNTX 网域协议）或 AF_INET（IPv4 网域协议，如 TCP 与 UDP）。

（2）type：套接字类型，包括 SOCK_STREAM（使用在 TCP 协议）、SOCK_DGRAM（使用在 UDP 协议）、SOCK_RAW（使用在 IP 协议）和 SOCK_SEQPACKET（列表连接模式）。

（3）protocol：只使用在 family 等于 AF_INET 或 type 等于 SOCK_RAW 的时候。protocol 是一个常数，用于辨识所使用的协议种类。默认值是 0，表示适用于所有 socket 类型。

每一个 socket 对象都有下面的方法：

（1）accept()：接收一个新连接，并且返回两个数值（conn、address）。conn 是一个新的 socket 对象，用于在该连接上传输数据；address 是此 socket 使用的地址。

（2）bind(address)：将 socket 连接到 address 地址，地址的格式为（hostname, port）。

（3）close()：关闭此 socket。

（4）connect(address)：连接到一个远程的 socket，其地址为 address。

（5）makefile([mode [, bufsize]])：创建一个与 socket 有关的文件对象，参数 mode 和 bufsize 与内置函数 open()相同。

（6）getpeername()：返回 socket 所连接的地址，地址的格式为（ipaddr, port）。

（7）getsockname()：返回 socket 本身的地址，地址的格式为（ipaddr, port）。

（8）listen(backlog)：打开连接监听，参数 backlog 为最大可等候的连接数目。

（9）recv(bufsize [, flags])：从 socket 接收数据，返回值是字符串数据。参数 bufszie 表示最大的可接收数据量；参数 flags 用来指定数据的相关信息，默认值为 0。

（10）recvfrom(bufsize [, flags])：从 socket 接收数据。返回值是成对的（string, address），string 代表接收的字符串数据，address 则是 socket 传输数据的地址。参数 bufszie 表示最大的可接收数据量，参数 flags 用来指定数据的相关信息，默认值为 0。

（11）send(string [, flags])：将数据以字符串类型传输到 socket。参数 flags 与 recv()方法相同。

（12）sendto(string [, flags], address)：将数据传输到远程的 socket。参数 flags 与 recv()方法相同；参数 address 是该 socket 的地址。

（13）shutdown(how)：关闭联机的一端或两端。若 how 等于 0，则关闭接收端；若 how 等于 1，则关闭传输端；若 how 等于 2，则同时关闭接收端与传输端。

16.2.2 创建 socket 连接

下面使用 socket 模块的 socket 函数创建一个 socket 对象。socket 对象可以通过调用其他函数设置一个 socket 服务。通过调用 bind(hostname, port) 函数指定服务的 port（端口），然后调用 socket 对象的 accept 方法，该方法等待客户端的连接并返回 connection 对象，表示已连接到客户端。

【例 16.1】创建服务器端的 socket 服务（源代码\ch16\16.1.py）。

```
# 导入 socket、sys 模块
```

```
import socket
import sys

# 创建 socket 对象
serversocket = socket.socket(
        socket.AF_INET, socket.SOCK_STREAM)

# 获取本地主机名
host = socket.gethostname()

port = 9999

# 绑定端口
serversocket.bind((host, port))

# 设置最大连接数，超过后排队
serversocket.listen(5)

while True:
    # 建立客户端连接
    clientsocket,addr = serversocket.accept()

    print("连接地址: %s" % str(addr))

    msg='折花逢驿使，寄与陇头人。江南无所有，聊赠一枝春。'+ "\r\n"
    clientsocket.send(msg.encode('utf-8'))
    clientsocket.close()
```

保存并运行程序，即可在服务器端启动 socket 服务。

下面的示例创建一个客户端，并连接到以上创建的服务，端口号为 12345。

【例 16.2】创建客户端的连接（源代码\ch16\16.2.py）。

```
# 导入 socket、sys 模块
import socket
import sys

# 创建 socket 对象
s = socket.socket(socket.AF_INET, socket.SOCK_STREAM)

# 获取本地主机名
host = socket.gethostname()

# 设置端口
port = 9999
```

```
# 连接服务，指定主机和端口
s.connect((host, port))

# 接收小于 1024 字节的数据
msg = s.recv(1024)

s.close()

print (msg.decode('utf-8'))
```

保存并运行程序，输出结果如下所示。

折花逢驿使，寄与陇头人。江南无所有，聊赠一枝春。

此时在服务器端显示结果如下所示。

连接地址：（'192.168.108'，65141）

注　意
第一次运行 16.1.py 和 16.2.py 两个文件时，可能会弹出以下错误信息。解决方法是关闭上述运行中 16.1.py 和 16.2.py 两个文件，然后重新运行这两个文件即可。

```
ConnectionRefusedError: [WinError 10061] 由于目标计算机积极拒绝，无法连接。
```

16.3　HTTP 库

HTTP（HyperText Transfer Protocol）是一个客户端和服务器端请求和应答的标准。客户端是终端用户，服务器端是网站。客户端发起一个到服务器上指定端口的 HTTP 请求，服务器向客户端发回一个状态行和响应的消息。

可以使用下面的模块创建 Internet Server：

（1）socketserver：以 socket 为基础，一般性的 IP Server。
（2）http：通过 http 模块中的子模块 server 和 client 提供各种网络服务。

16.3.1　socketserver 模块

socketserver 模块提供了一个架构来简化网络包括服务器的编写工作，用户不需要使用低级的 socket 模块。socketserver 模块个基本的 server 类，即 TCPServer、UDPServer、StreamRequestHandler 及 DatagramRequestHandler，这些类处理同步的请求，每一个请求都必须在下一个请求开始前完成。但是如果客户端需要长时间的计算，这些类就不适合。

为了通过线程来处理请求，可以使用 ThreadingTCPServer 类、ThreadingUDPServer 类、ForkingTCPServer 类及 ForkingUDPServer 类。

StreamRequestHandler 与 DatagramRequestHandler 类提供了两个属性，即 self.rfile 与 self.wfile，可以用来在客户端应用程序中读/写数据。

下面是 SocketServer 模块提供的类：

（1）TCPServer((hostname, port), handler)：支持 TCP 协议的服务器。其中，hostname 是主机名称，通常是空白字符串；port 是通信端口号码；handler 是 BaseRequestHandler 类的实例变量。

（2）UDPServer((hostname, port), handler)：支持 UDP 协议的服务器。其中，hostname 是主机名称，通常是空白字符串；port 是通信端口号码；handler 是 BaseRequestHandler 类的实例变量。

（3）UNTXStreamServer((hostname, port), handler)：使用 UNTX 网域 socket 支持串流导向协议（stream-oriented protocol）的服务器。其中，hostname 是主机名称，通常是空白字符串；port 是通信端口号码；handler 是 BaseRequestHandler 类的实例变量。

（4）UNTXDatagramServer((hostname, port), handler)：使用 UNTX 网域 socket 支持数据通信协议（datagram-oriented protocol）的服务器其中，hostname 是主机名称，通常是空白字符串；port 是通信端口号码；handler 是 BaseRequestHandler 类的实例变量。

下面是上述类的类变量：

（1）request_queue_size：存储要求队列的大小，该队列用于传给 socket 的 listen()方法。

（2）socket_type：返回服务器使用的 socket 类型，可以是 socket.SOCK_STREAM 或 socket.SOCK_DGRAM。

下面是上述类的属性与方法：

（1）address_family：可以是 socket.AF_INET 或 socket.AF_UNTX。服务器的通信协议群组。

（2）fileno()：返回服务器 socket 的整数文件描述元（integer file descriptor）。

（3）handle_request()：创建一个处理函数类的实例变量，以及调用 handle()方法处理单一请求。

（4）RequestHandlerClass：存储用户提供的请求处理函数类。

（5）server_address：返回服务器监听用的 IP 地址与通信端口号码。

（6）serve_forever()：操作一个循环来处理无限的请求。

下面的示例演示 StreamRequestHandler 类的使用。

```
import socketserver
port = 50007
class myRequestHandler(socketserver.StreamRequestHandler):
    def handle(self):
        print ("Connection by ", self.client_address)
        self.wfile.write("data")
s = socketserver.TCPServer(("", port), myRequestHandler)
s.serve_forever()
```

16.3.2　server 模块

http 模块的子模块 server 提供了各种 HTTP 服务，主要包括 BaseHTTPServer 类、CGIHTTPServer 类及 SimpleHTTPServer 类。

server 模块定义两个基类来操作基本的 HTTP 服务器（网站服务器）。此模块以 socketserver 模块为基础，并且很少直接使用。

server 模块的第一个基类是 HTTPServer 类，其语法如下：

```
class HTTPServer((hostname, port), RequestHandlerClass)
```

HTTPServer 类由 socketserver.TCPServer 类派生。此类先创建一个 HTTPServer 对象并监听（hostname, port），然后使用 RequestHandlerClass 来处理要求。

server 模块的第二个基类是 BaseHTTPRequestHandler 类，其语法如下：

```
class BaseHTTPRequestHandler(request, client_address, server)
```

用户必须创建一个 BaseHTTPRequestHandler 类的子类来处理 HTTP 请求。如果要处理 GET 请求，就必须重新定义 do_GET()方法；如果要处理 POST 请求，就必须重新定义 do_POST() 方法。

下面是 BaseHTTPRequestHandler 类的类变量：

（1）BaseHTTPRequestHandler.server_version

（2）BaseHTTPRequestHandler.sys_version

（3）BaseHTTPRequestHandler.protocol_version

（4）BaseHTTPRequestHandler.error_message_format

每一个 BaseHTTPRequestHandler 类的实例变量都有以下属性：

（1）client_address：返回一个 2-tuple(hostname, port)为客户端的地址。

（2）command：识别请求的种类，可以是 GET、POST 等。

（3）headers：返回一个 HTTP 表头。

（4）path：返回请求的路径。

（5）request_version：返回请求的 HTTP 版本字符串。

（6）rfile：包含输入流。

（7）wfile：包含输出流。

每一个 BaseHTTPRequestHandler 类的实例变量都有以下方法：

（1）handle()：请求分派器。此方法会调用以"do_"开头的方法，如 do_GET()、do_POST()等。

（2）send_error(error_code [, error_message])：将错误信号传输给客户端。

（3）send_response(response_code [, response_message])：传输响应表头。

（4）send_header(keyword, value)：写入一个 MIME 表头到输出流，此表头包含表头的键值及其值。

（5）end_header()：用来识别 MIME 表头的结尾。

下面的示例演示 BaseHTTPRequestHandler 类的使用方法。

```
import http.server
htmlpage = """
<html><head><title>Web Page</title></head>
<body>Hello Python</body></html>"""
class myHandler(http.server.BaseHTTPRequestHandler):
    def do_GET(self):
        if self.path == "/":
            self.send_response(200)
            self.send_header("Content-type", "text/html")
            self.end_headers()
            self.wfile.write(htmlpage)
        else:
            self.send_error(404, "File not found")

myServer = http.server.HTTPServer(("", 80), myHandler)
myServer.serve_forever()
```

SimpleHTTPServer 类可以处理 HTTP server 的请求，也可以处理所在目录的文件，即 HTML 文件。SimpleHTTPRequestHandler 类的语法格式如下：

```
class SimpleHTTPRequestHandler(request, (hostname, port), server)
```

SimpleHTTPRequestHandler 类有以下两个属性：

（1）SimpleHTTPRequestHandler.server_version：SimpleHTTP 的版本。

（2）SimpleHTTPRequestHandler.extensions_map：一个字典集，用于映像文件扩展名与 MIME 类型。

下面的示例演示类 SimpleHTTPRequestHandler 的使用方法。

```
import http.server
myHandler = http.server.SimpleHTTPRequestHandler
myServer = http.server.HTTPServer(("", 80), myHandler)
myServer.serve_forever()
```

CGIHTTPRequestHandler 类除了可以处理所在目录的 HTML 文件外，还可以运行客户端 执行 CGI（Common Gateway Interface）脚本。

CGIHTTPRequestHandler 类的语法格式如下：

```
class CGIHTTPRequestHandler(request, (hostname, port), server)
```

CGIHTTPRequestHandler 类的属性 cgi_directories，包含一个可以存储 CGI 脚本的文件夹 列表。

下面的示例演示了 CGIHTTPRequestHandler 类的使用方法。

```
import cgihttpserver
import BaseHTTPServer
class myHandler(http.server.CGIHTTPRequestHandler):
    cgi_directories = ["/cgi-bin"]


myServer = http.server.HTTPServer(("", 80), myHandler)
myServer.serve_forever()
```

16.3.3 client 模块

client 模块主要处理客户端的请求。client 模块的 HTTPConnection 类创建并返回一个 connection 对象。HTTPConnection 类的语法如下：

```
class HTTPConnection ([hostname [, port]])
```

如果没有设置参数 port，默认值是 80。如果所有的参数都没有设置，就必须使用 connect() 方法自行连接。以下三个 HTTPConnection 类的实例变量，都会连接到相同的服务器：

```
import http.client
h1 = http.client.HTTPConnection ("www.cwi.nl")
h2 = http.client.HTTPConnection ("www.cwi.nl:80")
h3 = http.client.HTTPConnection ("www.cwi.nl", 80)
```

HTTPConnection 类的实例变量的方法列表如下：

（1）endheaders()：写入一行空白给服务器，表示这是客户端请求表头的结尾。

（2）connect([hostname [, port]])：创建一个连接。

（3）getresponse()：返回服务器的状态。

（4）request()：向服务器发送请求。

（5）putheader(header, argument1 [, ...])：写入客户端请求表头的表头行。每一行包括 header、一个冒号（:）、一个空白及 argument。

（6）putrequest(request, selector)：写入客户端请求表头的第一行。参数 request 可以是 GET、POST、PUT 或 HEAD。参数 selector 是要打开的文件名称。

（7）send(data)：调用 endheaders() 方法后，传输数据给服务器。

下面的示例返回"http://www.python.org/News.html"文件，并将此文件保存为一个新文件。

【例 16.3】使用 HTTPConnection 类（源代码\ch16\16.3.py）。

```
import http.client

#指定主机名称
url = "www.python.org"
#指定打开的文件名称
urlfile = "/News.html"
```

```
#连接到主机
host = http.client.HTTPConnection (url)

#写入客户端要求表头的第一行
host.request("GET", urlfile)
#获取服务器的响应
r1=host.getresponse()
#打印服务器返回的状态
print(r1.status,r1.reason)
#将 file 对象的内容存入新文件
file = open("D:\\python\\ch16\\16.1.html", "w")
#读取网页内容,以 utf-8 方式保存
str = r1.read().decode("utf-8")
#寻找文本
print(str.find("mlive"))
#写到文件并替换 'xa0' 为空字符
file.write(str.replace('\xa0',''))
#关闭文件
file.close()
```

保存并运行程序，即可将 "http://www.python.org/News.html" 文件的内容保存在 16.1.html 文件中。

16.4　urllib 库

urllib 库可以处理客户端的请求和服务器端的响应，还可以解析 URL 地址。常用的模块为 request 和 parse。

16.4.1　request 模块

request 模块是使用 socket 读取网络数据的接口，支持 HTTP、FTP 及 gopher 等连接。
要读取一个网页文件，可以使用 urlopen()方法。其语法如下：

```
urllib.request.urlopen(url [, data])
```

其中，参数 url 是一个 URL 字符串；参数 data 用来指定一个 GET 请求。
urlopen()方法返回一个 stream 对象，可以使用 file 对象的方法来操作此 stream 对象。
下面的示例读取 http://www.baidu.com 的网页。

```
import urllib
from urllib import request
htmlpage = urllib.request.urlopen("http://www.baidu.com")
htmlpage.read()
```

urlopen()方法返回的 stream 对象有两个属性，即 url 与 headers。url 属性是设置的 URL 字符串值；headers 属性是一个字典集，包含网页的表头。

下面的示例显示刚才打开的 htmlpage 对象的 url 属性：

```
htmlpage.url
'http://www.baidu.com'
```

下面的示例显示刚才打开的 htmlpage 对象的 headers 属性：

```
for key, value in htmlpage.headers.items():
    print (key, " = ", value)


Server = Apache-Coyote/1.1
Cache-Control =
Content-Type = text/html;charset=UTF-8
Content-Encoding = gzip
Content-Length = 1284
Set-Cookie = ucloud=1;domain=.baidu.com;path=/;max-age=300
Pragma = no-cache
```

urllib 模块的方法列表如下：

（1）urlretrieve(url [, filename [, reporthook [, data]]])：将一个网络对象 url 复制到本机文件 filename 上。其中，参数 reporthook 是一个 hook 函数，在网络连接完成时，会调用此 hook 函数一次，在每读取一个区块后，也会调用此 hook 函数一次；参数 data 必须是 application/x-www-form-urlencoded 格式。例如：

```
import urllib.request
urllib.request.urlretrieve("http://www.python.org", "copy.html")
('copy.html', <http.client.HTTPMessage object at 0x02DE28B0>)
```

（2）urlcleanup()：清除 urlretrieve()方法所使用的高速缓存。

（3）quote(string [, safe])：将字符串 string 中的特殊字符用%xx 码取代。参数 safe 设置要引用的额外字符。例如：

```
import urllib.request
urllib.request.quote("This & that are all books\n")
'This%20%26%20that%20are%20all%20books%0A'
```

（4）quote_plus(string [, safe])：与 quote()方法相同，但是空白将以加号（+）取代。

（5）unquote(string)：返回原始字符串。例如：

```
import urllib.request
urllib.request.unquote("This%20%26%20that%20are%20all%20books%0A")
'This & that are all books\n'
```

下面的示例将读取 http://www.python.org 主页的内容。

```
import urllib.request
response = urllib.request.urlopen("http://www.python.org")
html = response.read()
```

也可以使用以下代码实现上述功能：

```
import urllib.request
req = urllib.request.Request("http://www.python.org")
response = urllib.request.urlopen(req)
the_page = response.read()
```

下面的示例将 http://www.python.org 网页存储到本机的 16.2.html 文件中。

【例 16.4】使用 urlopen 方法抓取网页文件（源代码\ch16\16.4.py）。

```
import urllib.request
#打开网页文件
htmlhandler = urllib.request.urlopen("http://www.python.org")

#在本机上创建一个新文件
file = open("D:\\python\\ch16\\16.2.html", "wb")

#将网页文件存储到本机文件上,每次读取 512 个字节
while 1:
    data = htmlhandler.read(512)
    if not data:
        break
    file.write(data)

#关闭本机文件
file.close()
#关闭网页文件
htmlhandler.close()
```

保存并运行程序，即可将 http://www.python.org 网页存储到本机的 16.2.html 文件中。

16.4.2　parse 模块

parse 模块解析 URL 字符串并返回一个元组：(addressing scheme, network location, path, parameters, query, fragment identifier)。parse 模块可以将 URL 分解成数个部分，并能组合回来，还可以将相对地址转换为绝对地址。

parse 模块的方法列表如下：

（1）urlparse(urlstring [, default_scheme [, allow_fragments]])：将一个 URL 字符串分解成 6 个元素，即 addressing scheme、network location、path、parameters、query、fragment identifier。

若设置 default_scheme 参数，则指定 addressing scheme；若设置参数 allow_fragments 为 0，则不允许 fragment identifier。例如：

```
import urllib.parse
url = "http://home.netscape.com/assist/extensions.html#topic1?x= 7&y= 2"
urllib.parse.urlparse(url)
('http', 'home.netscape.com', '/assist/extensions.html', '', '', 'topic1?x=
7&y=2')
ParseResult(scheme='http', netloc='home.netscape.com',
path='/assist/extensions.html', params='', query='', fragment='topic1?x= 7&y= 2')
```

（2）urlunparse(tuple)：使用 tuple 创建一个 URL 字符串。例如：

```
import urllib.parse
t = ("http", "www.python.org", "/News.html", "", "", "")
urllib.parse.urlunparse(t)
'http://www.python.org/News.html'
```

（3）urljoin(base, url [, allow_fragments])：使用 base 与 url 创建一个绝对 URL 地址。例如：

```
import urllib.parse
urllib.parse.urljoin("http://www.python.org", "/News.html")
'http://www.python.org/News.html'
```

16.5　ftplib 模块

FTP（File Transfer Protocol）是一种在网络上传输文件的普遍方式，因为在大部分的操作系统上都有客户端的 FTP 与服务器端的 FTP 服务。服务器端的 FTP 可以同时供私有（private）用户与匿名（anonymous）用户使用。

私有的服务器端 FTP 只允许系统用户进行连接，匿名的服务器端 FTP 不需账号即可连接网络传输文件。使用匿名的服务器端 FTP 会产生安全性的问题。

FTP 提供一个控制端口与一个数据端口，在服务器端与客户端之间的数据传输使用独立的 socket，以避免死机的问题。

Python 中默认安装的 ftplib 模块定义了 FTP 类，可以用于创建一个 FTP 连接，以上传或下载文件。FTP 类的语法如下：

```
class FTP([host [, user [, passwd [, acct]]]])
```

其中，host 是主机名称；user 是用户账号；passwd 是用户密码。

下面是 FTP 类的使用流程和方法的含义。

```
#加载 ftp 模块
from ftplib import FTP
#设置变量
```

```
ftp=FTP()
#打开调试级别 2，显示详细信息
ftp.set_debuglevel(2)
#连接的 ftp sever 和端口
ftp.connect("服务器 IP",端口号)
#连接的用户名和密码
ftp.login("user","password")
#打印出欢迎信息
print(ftp.getwelcome())
#更改远程目录
ftp.cmd("xxx/xxx")
#设置的缓冲区大小
bufsize=1024
#需要下载的文件
filename="filename.txt"
#以写模式在本地打开文件
file_handle=open(filename,"wb").write
#接收服务器上文件并写入本地文件
ftp.retrbinaly("RETR filename.txt",file_handle,bufsize)
#关闭调试模式
ftp.set_debuglevel(0)
#退出 ftp
ftp.quit
```

FTP 相关命令的含义如下：

```
#设置 FTP 当前操作的路径
ftp.cwd(pathname)
#显示目录下文件信息
ftp.dir()
#获取目录下的文件
ftp.nlst()
#新建远程目录
ftp.mkd(pathname)
#返回当前所在位置
ftp.pwd()
#删除远程目录
ftp.rmd(dirname)
#删除远程文件
ftp.delete(filename)
#将 fromname 修改名称为 toname
ftp.rename(fromname, toname)
#上传目标文件
ftp.storbinaly("STOR filename.txt",file_handel,bufsize)
#下载 FTP 文件
ftp.retrbinary("RETR filename.txt",file_handel,bufsize)
```

下面通过一个综合示例来讲解 ftplib 模块的使用方法和技巧。

【例 16.5】上传 FTP 文件（源代码\ch16\16.5.py）。

```
from ftplib import FTP
```

```
ftp = FTP()
timeout = 30
port = 21
# 连接 FTP 服务器
ftp.connect('192.168.1.106',port,timeout)
# 登录 FTP 服务器
ftp.login('adminns','123456')
# 获得欢迎信息
print (ftp.getwelcome())
ftp.cwd('file/test')    # 设置 FTP 路径
list = ftp.nlst()        # 获得目录列表
# 打印文件名字
for name in list:
    print(name)
# 文件保存路径
path = 'd:/data/' + name
# 打开要保存的文件
f = open(path,'wb')
# 保存 FTP 文件
filename = 'RETR ' + name
# 保存 FTP 上的文件
ftp.retrbinary(filename,f.write)
# 删除 FTP 文件
ftp.delete(name)
# 上传 FTP 文件
ftp.storbinary('STOR '+filename, open(path, 'rb'))
# 退出 FTP 服务器
ftp.quit()
```

16.6 电子邮件服务协议

SMPT（Simple Mail Transfer Protocol）协议与 POP3（Post Office Protocol）协议提供电子邮件服务。SMPT 是网络上传输电子邮件的标准，定义应用程序如何在网络上交换电子邮件。SMPT 协议负责将电子邮件放置在电子邮箱内。

若要从电子邮箱内取出电子邮件，则需要 POP3 协议。POP3 负责从网络客户端读取邮件，并指定邮件服务器如何传输电子邮件。POP3 协议的目的是存取远程的外部服务器。

IMAP（Internet Message Access Protocol）是另一种读取电子邮件的协议。IMAP 是读取邮件服务器的电子邮件与公布栏信息的方法，也就是说，IMAP 允许客户端的邮件程序存取远程的信息。

16.6.1 smptlib 模块

Python 的 smptlib 模块提供 SMTP 协议的客户端接口，用于传输电子邮件到网络上的其他机器。

smptlib 模块定义一个 SMTP 类，用于创建一个 SMTP 连接。SMTP 类的语法如下：

```
class SMTP([host [, port]])
```

其中，参数 host 是主机名称。SMTP 类的实例变量的方法列表如下：

（1）connect(host [, port])：连接到(host, port)，port 的默认值是 25。

（2）sendmail(from_addr, to_addrs, msg [, mail_options, rcpt_options])：送出电子邮件。其中，from_addr 是 RFC 822 from-address 字符串；to_addr 是 RFC 822 to-address 字符串；msg 是一个信息字符串。

（3）quit()：结束 SMTP 连接。

1. 发送文本格式的邮件

下面的示例从 chengcai@163.com 寄出一封电子邮件到 sanduo@163.com。

【例 16.6】使用 smptlib 模块（源代码\ch16\16.6.py）。

```
import smtplib

#指定 SMTP 服务器
host = "smtp.163.com"

#寄件者的电子邮件信箱
sender = " chengcai@163.com "

#收件者的电子邮件信箱
receipt = " sanduo@163.com "

#电子邮件的内容
msg = """
你好：
    这是一个测试的电子邮件
"""

#创建 SMTP 类的实例变量
myServer = smtplib.SMTP(host)

#寄出电子邮件
myServer.sendmail(sender, receipt, msg)

#关闭连接
myServer.quit()
```

2. 发送 HTML 格式的邮件

使用 Python 可以发送 HTML 格式的邮件。发送 HTML 格式的邮件与发送纯文本消息的邮件不同之处就是将 MIMEText 中_subtype 设置为 html。代码如下：

```
import smtplib
from email.mime.text import MIMEText
```

```
from email.header import Header

sender = 'qingukeji123456@163.com'
receivers = ['357975357@qq.com']  # 接收邮件，可设置为用户的 QQ 邮箱或其他邮箱

mail_msg = """
<p>电子邮件内容</p>
<p><a href="http://www.baidu.com">百度搜索</a></p>
"""
message = MIMEText(mail_msg, 'html', 'utf-8')
message['From'] = Header("Python 语言", 'utf-8')
message['To'] =  Header("示例课堂", 'utf-8')

subject = 'Python SMTP 邮件测试'
message['Subject'] = Header(subject, 'utf-8')

try:
    smtpObj = smtplib.SMTP('localhost')
    smtpObj.sendmail(sender, receivers, message.as_string())
    print ("邮件发送成功")
except smtplib.SMTPException:
    print ("Error: 无法发送邮件")
```

3. 发送带附件的邮件

Python 发送带附件的邮件，首先创建 MIMEMultipart()实例；然后构造附件，如果有多个附件，就可依次构造；最后利用 smtplib.smtp 发送。代码如下：

```
import smtplib
from email.mime.text import MIMEText
from email.mime.multipart import MIMEMultipart
from email.header import Header

sender = 'qingukeji123456@163.com'
receivers = ['357975357@qq.com']  # 接收邮件，可设置为用户的 QQ 邮箱或其他邮箱

#创建一个带附件的实例
message = MIMEMultipart()
message['From'] = Header("Python 语言", 'utf-8')
message['To'] =  Header("示例课堂", 'utf-8')
subject = 'Python SMTP 邮件测试'
message['Subject'] = Header(subject, 'utf-8')

#邮件正文内容
message.attach(MIMEText('这是 Python 邮件发送测试……', 'plain', 'utf-8'))

# 构造附件 1，传送当前目录下的 book1.txt 文件
att1 = MIMEText(open(' book1.txt', 'rb').read(), 'base64', 'utf-8')
att1["Content-Type"] = 'application/octet-stream'
# 这里的 filename 为邮件中显示的名字
att1["Content-Disposition"] = 'attachment; filename=" book1.txt"'
```

```
message.attach(att1)

# 构造附件 2，传送当前目录下的 book2.txt 文件
att2 = MIMEText(open(' book2.txt', 'rb').read(), 'base64', 'utf-8')
att2["Content-Type"] = 'application/octet-stream'
att2["Content-Disposition"] = 'attachment; filename="book2.txt"'
message.attach(att2)

try:
    smtpObj = smtplib.SMTP('localhost')
    smtpObj.sendmail(sender, receivers, message.as_string())
    print ("邮件发送成功")
except smtplib.SMTPException:
    print ("Error: 无法发送邮件")
```

16.6.2　poplib 模块

Python 的 poplib 模块提供 POP3 协议的客户端接口，用于从网络上接收电子邮件。

poplib 模块定义一个 POP3 类，用于创建一个 POP3 连接。POP3 类的语法如下：

```
class POP3([host [, port]])
```

其中，host 是主机名称；port 的默认值是 110。

POP3 类的实例变量的方法列表如下：

（1）getwelcome()：返回 POP3 服务器送出的欢迎字符串。

（2）user(username)：送出用户账号。

（3）pass_(password)：送出用户密码。

（4）list([which])：返回信息列表，格式为(response, ["mesg_num octets", ...])。其中，response 是响应信息；mesg_num 的格式为(msg_id, size)，msg_id 是信息号码，size 是信息的大小。

（5）retr(which)：返回信息号码 which，格式为(response, ["line'" ...], octets)。其中，response 是响应信息；line 是信息的内容；octets 是信息的大小。

下面的示例显示 163.com 服务器内、账号为 xusanmiao、密码为 123456 的最后一个电子邮件的内容。

【例 16.7】使用 poplib 模块（源代码\ch16\16.7.py）。

```
import poplib, string

#指定 POP 服务器
host = "saturn.seed.net.tw"

#创建一个 POP3 类的实例变量
myServer = poplib.POP3(host)

#返回 POP3 服务器送出的欢迎字符串
```

```
print (myServer.getwelcome())

#输入电子邮件的账号
myServer.user("johnny")
#输入电子邮件的密码
myServer.pass_("123456")

#返回信息列表
r, items, octets = myServer.list()

#读取最后一个信息
msgid, size = string.split(items[-1])

#返回最后一个信息号码的内容
r, msg, octets = myServer.retr(msgid)
msg = string.join(msg, "\n")

#打印最后一个信息号码的内容
print (msg)
```

16.6.3　imaplib 模块

Python 的 imaplib 模块提供 IMAP 协议的客户端接口。imaplib 模块定义一个 IMAP4 类，用于创建一个 IMAP 连接。IMAP4 类的语法如下：

```
class IMAP4([host [, port]])
```

其中，host 是主机名称；port 的默认值是 163。

IMAP4 类的实例变量的方法列表如下：

（1）fetch(message_set, message_parts)：取出信息。

（2）login(user, password)：登录 IMAP4 服务器。

（3）logout()：注销 IMAP4 服务器，关闭连接。

（4）search(charset, criterium [, ...])：搜索邮件信箱找出符合的信息。

（5）select([mailbox [, readonly]])：选择一个邮件信箱。

下面的示例取出 IMAP 服务器 imap.dummy.com 内的所有邮件信箱信息。

【例 16.8】使用 imaplib 模块（源代码\ch16\16.8.py）。

```
import imaplib, getpass, string
host = "imap.dummy.com"
user = "jonny"
pwd = getpass.getpass()
msgserver = imaplib.IMAP4(host)
```

```
msgserver.login(user, pwd)
msgserver.select()
msgtyp, msgitems = msgserver.search(None, "ALL")
for idx in string.split(msgitems[0]):
    msgtyp, msgitems = msgserver.fetch(idx, "(RFC822)")
    print ("Message %s\n" % num)
    print ("---------------\n")
    print ("Content: %s" % msgitems[0][1])
msgserver.logout()
```

16.7 新闻组

nntplib 模块提供客户端的 NNTP 协议的接口。NNTP（Network News Transfer Protocol）是一个提供新闻组（newsgroup）的服务。NNTP 协议使用 ASCII 文字在客户端与服务器端之间传输数据，同时也用来交换服务器之间的新闻稿。

nntplib 模块定义一个 NNTP 类，用于创建一个 NNTP 连接。NNTP 类的语法如下：

```
class NNTP(host [, port [, user [, password [, readermode]]]])
```

其中，host 是主机名称；port 的默认值是 119。

NNTP 类的实例变量的方法列表如下：

（1）group(name)：送出一个 GROUP 命令，name 是新闻组的名称。此方法返回一个元组 (response, count, first, last, name)。其中，count 是新闻组中新闻稿的数目；first 是该新闻组中第一篇新闻稿的号码；last 是该新闻组中最后一篇新闻稿的号码；name 是该新闻组的名称。注意，数字是以字符串类型返回。

（2）article(id)：送出一个 ARTICLE 命令。id 是信息 id，以"<"和">"包含起来。id 或新闻稿号码以字符串类型表示。此方法返回一个元组(response, number, id, list)。其中，number 是该新闻稿的号码；id 是新闻稿的 id（以"<"和">"包含起来）；list 是新闻稿表头的列表。

（3）xover(start, end)：start 是开始的新闻稿的号码，end 是结束的新闻稿的号码。此方法返回(resp, list)。其中，resp 是响应信息；list 是一个元组的列表。每一个元组代表一篇新闻稿，格式为(article number, subject, poster, date, id, references, size, lines)。

下面的示例连接到新闻组网站 news.microsoft.com，读取主题内有关键词的新闻稿，并打印该新闻稿的内容。

【例 16.9】使用 nntplib 模块（源代码\ch16\16.9.py）。

```
import nntplib
import string


#指定 NNTP 服务器
```

```python
host = "news.microsoft.com"

#指定新闻组
group = "microsoft.public.java.activex"

#输入要搜索的关键词
keyword = raw_input("Enter keyword to search: ")

#连接到 NNTP 服务器
myServer = nntplib.NNTP(host)

#送出一个"GROUP"命令
r, count, first, last, name = myServer.group(group)

#返回所有的新闻稿
r, messages = myServer.xover(first, last)

#读取新闻稿的内容
for id, subject, author, date, msgid, refer, size, lines in messages:

    #找到新闻稿中的主题有要搜索的关键词
    if string.find(subject, keyword) >= 0:

        #读取 id 号码的新闻稿
        r, id, msgid, msgbody = myServer.article(id)

        #打印该新闻稿的作者主题与日期
        print ("Author: %s - Subject: %s - Date: %s\n" % (author, subject, date))

        #打印该新闻稿的内容
        print ("<-Begin Message->\n")
        print (msgbody)
        print ("<-End Message->\n")
```

16.8　连接远程计算机

　　telnetlib 模块提供客户端 Telnet 协议的服务。Telnet 协议用于连接远程计算机，通常使用通信端口 23。创建好 Telnet 连接后，就可以通过 Telnet 接口在远程的计算机上执行命令。

　　telnetlib 模块定义一个 Telnet 类，用于创建一个 Telnet 连接。Telnet 类的语法如下：

```
class Telnet([host [, port]])
```

其中，host 是主机名称；port 的默认值是 23。

Telnet 类的实例变量的方法列表如下：

（1）read_until(expected [, timeout])：一直读到 expected 字符串出现，或者 timeout 超时为止。

（2）read_all()：读取所有数据，直到遇到 EOF 字符为止。

（3）write(buffer)：写入字符串 buffer 到 socket。

下面的示例将连接到 Telnet 服务器 http://www.dummy.com 并执行命令。

【例 16.10】使用 telnetlib 模块（源代码\ch16\16.10.py）。

```
import telnetlib

#指定 Telnet 服务器
host = "http://www.dummy.com"

#指定用户账号
username = "johnny" + "\n"
#指定用户密码
password = "123456" + "\n"

#创建 Telnet 类的实例变量
telnet = telnetlib.Telnet(host)

#登录 Telnet 服务器,输入用户账号与密码
telnet.read_until("login: ")
telnet.write(username)
telnet.read_until("Password: ")
telnet.write(password)

#输入命令
while 1:
    command = raw_input("[shell]: ")
    telnet.write(command)
    if command == "exit":
        break
    telnet.read_all()
```

16.9 疑难解惑

疑问 1：如何获取当前运行程序的主机名称和 IP 地址？

socket 模块提供了几个函数获取当前运行程序的主机名和 IP 地址。

（1）gethostname()函数返回运行程序所在的计算机主机名。例如：

```
import socket
socket.gethostname()
'DESKTOP-PVS3P6M'
```

（2）gethostbyname(name)函数可以通过主机名称或域名获取主机的 IP 地址。例如：

```
socket.gethostbyname('DESKTOP-PVS3P6M')
'192.168.1.103'
socket.gethostbyname('www.jb51.net')
'113.162.80.167'
```

疑问 2：如何查看各种邮箱的服务 SMTP/POP3 地址及端口号？

邮件发送一般采用 smtp 协议，邮件接收一般采用 pop3。如果想使用代码编写一个邮件发送和接收，需要知道这些协议的地址及端口号。

这里以查看网易邮箱的邮件服务器地址为例进行讲解，其他的邮箱服务都是类似的。具体操作步骤如下：

步骤 01 在浏览器地址栏中输入 http://mail.163.com/，进入网易邮箱登录页面，单击帮助链接，如图 16-1 所示。

步骤 02 进入帮助页面后，输入 smtp 关键字，然后单击"快速帮助"按钮，如图 16-2 所示。

图 16-1 网易邮箱登录页面

图 16-2 帮助页面

步骤 03 进入搜索结果页面，选择"什么是 POP3、SMTP 和 IMAP？"链接，如图 16-3 所示。

步骤 04 在打开的链接中查看邮箱服务器地址和端口号，如图 16-4 所示。

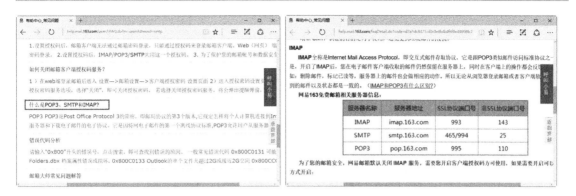

图 16-3 搜索结果页面   图 16-4 查看邮箱服务器地址和端口号

第 17 章　CGI 程序设计

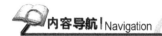

内容导航 Navigation

Python 语言在动态网页中的应用也非常广泛，特别适合用来在 Windows、Mac OS，以及 Linux/UNTX 操作系统上设计 CGI 程序。本章将重点学习 CGI 程序的基本概念、cgi 模块的使用方法、创建和执行脚本程序的方法、使用 cookie 对象的方法、使用模版的方法、上传和下载文件的方法等。

学习目标 Objective

- 熟悉 CGI 程序的基本概念
- 掌握 cgi 模块的使用方法
- 掌握创建和执行脚本程序的方法
- 掌握使用 cookie 对象的方法
- 掌握使用模版的方法
- 掌握上传和下载文件的方法
- 掌握脚步的调试方法

17.1　CGI 简介

公共网关接口（Common Gateway Interface，CGI）是在网站服务器上使用外部程序处理客户端请求的标准方式。外部程序可以存取数据库、文件及显示客户化的数据供网站浏览者观看。

CGI 不仅可以处理邮件表格和计数程序，还可以处理复杂的数据库。CGI 的工作是管理浏览器与服务器端脚本之间的通信。CGI 脚本通常存储在/cgi-bin 的文件夹内，不过实际的存储位置可能会改变。

从浏览器传递信息给 CGI 脚本有两种方式，即在 HTML 表格内使用 POST 或 GET 方法。POST 方法使用标准输入来传递信息，GET 方法则是将信息存储在环境变量内。

使用 GET 方法有环境变量大小的限制，优点是可以将一个 HTML 表格封装在一个 URL 内，缺点则是可能会遗失信息。如果用户在 CGI 脚本所产生的网页上选择一个外部图片（如旗帜广告）或是外部链接，那么表格的处理结果会被导向该外部图片或链接。

使用 POST 方法传输给服务器，虽然没有信息量的限制但是不能将信息附在 URL 内传输。Python 使用 cgi 模块来操作 CGI 脚本，可以在网页应用程序内处理表格。cgi 模块可以将 GET 与 POST 格式的表格差异隐藏起来。

下面是一个简单的 Python CGI 脚本：

```
print ("Content-Type: text/plain\n\n")
print ("Hello Python")
```

上述代码分析如下：

第 1 行代码：传输 MIME 类型给浏览器，让浏览器知道该如何解析信息。

第 2 行代码：在浏览器窗口内显示字符串"Hello Python"。

要执行此 CGI 脚本，必须先将它放置在网站服务器的可执行目录中，然后从用户的网站浏览器内调用它。

执行 Python CGI 脚本有时候反应速度较慢，这是因为每一个 CGI 调用都会创建一个新的进程，开始一个新的 Python 解释器执行体，并且要加载所需的模块。

提　示
CGI 文件的扩展名为.cgi，python 也可以使用.py 扩展名。

17.2　cgi 模块

本节将详细介绍 cgi 模块的使用方法和技巧。

17.2.1　输入和输出

cgi 模块将服务器设置的 sys.stdin 与环境变量（参考表 17-1）当作输入的来源；输出则是直接送到 sys.stdout，包含 HTTP 表头与数据本身。HTTP 表头与数据本身之间以一个空白行隔开。下面是一个简单的 HTTP 表头：

```
print ("Content-Type: text/plain")
print ()                          #空白行，表头的结尾
```

下面是一个输出数据的示例：

```
print ("<title>My CGI script</title>")
print ("<h1>Hello Python</h1>")
print ("You are %s (%s)" % (name, email))
```

表17-1　网站服务器使用的环境变量

环境变量	说明
AUTH_TYPE	认证方式
CONTENT_LENGTH	在 sys.stdin 中输入的数据长度
CONTENT_TYPE	查询数据的类型
DOCUMENT_ROOT	文件的根目录
GATEWAY_INTERFACE	CGI 的版本字符串

（续表）

环境变量	说明
HTTP_ACCEPT	可为客户端接收的 MIME 类型
HTTP_COOKIE	Netscape 专用的 Cookie 值
HTTP_FROM	客户端的电子邮件地址
HTTP_REFERER	引用的 URL 网址
HTTP_USER_AGENT	客户端的浏览器
PATH_INFO	所传递的路径信息
PATH_TRANSLATED	转译过的 PATH_INFO
QUERY_STRING	查询字符串
REMOTE_ADDR	客户端的远程 IP 地址
REMOTE_HOST	客户端的远程主机名称
REMOTE_IDENT	提出请求的用户
REMOTE_USER	授权的用户名称（authenticated username）
REQUEST_METHOD	所调用的方法，可为 GET 或 POST
SCRIPT_NAME	脚本程序名称
SERVER_NAME	服务器端主机名称
SERVER_PORT	服务器端的通信端口号码
SERVER_PROTOCOL	服务器端的通信协议
SERVER_SOFTWARE	服务器端软件的名称与版本

下面是一个简单的 CGI 脚本输出 CGI 环境变量的示例：

```
import os
print ("Content-type: text/html")
print()
print ("<meta charset=\"utf-8\">")
print ("<b>环境变量</b><br>")
print ("<ul>")
for key in os.environ.keys():
    print ("<li><span style='color:green'>%30s </span> : %s </li>" %
(key,os.environ[key]))
print ("</ul>")
```

cgi 模块的 FieldStorage 类可以读取标准输入（POST 方法）与查询字符串（GET 方法）。为了要解析 HTML 表格的内容，需要创建一个 FieldStorage 类的实例变量。

每一个表格字段都被定义成一个 MiniFieldStorage 类的实例变量；多字段的数据（如上传文件），则是被定义成一个 FieldStorage 类的实例变量。每一个实例变量都是以字典集的类型来存取。其中，字典集的键值（key）是表格的字段名称；字典集的值（value）是表格的字段内容。如果表格字段有多个值，如下拉列表框，就会产生 MiniFieldStorage 实例变量的列表。

17.2.2　cgi 模块的函数

cgi 模块的函数如下：

（1）escape(s [, quote])：将 s 字符串中的<、&以及>字符，分别转换为&lt、&amp 及&gt。如果需要转换双引号（"）字符，那么参数 quote 必须设置为 True。

（2）parse(fp)：从环境变量或 file 文件中解析查询。

（3）parse_qs(qs [, keep_blank_values, strict_parsing])：解析一个查询字符串，如"country=USA&state=PA"。转换为类似字典集的格式，如{"country":["USA"], "state":["PA"], ...}。

（4）print_environ()：格式化 HTML shell 的环境变量。

（5）print_environ_usage()：打印 HTML 内 CGI 使用的环境变量列表。

（6）print_form(form)：格式化 HTML 的表单。

（7）print_directory()：格式化 HTML 目前的文件夹。

（8）test()：测试 CGI 脚本。

17.3　创建和执行脚本

用户可以使用任何文本编辑器，如 Windows 记事本来编辑 Python 脚本。上传脚本到服务器时，脚本必须是文本文件。为了让这些脚本可以被执行，必须将它们安装在可执行的目录中，而且要有正确的权限。

大部分 CGI 脚本是放置在服务器的 cgi-bin 目录中，以确保用户的 CGI 脚本可以读/写。安全起见，HTTP 将用户的 CGI 脚本当作用户 nobody 来执行，而且没有任何特别权限。因此，脚本只能读取（写入或执行）任何人都可以读取（写入或执行）的文件。

在脚本执行期间，服务器的当前文件夹通常是 cgi-bin。如果需要加载的模块路径不在 Python 的默认搜索路径内，那么可以在加载前改变脚本内的路径变量。用户只能使用"import cgi"来加载 cgi 模块，不能使用"from cgi import *"。

17.3.1　传输信息给 Python 脚本

每当使用 URL 传递信息给 CGI 脚本时，所传递的数据会转换为成对的 name/value。name 与 value 之间以等号（=）隔开，每一对 name/value 则以&隔开。如果有空白，就会被转换为加号（+）。例如：

```
http://yourhostname/cgi-bin/app.py?animal=Monkey&age=5
```

特定字符会被转换成十六进制的格式（%HH），如字符串"Joe Anderson"被转换为"Joe %20Anderson"。表 17-2 列出了特定字符及其编码字符串。

上述示例使用 GET 方法来传递数据给 CGI 脚本。如果改用 POST 方法，就需要使用 urllib 模块来传输信息。例如：

```
import urllib
```

```
    request = urllib.parse.urlencode({"animal":"Monkey",
"age":"5"}).encode("utf-8")
    page = urllib.request.urlopen("http://yourhostname/cgi-bin/app.py", request)
    response = page.read()
```

表17-2　URL内特定字符及其编码字符串

特定字符	编码字符串
/	%2F
~	%7E
:	%3A
;	%3B
@	%40
&	%26
space	%20
return	%0A
tab	%09

17.3.2　表单域的处理

对于学习网页设计的人来说，处理表单域是入门的必备技能。

每一个CGI脚本必输出一个表头（Content-type标记）来描述文件的内容。一般Content-type标记的值是text/html、text/plain、image/gif及image/jpeg。表头必须以一个空白行表示结尾。客户端浏览器会读取CGI脚本返回的表头，但不会显示在网页上。

使用IIS当作网站服务器，将CGI脚本（17.1.py）放置在网站的可执行目录\scripts内。在输入账号及密码后，单击"登录"按钮，CGI脚本会返回一个网页，显示所输入的账号及密码值。如果没有输入账号和密码，就会显示错误信息。

下面的示例是一个简单的HTML文件，里面有一个表单。在表单内有两个文本框：一个用来输入用户账号；另外一个用来输入密码。当单击"登录"按钮后，使用POST方法执行服务器内的CGI脚本。

17.1.html文件的内容如下：

```html
<html>
  <head>
    <title>
        表单域的处理
    </title>
  </head>
  <body>
    <hr />
      <center>
        <form method="post" action=" http://127.0.0.1/17. 1. py">
          账号: <input type="text" name="username" /><br />
```

```
        密码: <input type=password name="password" /><br />
        <input type="submit" value="登录" />
      </form>
    </center>
  <hr />
  </body>
</html>
```

运行结果如图 17-1 所示。因为是使用 POST 方法，所以表单域数据不会显示在 URL 内。

图 17-1 登录页面

17.1.py 文件的内容如下：

```
import cgi

#返回给浏览器的表头与数据的开头
def header(title):
    print ("Content-type: text/html\n")
    print ("<html>\n<head>\n<title>%s</title>\n</head>\n<body>\n" % (title))

#返回给浏览器的数据的结尾
def footer():
    print ("</body></html>")

#读取表单域的信息
form = cgi.FieldStorage()

if not form:
    #读取错误
    header("读取错误")
    print ("<h3>无法读取表单域的信息.</h3>")
elif form.has_key("username") and form["username"].value != "" and \
    form.has_key("password") and form["password"].value != "":
    #连接成功
    header("连接成功 ...")
    print ("<center><hr /><h3>欢迎光临,你的账号是" , form["username"].value, \
```

```
        "<br />你的密码是", form["password"].value, "</h3><hr /></center>")
else:
    header("连接失败!")
    print ("<h3>连接失败,请重新登录一次.</h3>")

#写入数据的结尾
footer()
```

在如图 17-1 所示的页面中输入账号和密码，并单击"登录"按钮，运行结果如图 17-2 所示。

图 17-2　程序运行结果

如果在 CGI 脚本内找不到指定的表单域,就会输出一个异常。如果用户没有使用 try/except 程序语句来捕获该异常，该脚本就会停止执行，并显示异常的信息。

17.2.html 文件的内容如下：

```
<html>
  <head>
    <title>
        客户端网页
    </title>
  </head>
  <body>
    <hr />
      <center>
        <form method="post" action=" http://127.0.0.1/cgi-bin/17.2. py">
          名字: <input type="text" name="name" /><br />
          性别: <input type=password name="sex" /><br />
          电话: <input type=password name="phone" /><br />
          地址: <input type=password name="address" /><br />
          <input type="submit" value="登录" />
        </form>
      </center>
    <hr />
```

```
  </body>
</html>
```

17.2.py 文件的内容如下：

```python
import cgi

#返回给浏览器的表头与数据的开头
def header(title):
    print ("Content-type: text/html\n")
    print ("<html>\n<head>\n<title>%s</title>\n</head>\n<body>\n" % (title))

#返回给浏览器与数据的结尾
def footer():
    print ("</body></html>")

#读取表单域的信息
form = cgi.FieldStorage()

#打印表单域的值
print (form.keys())

#打印不存在的表单域的值
print (form["email"].value)

footer()
```

运行结果如图 17-3 所示。

图 17-3　程序运行结果

下面的示例演示如何通过 CGI 程序传递复选框中的数据。

17.3.html 文件的内容如下：

```html
<!DOCTYPE html>
```

```
<html>
<head>
<meta charset="utf-8">
<title>传递复选框中的数据</title>
</head>
<body>
<form action=" http://127.0.0.1/cgi-bin/17.3.py" method="POST"
target="_blank">
<input type="checkbox" name="python" value="on" />Python 语言
<input type="checkbox" name="java" value="on" /> Java 语言
<input type="submit" value="上传信息" />
</form>
</body>
</html>
```

其中，checkbox 用于提交一个或多个选项数据。运行结果如图 17-4 所示。

图 17-4   程序运行结果

17.3.py 文件的内容如下：

```
# 引入 CGI 处理模块
import cgi, cgitb

# 创建 FieldStorage 的实例
form = cgi.FieldStorage()

# 接收字段数据
if form.getvalue('java'):
    java_flag = "是"
else:
    java_flag = "否"

if form.getvalue('python'):
    python_flag = "是"
else:
    python_flag = "否"
```

```
print ("Content-type:text/html")
print ()
print ("<html>")
print ("<head>")
print ("<meta charset=\"utf-8\">")
print ("<title>接收复选框中的数据</title>")
print ("</head>")
print ("<body>")
print ("<h2>Python 语言是否被选择: %s</h2>" % python_flag)
print ("<h2> Java 语言是否被选择: %s</h2>" % java_flag)
print ("</body>")
print ("</html>")
```

在如图 17-4 所示的页面中选中所有的复选框，然后单击"上传信息"按钮，运行结果如图 17-5 所示。

图 17-5　程序运行结果

下面的示例演示如何通过 CGI 程序传递单选按钮的数据。

17.4.html 文件的内容如下:

```
<!DOCTYPE html>
<html>
<head>
<meta charset="utf-8">
<title>传递单选按钮中的数据</title>
</head>
<body>
<form action=" http://127.0.0.1/cgi-bin/17.4.py" method="post"
target="_blank">
    <input type="radio" name="site" value="python" />Python 语言
    <input type="radio" name="site" value="java" /> Java 语言
    <input type="submit" value="提交" />
</form>
</body>
</html>
```

其中，radio 用于向服务器提交单个数据。运行结果如图 17-6 所示。

图 17-6　程序运行结果

17.4.py 文件的内容如下：

```
# 引入 CGI 处理模块
import cgi, cgitb

# 创建 FieldStorage 的实例
form = cgi.FieldStorage()

# 接收字段数据
if form.getvalue('site'):
  site = form.getvalue('site')
else:
  site = "提交数据为空"

print ("Content-type:text/html")
print ()
print ("<html>")
print ("<head>")
print ("<meta charset=\"utf-8\">")
print ("<title>接收单选按钮中的数据</title>")
print ("</head>")
print ("<body>")
print ("<h2>选中的编程语言是%s</h2>" % site)
print ("</body>")
print ("</html>")
```

在如图 17-6 所示的界面中选中一个单选按钮，并单击"提交"按钮，运行结果如图 17-7 所示。

图 17-7　程序运行结果

下面的示例演示如何通过 CGI 程序传递多行数据。

17.5.html 文件的内容如下：

```
<!DOCTYPE html>
<html>
<head>
<meta charset="utf-8">
<title>传递多行数据</title>
</head>
<body>
<form action=" http://127.0.0.1/cgi-bin/17.5.py" method="post"
target="_blank">
<textarea name="textcontent" cols="40" rows="4">
请输入内容
</textarea>
<input type="submit" value="提交" />
</form>
</body>
</html>
```

其中，textarea 用于向服务器传递多行数据，用户可以在此输入多行数据，运行结果如图 17-8 所示。

图 17-8　程序运行结果

17.5.py 文件的内容如下：

```
# 引入 CGI 处理模块
import cgi, cgitb

# 创建 FieldStorage 的实例
form = cgi.FieldStorage()

# 接收字段数据
if form.getvalue('textcontent'):
    text_content = form.getvalue('textcontent')
else:
```

```
    text_content = "没有内容"

print ("Content-type:text/html")
print ()
print ("<html>")
print ("<head>")
print ("<meta charset=\"utf-8\">")
print ("<title>接收多行数据</title>")
print ("</head>")
print ("<body>")
print ("<h2> 输入的内容是: %s</h2>" % text_content)
print ("</body>")
print ("</html>")
```

在如图 17-8 所示的页面中输入多行数据，然后单击"提交"按钮，运行结果如图 17-9 所示。

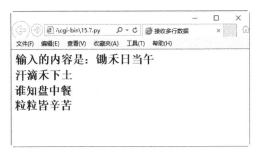

图 17-9　程序执行结果

下面的示例演示如何通过 CGI 程序传递下拉菜单中的数据。

17.6.html 文件的内容如下：

```
<!DOCTYPE html>
<html>
<head>
<meta charset="utf-8">
<title>传递下拉菜单中的数据</title>
</head>
<body>
<form action=" http://127.0.0.1/cgi-bin/17.6.py" method="post"
target="_blank">
<select name=" selectss ">
<option value="python" selected>Python 语言</option>
<option value="java">Java 语言</option>
</select>
<input type="submit" value="提交"/>
```

```
</form>
</body>
</html>
```

运行结果如图 17-10 所示，用户可以选择下拉菜单中的选项。

图 17-10　程序运行结果

17.6.py 文件的内容如下：

```
# 引入 CGI 处理模块
import cgi, cgitb

# 创建 FieldStorage 的实例
form = cgi.FieldStorage()

# 接收字段数据
if form.getvalue(' selectss '):
  selectss_value = form.getvalue(' selectss ')
else:
  selectss_value = "没有内容"

print ("Content-type:text/html")
print()
print ("<html>")
print ("<head>")
print ("<meta charset=\"utf-8\">")
print ("<title>接收下拉菜单中的数据</title>")
print ("</head>")
print ("<body>")
print ("<h2> 选中的选项是：%s</h2>" % selectss_value)
print ("</body>")
print ("</html>")
```

在如图 17-10 所示的页面中选择菜单选项，然后单击"提交"按钮，运行结果如图 17-11 所示。

图 17-11　程序运行结果

17.3.3　Session

如果需要从相同的用户处取得关联请求，就必须在第一次与该用户接触时产生并指定一个 session key，然后在表单或 URL 内加入该 session key。

若在表单内加入 session key，则代码如下：

```
<input type="hidden" name="session" value="ght23xeu"
```

若在 URL 内加入 session key，则代码如下：

```
http://yourhost/cgi-bin/yourscript.py/ght23xeu
```

session key 的信息会通过环境变量传到 CGI 脚本内，代码如下：

```
os.environment["PATH_INFO"] = "ght23xeu"
os.environment["PATH_TRANSLATED"] = "<rootdir>/ght23xeu"
```

17.3.4　创建输出到浏览器

在 CGI 脚本内使用 print 程序语句，可以传输信息给客户端的浏览器。浏览器在收到下面的程序代码后，会试图读取重新定向的网页 http://www.python.org/：

```
new_location = "http://www.python.org/"
print ("Status: 302 Redirected")
print ("Location: %s\n" % new_location)
```

使用同样的方法，也可以应用在 CGI 脚本内输出图像文件给客户端的浏览器。下面的示例将 demo.gif 文件传给浏览器：

```
import sys
new_image = open("demo.gif", "rb").read()
#打印 HTTP 表头
sys.stdout.write("Content-type: image/gif\n")
#打印 HTTP 表头的结尾
sys.stdout.write("\n")
#打印图像
sys.stdout.write(new_image)
```

若用户直接使用 print (new_image)，则会在数据的结尾加上一个换行或空格符，从而导致浏览器无法识别。

17.4　使用 cookie 对象

本节主要讲述 cookie 对象的使用方法和技巧。

17.4.1　了解 cookie

cookie 是网站服务器存储在客户端的数据，当下次客户端连接到服务器时，cookie 的数值会返回到服务器上。通常 cookie 用于存储用户的个人信息。

HTTP 协议一个很大的缺点就是不对用户的身份进行判断，这样就给编程人员带来很大的不便，而 cookie 功能的出现则弥补了这个不足。

当用户连接到服务器时，服务器端应用程序可以通过检查 HTTP 表头来检查客户端的cookie。如果 cookie 存在，那么在每一次传输请求给服务器时，适当的 cookie 也就会跟着传输到服务器，从而达到身份判别的功能。cookie 常用在身份校验中。

GGI 脚本会在需要的时机更新 cookie，然后才传输网页给客户端浏览器。传输 cookie 的格式与 GET 及 POST 请求的格式相同。

cookie 的发送是通过 HTTP 头部实现的，它早于文件的传递。头部 set-cookie 的语法如下：

```
Set-cookie:name=name;expires=date;path=path;domain=domain;secure
```

（1）name=name：需要设置 cookie 的值，有多个 name 值时用"；"隔开，如 name1=name1;name2=name2;name3=name3。

（2）expires=date：cookie 的有效期限，格式为 expires="Wdy,DD-Mon-YYYY HH:MM:SS"。

（3）path=path：设置 cookie 支持的路径。如果 path 是一个路径，那么 cookie 对这个目录下的所有文件及子目录生效，如 path=" http://127.0.0.1/cgi-bin/"；如果 path 是一个文件，那么 cookie 只对这个文件生效，如 path=" http://127.0.0.1/cgi-bin/cookie.cgi"。

（4）domain=domain：对 cookie 生效的域名，如 domain="www.jummmm123c.com"。

（5）secure：如果给出此标志，就表示 cookie 只能通过 SSL 协议的 https 服务器来传递。

cookie 的接收是通过设置环境变量 HTTP_COOKIE 实现的，CGI 程序可以通过检索该变量获取 cookie 信息。

17.4.2　读取 cookie 信息

Python 提供的 cookie 模块用于处理客户端的 cookie。cookie 模块可以用于编写 Set-Cookie 表头，以及解析 HTTP_COOKIE 环境变量。

使用 http.cookiejar 模块中的 CookieJar 类创建一个 cookie 对象：

```
import http.cookiejar
mycookie = http.cookiejar.CookieJar()
```

cookie 信息存储在 CGI 的环境变量 HTTP_COOKIE 中，存储格式如下：

```
key1=value1;key2=value2;key3=value3....
```

下面通过一个示例来学习读取 cookie 信息的方法。

17.7.py 文件的内容如下：

```python
# 导入模块
import os
import http.cookiejar


print ("Content-type: text/html")
print ()


print ("""
<html>
<head>
<meta charset="utf-8">
<title>读取 cookie 信息</title>
</head>
<body>
<h1>读取 cookie 信息</h1>
""")

if 'HTTP_COOKIE' in os.environ:
    cookie_string=os.environ.get('HTTP_COOKIE')
    c= http.cookiejar.CookieJar()
    c.load(cookie_string)

    try:
        data=c['name'].value
        print ("cookie data: "+data+"<br>")
    except KeyError:
        print ("cookie 没有设置或已过去<br>")
print ("""
</body>
</html>
""")
```

上述代码中的 load(cookie_string)方法可从 cookie_string 字符串中读取 cookie 信息。

17.5   使用模板

CGI 脚本内通常会嵌入许多 HTML 代码，用户可以使用模板文件来区分 Python 代码与 HTML 代码，这样做可以使维护 CGI 脚本的工作更加容易。模板文件通常是一个 HTML 文件，里面会有一个特定的字符串。在 CGI 脚本内读入此 HTML 文件，然后使用 re 模块或者格式化字符串来取代 HTML 文件内的特定字符串。

下面的示例演示如何使用 re 模块的 subn() 方法来取代模板文件内容。

17.7.html 文件的内容如下：

```
<!DOCTYPE html>
<html>
  <head>
    <title>
        网页文件
    </title>
  </head>
  <body>
    <center>
      <form method="post" action="http://127.0.0.1/cgi-bin /17.8.py">
        <input type="submit" value="登录" />
      </form>
    </center>
  </body>
</html>
```

template1.html 文件的内容如下：

```
<!DOCTYPE html>
<html>
  <head>
    <title>
        Template 1
    </title>
  </head>
  <body>
    <h1>
      <center>
        <!-- # INSERT HERE # -->
      </center>
    </h1>
  </body>
</html>
```

17.8.py 文件的内容如下：

```
import re

#发生异常时的显示字符串
```

```
TemplateException = "Error while parsing HTML template"
#用来取代 template1.html 文件内的"<!-- # INSERT HERE # -->"字符串
content = "Hello Python"

#打开模板文件
filehandle = open("template1.html", "r")
#读取 template 文件的内容
data = filehandle.read()
#关闭 template 文件
filehandle.close()

#将 template1.html 文件内的"<!-- # INSERT HERE # -->"字符串以 content 取代
matching = re.subn("<!-- # INSERT HERE # -->", content, data)

#发生错误
if matching[1] == 0:
    raise TemplateException

#成功,输出表头
print ("Content-Type: text/html\n\n")

#输出取代后的 template1.html 文件
print (matching[0])
```

程序运行结果如图 17-12 所示。

图 17-12　程序运行结果

下面的示例演示使用格式化字符串来取代模板文件内容。

17.8.html 文件的内容如下:

```
<!DOCTYPE html >
  <head>
    <title>
    </title>
  </head>
```

```
    <body>
      <center>
        <form method="post" action="http://127.0.0.1/cgi-bin /17.9.py ">
          <input type="submit" value="登录" />
        </form>
      </center>
    </body>
</html>
```

template2.html 文件的内容如下：

```
<!DOCTYPE html>
<html>
  <head>
    <title>
      Template 2
    </title>
  </head>
  <body>
    <center>
      <b>Student:</b> %(student)s<br />
      <b>Class:</b> %(class)s<br />
        Sorry, your application was <font color=red>refused</font>.<br />
        If you have any questions, please call:%(phone)s<br />
    </center>
  </body>
</html>
```

17.9.py 文件的内容如下：

```
#用来取代模板文件内格式化字符串的字典集
dictemplate = {"student":"Machael", "class":"History", "phone":"12345678"}

#打开模板文件
filehandle = open("template2.html", "r")
#读取模板文件的内容
data = filehandle.read()
#关闭 Template 文件
filehandle.close()

#输出的 HTTP 表头
print ("Content-Type: text/html\n\n")
#输出数据
print (data % (dictemplate))
```

程序运行结果如图 17-13 所示。

图 17-13　程序运行结果

17.6　上传和下载文件

在脚本程序中，用户经常需要在客户端与服务器之间传输文件。上传文件时，在 HTML 的表单内使用 <input type="file" /> 标签，并且需要将表单的 enctype 属性设置为 multipart/form-data。

下面通过案例来学习文件的上传方法。在客户端的 HTML 网页内输入要上传的文件名称，通过服务器上的 CGI 脚本将此文件存储在服务器内，并且返回该文件的内容。

17.9.html 文件的内容如下：

```
<!DOCTYPE html>
<html>
  <head>
    <title>
        上传文件
    </title>
  </head>
  <body>
    <center>
      <form method="post" action = "http://127.0.0.1/cgi-bin /17.10.py"
        enctype="multipart/form-data">
        <input type="file" size="40" name="filename" /><br />
        <input type="submit" />
      </form>
    </center>
  </body>
</html>
```

程序运行结果如图 17-14 所示。结果显示一个输入文本框和一个"浏览"按钮。当使用<input

type="file" />控件时，此表单域的 value 属性会读取该输入文件的内容，并以字符串的类型存储在内存中。

图 17-14 程序运行结果

17.10.py 文件的内容如下：

```
import cgi, os
import cgitb; cgitb.enable()


form = cgi.FieldStorage()


# 获取文件名
fileitem = form['filename']

# 检测文件是否上传
if fileitem.filename:
   # 设置文件路径
   fn = os.path.basename(fileitem.filename)
   open('/tmp/' + fn, 'wb').write(fileitem.file.read())

   message = '文件 "' + fn + '" 上传成功'

else:
   message = '文件没有上传'

print ("""\
Content-Type: text/html\n
<html>
<head>
<meta charset="utf-8">
<title>上传文件</title>
</head>
<body>
   <p>%s</p>
</body>
</html>
```

```
""" % (message,))
```

下面的示例演示如何从服务器下载文件。

例如，从服务器下载 read.txt 文件，代码如下：

```
# HTTP 头部
print ("Content-Disposition: attachment; filename=\"read.txt\"")
print ()
# 打开文件
fo = open("foo.txt", "rb")

str = fo.read();
print (str)

# 关闭文件
fo.close()
```

17.7　脚本的调试

将 CGI 脚本放置到服务器上之前，用户必须对脚本进行调试（debug）以确认脚本功能正常。如果脚本在执行中死机，就可能会引起很大的问题，如数据库应用程序的数据存取错误。用户应该先使用命令行测试脚本是否运行正常，然后将其放置在 HTTP 网站上。

因为 Python 是一种解释型语言，所以语法的错误只有在执行期间才会发现。Python 适合作为调试工具，因为一旦有错误产生，就会得到 traceback 的信息。默认 traceback 保存在服务器的 error_log 文件内。

要将 traceback 打印到标准输出有其复杂度，因为错误可能是在 Content-type 表头打印之前发生的，或者是在 HTML 卷标内发生的。注意，脚本所收到的参数不一定都是有意义的，在传输过程中参数可能会被破坏。

下面是一段简单的 CGI 脚本调试代码：

```
import cgi
print ("Content-type: text/plain\n")
try:
    #测试 script 码
    your_application_code()
except:
    #有错误产生
    print ("Error happened")
    cgi.print_exception()
```

因为 cookie 必须被打印成 HTTP 表头的部分，所以 cookie 要在表头结尾的换行之前处理，代码如下：

```
import cgi
print ("Content-type: text/plain")
try:
    #测试 script 码
    handle_cookies_code()
    print ("\n")
    your_application_code()
except:
    #有错误产生
    print ("\n")
    print ("Error happened")
    cgi.print_exception()
```

如果用户将 CGI 脚本写成一个模块，将下面程序代码加在脚本的结尾，就可以从命令行执行此模块。

```
if __name__ == "__main__":
    main()
```

如果用户使用 Linux/UNTX 的 csh 或 tcsh 环境，并且使用 cgi.FieldStorage 类读取表单输入，就可以设置 REQUEST_METHOD 与 QUERY_STRING 两个环境变量，代码如下：

```
setenv REQUEST_METHOD "GET"
setenv QUERY_STRING "animal=parrot"
```

如果是其他 shell 环境，可以使用：

```
REQUEST_METHOD="GET"
QUERY_STRING="animal=parrot"
export REQUEST_METHOD QUERY_STRING
```

检查用户的脚本是否位于可执行的目录内。如果是，就可以试图通过浏览器直接传输 URL 请求给脚本：

```
http://yourhostname/cgi-bin/yourscript.py?animal=parrot
```

如果服务器找不到指定脚本，浏览器就会收到 404 的错误号码。

调试 Python CGI 应用程序时，应该考虑以下事项：

（1）尽量加载 traceback 模块，traceback 模块必须在 try/except 程序语句之前加载。

（2）不要忘记 HTTP 表头的结尾必须有一个空白行\n。

（3）如果指定 sys.stderr 是 sys.stdout，那么所有的错误信息都会传输到标准输出。

（4）创建一个 try/except 程序语句，将用户的程序代码放在 try/except 程序语句内，并且在 except 程序语句内调用 traceback.print_exc()。

（5）如果用户的脚本调用了外部程序，那么将确认 Python 的 $PATH 变量设置成正确的目录。因为在 CGI 环境内$PATH 变量不会提供任何有用的数值。

下面通过一个综合示例来学习 CGI 脚本调试的方法。本示例将打印 n = 1 到 n = 10 的 10 / (n-10)的值，当 n = 10 时，会输出一个 ZeroDivisionError 异常。

17.10.html 文件的内容如下：

```html
<!DOCTYPE html>
<html>
  <head>
    <title>
        调试程序
    </title>
  </head>
  <body>
    <center>
      <form method="post" action="http://127.0.0.1/ cgi-bin /17.11.py">
        <input type="submit" value="登录" />
      </form>
    </center>
  </body>
</html>
```

17.11.py 文件的内容如下：

```python
import sys
import cgi
import traceback

#打印 HTTP 表头
print ("Content-type: text/html\n")

#指定 sys.stderr 是 sys.stdout
sys.stderr = sys.stdout

#开始调试
try:
    n = 1
    while n < 11:
        #当 n = 10 时会输出异常
        print (10 / (n-10))
        n += 1
except:
    #避免 HTML 的 word wrapping,让 traceback 的输出格式化
```

```
print ("\n\n<pre>")
traceback.print_exc()
print ("</pre>")
```

程序运行结果如图 17-15 所示。

图 17-15　程序运行结果

17.8　疑难解惑

疑问 1：CGI 脚本中可以存储哪些种类的数据？

CGI 脚本所操作的信息，可以来自任何种类的数据存储结构，只要该数据可以被管理与更新即可。使用文本文件是比较简单的方式，也可以使用 shelve 文件存储 Python 对象，如此可以避免分析/反分析数值。

如果使用 dbm 或 gdbm 文件，就可以得到较好的效率，因为它们使用字符串操作 key/value。因此，考虑到安全与速度，应该使用真正的数据库文件。

疑问 2：CGI 脚本中如何锁定文件？

如果不是使用真正的数据库文件系统，文件的锁定就会是一个很大的问题，因为必须将程序中的每一处细节都要考虑到。例如，shelve、dbm 与 gdbm 数据库文件针对同时发生的更新，都没有提供任何保护。

Python 支持多读取的处理，同时支持单写入的处理。有关文件锁定的算法，可以参考 LockFile.py 文件。LockFile.py 文件只能在 Linux\UNTX 操作系统上执行。

第 18 章　Web 网站编程

内容导航！Navigation

　　XML 是一种标准化的文本格式，可以在 Web 上表示结构化信息，也可以存储具有复杂结构的数据信息。XML 是 HTML 的补充，但 XML 并不是 HTML 的替代品。在现代网页开发中，XML 用于描述、存储数据，而 HTML 则用于格式化和显示数据。本章将重点学习 Python 处理 XML 和 HTML 文件的方法。

学习目标！Objective

- 熟悉 XML 编程基础
- 熟悉 XML 的语法基础
- 掌握 Python 解析 XML 的方法
- 掌握 XDR 数据交换的格式
- 掌握 JSON 数据解析的方法
- 掌握 Python 解析 HTML 的方法

18.1　XML 编程基础

　　可扩展标记语言（XML）是 Web 上的数据通用语言，它能够使开发人员将结构化数据从各种不同的应用程序传递到桌面，进行本地计算和演示。XML 允许为特定应用程序创建唯一的数据格式，它是服务器之间传输结构化数据的理想格式。

18.1.1　XPath 简介

　　XPath 主要用于对 XML 文档的元件进行寻址。XPath 将一个 XML 文档建模成为一棵节点树，拥有不同类型的节点，包括元素节点、属性节点和正文节点。XPath 定义了一种方法计算每类节点的字串值，一些节点的类型也有名字。XPath 充分支持 XML 命名空间。这样，节点的名字被建模成由一个局域部分和可能为空的命名空间 URI 组成的对，称为扩展名。

1. XPath 节点

　　XPath 把 XML 文档看作是一个节点树。节点可以有不同的类型，如元素节点或属性节点。

一些类型的节点名称由 XML 名称空间 URI（允许空）和本地部分组成。有一种特殊的节点类型是根节点，一个 XML 文档只能有一个根节点，它是树的根，包含整个 XML 文档。根节点包含根元素及在根元素之前或之后出现的任何处理节点、声明节点或注释节点。其中，元素节点代表 XML 文档中的每个元素；属性节点附属于元素节点，表示 XML 文档中的属性。其他类型的节点包括文本节点、处理指令节点和注释节点。

2. 位置路径

位置路径是 XPath 中应用比较广泛的特性，它是一种特殊的 XPath 表达式。位置路径标识了与上下文有关的一组 XPath 节点。XPath 定义了简化和非简化两种语法。

18.1.2 XSLT 简介

XSLT 由 XSL（Extensible Stylesheet Language）发展而来。XSLT 是一种基于 XML 的语言，用于将一类 XML 文档转换为另一种 XML 文档。XSLT 实际上是 XML 文档类的一个规范，即 XSLT 本身是格式正确的 XML 文档，并带有一些专门的内容，可以让开发者或用户"模块化"自己所期望的输出格式。

因为 XSLT 的作用是将 XML 元素转为成用户所期望的格式文件中的元素，所以与其他语言不同，它是一种模板驱动的转换脚本。其实现过程是把模板提供给 XSLT 处理器，并指明转换过程中使用模板，可以在模板中加入指令，告诉处理器从一个或多个源文件中自行搜索信息并插入模板中的空位。

XSLT 的主要功能就是转换，可将一个没有形式表现的 XML 内容文档当作源树转换为一棵有样式信息的结果树。XSLT 是将模式（pattern）与模板（template）相结合实现的。模式与源树中的元素相匹配，模式被实例化后产生部分结果树。因为结果树与源树是分离的，所以结果树的结构可以和源树截然不同。在结果树的构造中，源树不仅可以将内容进行过滤和重新排序，还可以增加任意的结构。模式实际上可以理解为满足所规定选择条件的节点结合，符合条件的节点就匹配该模式，否则不匹配。

XSLT 包含了一套模板的集合，一个模板规则包含两部分：匹配源树中节点的模式及实例化（instantiated）后组成部分结果树的模板。一个模板中包含一些元素，其作用就是规定字面结果的元素结构。一个模板还可以包含作为产生结果树片断的指令元素。当一个模板实例化后，执行每一个指令并置换为其产生结果树片断。指令可以选择并处理这些子元素，通过查找可应用的模板规则实例化其模板，对子元素处理后产生结果树片断。

元素只有被执行的指令选中才可进行处理。在搜索可用模板规则过程中，不止一个模板规则可能匹配给定元素的模式，但是只能使用一个模板规则。XSL 利用 XML 的命名空间来区别属于 XSL 处理器指令的元素和规定文字结果的树结构元素，指令元素属于 XSL 名域。

在文档中采用 xsl：表示 XSL 名域中的元素。一个 XSLT 包含一个 xsl：stylesheet 文档元素，这个元素可以规定模板的规则。XSLT 转换的详细过程如图 18-1 所示。

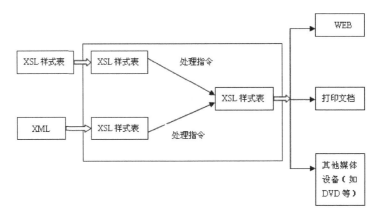

图 18-1　XSLT 转换过程

18.2　XML 语法基础

XML 是标记语言，可支持开发者为 Web 信息设计自己的标记。XML 要比 HTML 强大得多，它不再是固定的标记，而是允许定义数量不限的标记来描述文档中的资料，允许嵌套的信息结构。

18.2.1　XML 的基本应用

随着因特网的发展，为了控制网页显示样式，增加了一些描述如何显示数据的标记，如 <center>、<b> 等。但随着 IITML 的不断发展，W3C 组织意识到 HTML 存在了一些无法避免的问题。

（1）不能解决所有解释数据的问题，如影音文件或化学公式、音乐符号等其他形态的内容。

（2）性能问题，需要下载整份文件才能开始对文件做搜寻动作。

（3）扩充性、弹性、易读性均不佳。

为了解决以上问题，专家们使用 SGML 精简制作，并依照 HTML 的发展经验，产生出一套使用上既简单又严谨的描述数据语言 XML。

XML（eXtensible Markup Language，可扩展标记语言）不只是 W3C 推荐的通用标记语言，同样也是 SGML 的子类，可以定义自己的一组标记。它具有下面几个特点：

（1）XML 是一种元标记语言，所谓"元标记语言"就是开发者可以根据需要定义自己的标记，如 <book><name>，任何满足 xml 命名规则的名称都可以作为标记，这就为不同程序的应用打开了大门。

（2）允许通过使用自定义格式标识、交换和处理数据。

（3）基于文本的格式，允许开发人员描述结构化数据，并在各种应用之间发送和交换这些数据。

（4）有助于在服务器之间传输结构化数据。

（5）XML 使用的是非专有格式，不受版权、专利、商业秘密或其他种类知识产权的限制。

XML 的功能是非常强大的，同时对于人类或计算机程序来说又是容易阅读和编写的，因此会成为交换语言的首选。网络带给人类的好处就是信息共享，在不同的计算机中共享数据，而 XML 是用来告诉我们"什么是数据"，利用 XML 可以在网络上交换任何一条信息。

【例 18.1】创建 XML 文件（源代码\ch18\18.1.xml）。

```
<?xml version="1.0" encoding="GB2312" ?>
<汽车>
    <国产汽车>
        <品牌>长城汽车</品牌>
        <购买时间>2018-03-15</购买时间>
        <价格 币种="人民币">68000 元</价格>
    </国产汽车>
    <国产汽车>
        <品牌>吉利汽车</品牌>
        <购买时间>2018-06-15</购买时间>
        <价格 币种="人民币">120000</价格>
    </国产汽车>
</汽车>
```

此处需要将文件保存为 XML 文件。在该文件中，每个标记都是用汉语编写的，是自定义标记。将汽车看作一个对象，该对象包含多个国产汽车，国产汽车是用来存储汽车的相关信息的，也可以说国产汽车对象是一种数据结构模型。在页面中没有对哪个数据的样式进行修饰，只是告诉我们数据结构是什么，数据是什么。

预览效果如图 18-2 所示，可以看到整个页面树形结构的显示，可以通过单击"-"关闭整个树形结构，单击"+"展开树形结构。

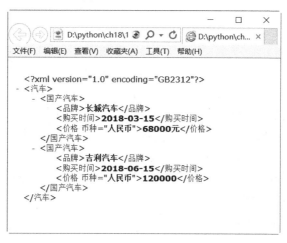

图 18-2　XML 文件显示

18.2.2 XML 文档组成和声明

一个完整的 XML 文档由声明、元素、注释、字符引用和处理指令组成。在 XML 文档中，所有这些 XML 文档的组成部分都是通过元素标记来指明的。可以将 XML 文档分为三部分，如图 18-3 所示。

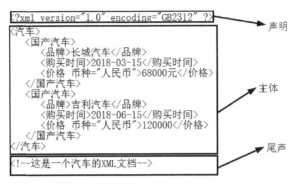

图 18-3 XML 文档组成

XML 声明必须作为 XML 文档的第一行，前面不能有空白、注释或其他的处理指令。完整的声明格式如下：

```
<?xml version="1.0" encoding="编码" standalone="yes/no" ?>
```

其中，version 属性不能省略，且必须排在属性列表的第一位，指明所采用的 XML 的版本号，值为 1.0，该属性用来保证对 XML 未来版本的支持；encoding 属性是可选的，该属性指定了文档采用的编码方式，即规定采用哪种字符集对 XML 文档进行字符编码，常用的编码方式为 UTF-8 和 GB2312。如果没有使用 encoding 属性，那么该属性的默认值是 UTF-8；如果 encoding 属性的值为 GB2312，那么文档必须使用 ANSI 编码保存，文档的标记及标记内容只可以使用 ASCII 字符和中文。

使用 GB2312 编码的 XML 声明如下：

```
<?xml version="1.0" encoding="GB2312" ?>
```

XML 文档主体必须有根元素。所有的 XML 必须包含可定义根元素的单一标记对，所有其他元素都必须处于这个根元素的内部。所有元素均可拥有子元素。子元素必须被正确地嵌套于它们的父元素内部。根标记及根标记内容共同构成 XML 文档主体，没有文档主体的 XML 文档将不会被浏览器或其他 XML 处理程序所识别。

注释可以提高文档的阅读性，尽管 XML 解析器通常会忽略文档中的注释，但位置适当且有意义的注释可以大大提高文档的可读性。XML 文档中不用于描述数据的内容都可以包含在注释中，注释以"<!--"开始，以"-->"结束，在起始符和结束符之间为注释内容。注释内容可以是符合注释规则的任何字符串。

【例 18.2】创建水果信息的 XML 文件（源代码\ch18\18.2.xml）。

```
<?xml version="1.0" encoding="gb2312"?>
```

```
<!--这是一个水果信息表-->
<水果信息>
<水果>
  <名称>苹果</名称>
  <价格>6.56 元/公斤</价格>
  <产地>烟台</产地>
</水果>
<水果>
  <名称>葡萄</名称>
  <价格>6.88 元/公斤</价格>
  <产地>吐鲁番</产地>
</水果>
</水果信息>
```

在上面的代码中，第一句代码是 XML 声明；<水果>标记是<水果信息>标记的子元素，而<名称>、<价格>和<产地>标记是<水果>标记的子元素；<!--...-->是一个注释。

浏览效果如图 18-4 所示，可以看到页面中显示了一个树形结构，并且数据层次感非常好。

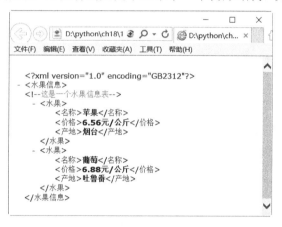

图 18-4　XML 文档组成

18.2.3　XML 元素介绍

元素是以树形分层结构排列的，它可以嵌套在其他元素中。

1. 元素类别

在 XML 文档中，元素分为非空元素和空元素两种类型。一个 XML 非空元素是由开始标记、结束标记及标记之间的数据构成的。开始标记和结束标记用来描述标记之间的数据；标记之间的数据被认为是元素的值。非空元素的语法结构如下：

```
<开始标记>文本内容</结束标记>
```

空元素就是不包含任何内容的元素，即开始标记和结束标记之间没有任何内容的元素。

其语法结构如下：

```
<开始标记></结束标记>
```

可以把元素内容为文本的非空元素转换为空元素。例如：

```
<hello>下午好</hello>
```

<hello>是一个非空元素，如果把非空元素的文本内容转换为空元素的属性，那么转换后的空元素可以写为：

```
<hello content="下午好"></hello>
```

2. 元素命名规范

XML 元素命名规则与 Java、C 等命名规则类似，也是一种对大小写敏感的语言。XML 元素命名必须遵守以下规则：

（1）元素名中可以包含字母、数字和其他字符，如<place>、<地点>、<no123>等。

（2）元素名中虽然可以包含中文，但是在不支持中文的环境中将不能解释包含中文字符的 XML 文档。

（3）元素名中不能以数字或标点符号开头，如<123no>、<.name>、<?error>等元素的名称都是非法的。

（4）元素名中不能包含空格，如<no 123>。

3. 元素嵌套

元素的内容可以包含子元素。子元素本身也是元素，被嵌套在上层元素内。如果子元素嵌套了其他元素，那么它同时也是父元素，如下面所示的部分代码：

```
<?xml version="1.0" encoding="gb2312" ?>
<students>
  <student>
    <name>张三</name>
    <age>20</age>
  </student>
  ...
</students>
```

<student>是<students>的子元素，同时也是<name>和<age>的父元素，而<name>和<age>是<student>的子元素。

4. 元素实例

【例 18.3】元素包含数据的 XML 文件（源代码\ch18\18.3.xml）。

```
<?xml version="1.0" encoding="gb2312" ?>
<通讯录>
```

```
<!--"记录"标记中包含姓名、地址、电话和电子邮件 -->
<记录 date="2017/2/1">
    <姓名>张三</姓名>
    <地址>河南省郑州市中州大道</地址>
    <电话>6666-12345678</电话>
    <电子邮件>zs@tom.com</电子邮件>
</记录>
<记录 date="2017/3/12">
    <姓名>李四</姓名>
    <地址>河北省邯郸市工农大道</地址>
    <电话>66612345678</电话>
</记录>
<记录 date="2017/2/23">
    <姓名>王五</姓名>
    <地址>吉林省长春市幸福路</地址>
    <电话>66612345678</电话>
    <电子邮件>wangwu@sina.com</电子邮件>
</记录>
</通讯录>
```

上面的代码中，第一行是 XML 声明，其声明该文档是 XML 文档、文档所遵守的版本号及文档使用的字符编码集。在示例中，遵守的是 XML 1.0 版本规范，字符编码是 GB2312 编码方式。<记录>标记是<通讯录>的子标记，同时也是<姓名>、<地址>等标记的父元素。

浏览效果如图 18-5 所示，可以看到页面中显示了一个树形结构，每个标记中间包含相应的数据。

图 18-5　元素包含数据

18.3 Python 解析 XML

常见的 XML 编程接口包括 DOM 和 SAX，这两种接口处理 XML 文件的方式不同，应用场合也不相同。Python 语言针对这两种接口提供了对应的处理方式。

18.3.1 使用 SAX 解析 XML

Python 标准库包含 SAX（Simple API for XML）解析器。SAX 是一种基于事件驱动的 API，通过在解析 XML 的过程中触发一个个的事件，调用用户自定义的回调函数来处理 XML 文件。

使用 SAX 解析 XML 文档主要包括两部分：解析器和事件处理器。其中，解析器负责读取 XML 文档，并向事件处理器发送事件，如元素开始与元素结束事件；事件处理器负责调出相应的事件，对传递的 XML 数据进行处理。

使用 SAX 解析 XML 文件时，主要使用 xml.sax 模块和 ContentHandler 类。下面分别进行介绍。

1. xml.sax 模块

xml.sax 模块中的方法如下：

（1）make_parser 方法

该方法创建一个新的解析器对象并返回。语法格式如下：

```
xml.sax.make_parser( [parser_list] )
```

其中，parser_list 为解析器列表，属于可选参数。

（2）parser 方法

该方法创建一个 SAX 解析器并解析 XML 文档。语法格式如下：

```
xml.sax.parse( xmlfile, contenthandler[, errorhandler])
```

其中，xmlfile 为 XML 文件的名称；contenthandler 为一个 ContentHandler 对象；errorhandler 为一个 SAX ErrorHandler 对象，属于可选参数。

（3）parseString 方法

该方法创建一个 XML 解析器并解析 XML 字符串。语法格式如下：

```
xml.sax.parseString(xmlstring, contenthandler[, errorhandler])
```

其中，xmlstring 为 XML 字符串；contenthandler 为一个 ContentHandler 对象；errorhandler 为一个 SAX ErrorHandler 对象，属于可选参数。

2. ContentHandler 类

ContentHandler 类的方法包含如下：

（1）characters(content)方法

该方法的调用时机为行与标签之间、标签与标签之间存在字符串时。其中，content 的值为这些字符串。另外，标签可以是开始标签，也可以是结束标签。

（2）startDocument()方法

该方法在文档启动时调用。

（3）endDocument()方法

该方法在解析器到达文档结尾时调用。

（4）startElement(name, attrs)方法

该方法在遇到 XML 开始标签时调用。其中，name 是标签的名字；attrs 是标签的属性值。

（5）endElement(name)方法

该方法在遇到 XML 结束标签时调用。

下面通过一个示例来学习使用 SAX 解析 XML 文件的方法。

【例 18.4】使用 SAX 解析 XML 文件（源代码 18.4.xml 和 18.1.py）。

18.4.xml 文件的内容如下：

```
<collection shelf="New Arrivals">
<goods title="英朗汽车">
   <type>car</type>
   <brand>别克</brand >
   <year>2018 年</year>
   <price>89000 元</price>
   <description>该款汽车以现代设计与创新高效科技为用户带来全新中级车体验
</description>
   </goods>
   <goods title="君越汽车">
   <type>car</type>
   <brand>别克</brand >
   <year>2018 年</year>
   <price>229800 元</price>
   <description>全新的双掠峰腰线设计勾勒出优雅隽逸的身姿,透出尊贵气度。</description>
</goods>
</collection>
```

18.1.py 文件的内容如下：

```
import xml.sax

class bookHandler( xml.sax.ContentHandler ):
   def __init__(self):
       self.CurrentData = ""
```

```
        self.type = ""
        self.brand = ""
        self.year = ""
        self.price = ""
        self.description = ""

    # 元素开始调用
    def startElement(self, tag, attributes):
        self.CurrentData = tag
        if tag == "goods":
            print ("*****GOODS*****")
            title = attributes["title"]
            print ("Title:", title)

    # 元素结束调用
    def endElement(self, tag):
        if self.CurrentData == "type":
            print ("Type:", self.type)
        elif self.CurrentData == "brand":
            print ("Brand:", self.brand)
        elif self.CurrentData == "year":
            print ("Year:", self.year)
        elif self.CurrentData == "price":
            print ("Price:", self.price)
        elif self.CurrentData == "description":
            print ("Description:", self.description)
        self.CurrentData = ""

    # 读取字符时调用
    def characters(self, content):
        if self.CurrentData == "type":
            self.type = content
        elif self.CurrentData == "brand":
            self.brand = content
        elif self.CurrentData == "year":
            self.year = content
        elif self.CurrentData == "price":
            self.price = content
        elif self.CurrentData == "description":
            self.description = content

if ( __name__ == "__main__"):
```

```
# 创建一个 XMLReader
parser = xml.sax.make_parser()
# turn off namepsaces
parser.setFeature(xml.sax.handler.feature_namespaces, 0)


# 重写 ContextHandler
Handler = bookHandler()
parser.setContentHandler(Handler)


parser.parse("18.4.xml")
```

保存并运行程序，解析结果如图 18-6 所示。

```
*****GOODS*****
Title: 英朗汽车
Type: car
Brand: 别克
Year: 2018年
Price: 89000元
Description: 该款汽车以现代设计与创新高效科技为用户带来全新中级车体验。
*****GOODS*****
Title: 君越汽车
Type: car
Brand: 别克
Year: 2018年
Price: 229800元
Description: 全新的双掠峰腰线设计勾勒出优雅隽逸的身姿，透出尊贵气度。
```

图 18-6　使用 SAX 解析 XML

18.3.2　使用 DOM 解析 XML

文件对象模型（Document Object Model， DOM）是 W3C 组织推荐的处理可扩展标记语言的标准编程接口。DOM 将 XML 数据在内存中解析成一个树结构，通过对树结构的操作来解析 XML。

DOM 解析器在解析一个 XML 文档时，会一次性读取整个文档，把文档中的所有元素保存在内存的一个树结构里，之后可以利用 DOM 提供的不同函数来读取或修改文档的内容和结构，也可以把修改过的内容写入 XML 文件。

在 Python 中，用 xml.dom.minidom 解析 XML 文件，这里仍然以 18.4.xml 为例进行讲解。

【例 18.5】使用 DOM 解析 XML 文件（源代码 18.4.xml 和 18.2.py）。
18.2.py 文件的内容如下：

```
from xml.dom.minidom import parse
import xml.dom.minidom


# 使用minidom解析器打开 XML 文档
DOMTree = xml.dom.minidom.parse("18.4.xml")
collection = DOMTree.documentElement
if collection.hasAttribute("shelf"):
```

```
    print ("Root element : %s" % collection.getAttribute("shelf"))

# 在集合中获取所有汽车
sumgoods = collection.getElementsByTagName("goods")

# 打印每款汽车的详细信息
for goods in sumgoods:
    print ("*****GOODS *****")
    if goods.hasAttribute("title"):
        print ("Title: %s" % goods.getAttribute("title"))

    type = goods.getElementsByTagName('type')[0]
    print ("Type: %s" % type.childNodes[0].data)
    brand = goods.getElementsByTagName('brand')[0]
    print ("Brand: %s" % brand.childNodes[0].data)
    description = goods.getElementsByTagName('description')[0]
    print ("Description: %s" % description.childNodes[0].data)
```

保存并运行程序，解析结果如图 18-7 所示。

```
Root element : New Arrivals
*****GOODS *****
Title: 英朗汽车
Type: car
Brand: 别克
Description: 该款汽车以现代设计与创新高效科技为用户带来全新中级车体验。
*****GOODS *****
Title: 君越汽车
Type: car
Brand: 别克
Description: 全新的双掠峰腰线设计勾勒出优雅隽逸的身姿，透出尊贵气度。
```

图 18-7　使用 DOM 解析 XML

18.4　XDR 数据交换格式

外部数据表示 XDR（eXternal Data Representation）是数据描述与编码的标准，它使用隐含形态的语言来正确描述复杂的数据格式。远程过程调用 RPC（Remote Procedure Call）与网络文件系统 NFS（Network File System）等协议，都使用 XDR 描述它们的数据格式，因为 XDR 适合在不同的计算机结构之间传输数据。

Python 语言通过 xdrlib 模块来处理 XDR 数据，在网络应用程序上的应用非常广泛。xdrlib 模块中定义了 Packer 类和 Unpacker 类，以及两个异常。

1. Packer 类

Packer 类用来将变量封装成 XDR 的类。Packer 实例变量的方法列表如下：

（1）get_buffer()：将目前的编码缓冲区（pack buffer）内容以字符串类型返回。

（2）reset()：将编码缓冲区重置为空字符串。

（3）pack_uint(value)：对一个 32 位的无正负号的整数进行 XDR 编码。

（4）pack_int(value)：对一个 32 位的有正负号的整数进行 XDR 编码。

（5）pack_enum(value)：对一个枚举对象进行 XDR 编码。

（6）pack_bool(value)：对一个布尔值进行 XDR 编码。

（7）pack_uhyper(value)：对一个 64 位的无正负号的数值进行 XDR 编码。

（8）pack_hyper(value)：对一个 64 位的有正负号的数值进行 XDR 编码。

（9）pack_float(value)：对一个单精度浮点数进行 XDR 编码。

（10）pack_double(value)：对一个双精度浮点数进行 XDR 编码。

（11）pack_fstring(n, s)：对一个长度为 n 的字符串进行 XDR 编码。

（12）pack_fopaque(n, data)：对一个固定长度的数据流进行 XDR 编码，与 pack_fstring() 方法类似。

（13）pack_string(s)：对一个变动长度的字符串进行 XDR 编码。

（14）pack_opaque(data)：对一个变动长度的数据流进行 XDR 编码，与 pack_string() 方法类似。

（15）pack_bytes(bytes)：对一个变动长度的字节流进行 XDR 编码，与 pack_string() 方法类似。

（16）pack_list(list, pack_item)：对一个同型元素列表进行 XDR 编码，此方法用在无法决定大小的列表上。对列表中的每一个项目而言，无正负号整数 1 会先被编码。其中，pack_item 是编码个别项目的函数，会在列表的结尾编码一个无正负号整数 0。例如：

```
import xdrlib
p = xdrlib.Packer()
p.pack_list([1, 2, 3], p.pack_int)
```

（17）pack_farray(n, array, pack_item)：对一个固定长度的同型元素列表进行 XDR 编码。其中，参数 n 是列表长度；array 是含有数据的列表；pack_item 是编码个别项目的函数。

（18）pack_array(list, pack_item)：对一个变动长度的同型元素列表进行 XDR 编码。首先针对其长度进行编码，然后调用 pack_farray() 对数据进行编码。

2. Unpacker 类

Unpacker 类用来从字符串缓冲区 data 内解封装 XDR 的类。Unpacker 实例变量的方法列表如下：

（1）reset(data)：重置欲译码数据的字符串缓冲区。

（2）get_position()：返回目前缓冲区内的位置。

（3）set_position(position)：将目前缓冲区内的位置设置为 position。

（4）get_buffer()：将目前的译码缓冲区以字符串类型返回。

（5）done()：表示译码完毕，若数据未译码，则抛出例外。

（6）unpack_uint()：将一个 32 位的无正负号整数译码。

（7）unpack_int()：将一个 32 位的有正负号整数译码。

（8）unpack_enum()：将一个枚举对象译码。

（9）unpack_bool()：将一个布尔值译码。

（10）unpack_uhyper()：将一个 64 位的无正负号数值译码。

（11）unpack_hyper()：将一个 64 位的有正负号数值译码。

（12）unpack_float()：将一个单精度浮点数译码。

（13）unpack_double()：将一个双精度浮点数译码。

（14）unpack_fstring(n)：将一个长度为 n 的字符串译码。

（15）unpack_fopaque(n)：将一个固定长度的数据流译码，与 unpack_fstring()方法类似。

（16）unpack_string()：将一个变动长度的字符串译码。

（17）unpack_opaque()：将一个变动长度的数据流译码，与 unpack_string()方法类似。

（18）unpack_bytes()：将一个变动长度的字节流译码，与 unpack_string()方法类似。

（19）unpack_list(unpack_item)：将一个由 pack_list()方法编码的同型元素列表译码。其中，unpack_item 是译码个别项目的函数，每次译码一个元素，先译码一个无正负号整数的标志。如果标志为 1，该元素就先译码；如果标志为 0，就表示列表的结尾。

（20）unpack_farray(n, unpack_item)：将一个固定长度的同型元素列表译码。其中，n 是列表长度，unpack_item 是译码个别项目的函数。

（21）unpack_array(unpack_item)：将一个变动长度的同型元素列表译码。其中，unpack_item 是译码个别项目的函数。

3. 两个异常

xdrlib 模块的两个例外被编码成类实例变量：ConversionError 和 Error。

（1）Error：这是基本的例外类。Error 有一个公用数据成员 msg，包含对错误的描述。

（2）ConversionError：衍生自 Error 例外，包含额外实例变量的变量。

下面的示例演示如何捕获 ConversionError，代码如下：

```
import xdrlib
p = xdrlib.Packer()
try:
    p.pack_float("123")
except xdrlib.ConversionError as ErrorObj:
    print ("Error while packing the data: ", ErrorObj.msg)
```

输出结果如下所示。

```
Error while packing the data:  required argument is not a float
```

下面的示例将两个字符串与一个整数数据编码并译码，然后分别打印编码前、编码后，及译码后的数据值。

【例 18.6】编码和译码数据（源代码\ch18\18.3.py）。

```
import xdrlib
```

```
#编码数据
def packer(name, sex, age):

    #创建 Packer 类的实例变量
    p = xdrlib.Packer()

    #将一个变动长度的字符串进行 XDR 编码
    p.pack_string(name)
    p.pack_string(sex)

    #将一个 32 位的无正负号整数进行 XDR 编码
    p.pack_uint(age)

    #将目前的编码缓冲区内容以字符串类型返回
    data = p.get_buffer()
    return data

#译码数据
def unpacker(packer):

    #创建 Unpacker 类的实例变量
    p = xdrlib.Unpacker(packer)
    return p

#打印未编码前的数据
print ("The original values are: '张小明', '女', 24")

#编码数据
packedData = packer("Machael Jones".encode('utf-8'), "male".encode('utf-8'),
24)

#打印编码后的数据
print ("The packed data is: ", repr(packedData))

#打印译码后的数据
unpackedData = unpacker(packedData)
print ("The unpack values are: ")
print ((repr(unpackedData.unpack_string()), ", ", \
    repr(unpackedData.unpack_string()), ", ", \
    unpackedData.unpack_uint()))
```

```
#译码完毕
unpackedData.done()
```

执行结果如图 18-8 所示。

```
没有编码前的数据：'张小明'，'女'，24
编码后的数据为：
b'\x00\x00\x00\t\xe5\xbc\xa0\xe5\xb0\x8f\xe6\x98\x8e\x00\x00\x00\x00\x00\x03\xe5\xa5\xb
3\x00\x00\x00\x00\x18'
编译后的数据为：
("b'\\xe5\\xbc\\xa0\\xe5\\xb0\\x8f\\xe6\\x98\\x8e'"，'，'，"b'\\xe5\\xa5\\xb3'"，'，'，24)
```

图 18-8 编码和译码

18.5 JSON 数据解析

JSON （JavaScript Object Notation）是一种轻量级的数据交换格式，其基于 ECMAScript 的一个子集。Python 中提供了 json 模块来对 JSON 数据进行编码和解码。json 模块中包含以下两个函数：

（1）json.dumps()：对数据进行编码。

（2）json.loads()：对数据进行解码。

下面的示例学习如何将 Python 类型的数据编码为 JSON 数据类型。

【例 18.7】将 Python 类型的数据编码为 JSON 数据类型（源代码\ch18\18.4.py）。

```python
import json

# Python 字典类型转换为 JSON 对象
data = {
    'id' : 1001,
    '名称' : '海尔洗衣机',
    '价格' : '3600 元'
}

json_str = json.dumps(data)
print ("Python 原始数据: ", repr(data))
print ("JSON 对象: ", json_str)
```

保存并运行程序，结果如图 18-9 所示。

```
Python 原始数据：{'id': 1001, '名称': '海尔洗衣机', '价格': '3600元'}
JSON 对象：{"id": 1001, "\u540d\u79f0": "\u6d77\u5c14\u6d17\u8863\u673a", "\u4ef7\u683c":
"3600\u5143"}
```

图 18-9 运行结果

下面的示例展示如何将 JSON 数据类型解码为 Python 类型的数据。

【例 18.8】将 JSON 编码的字符串转换为一个 Python 数据结构（源代码\ch18\18.5.py）。

```python
import json

# Python 字典类型转换为 JSON 对象
data1 = {
    'id' : 101,
    '名称' : '海尔洗衣机',
    '价格' : '3600 元'
}

json_str = json.dumps(data1)
print ("Python 原始数据: ", repr(data1))
print ("JSON 对象: ", json_str)

# 将 JSON 对象转换为 Python 字典
data2 = json.loads(json_str)
print ("data2['名称']: ", data2['名称'])
print ("data2['价格']: ", data2['价格'])
```

保存并运行程序，结果如图 18-10 所示。

```
Python 原始数据: {'id': 101, '名称': '海尔洗衣机', '价格': '3600元'}
JSON 对象: {"id": 101, "\u540d\u79f0": "\u6d77\u5c14\u6d17\u8863\u673a", "\u4ef7\u683c": "
3600\u5143"}
data2['名称']: 海尔洗衣机
data2['价格']: 3600元
```

图 18-10　运行结果

上面两个示例处理的都是字符串，如果处理的是文件，就需要使用 json.dump() 和 json.load() 来编码和解码 JSON 数据，代码如下：

```python
# 写入 JSON 数据
with open('data.json', 'w') as f:
    json.dump(data, f)

# 读取数据
with open('data.json', 'r') as f:
    data = json.load(f)
```

18.6　Python 解析 HTML

Python 使用 urllib 包抓取网页后，将抓取的数据交给 HTMLParser 进行解析，从而提取出需要的内容。Python 提供了一个比较简单的解析模块——HTMLParser 类，使用起来非常方便。

HTMLParser 类在使用时，一般是先继承它，然后重载其方法，以达到解析出数据的目的。HTMLParser 类的常用方法如下：

（1）handle_starttag(tag, attrs)：处理开始标签，如<div>。这里的 attrs 获取到的是属性列表，属性以元组的方式展示。

（2）handle_endtag(tag)：处理结束标签，如</div>。

（3）handle_startendtag(tag, attrs)：处理自己结束的标签，如<img />。

（4）handle_data(data)：处理数据，如标签之间的文本。

（5）handle_comment(data)：处理注释，如<!-- -->之间的文本。

下面的示例解析 HTML 文件 18.1.html，并打印其内容。

【例 18.9】解析 HTML 文件（源代码\ch18\18.1.html 和 18.6.py）。

18.1.html 文件的内容如下：

```
<!DOCTYPE html>
<html >
<head>
<title>房屋装饰装修效果图</title>
</head>
<body>
<p> <img src="images/xiyatu.jpg" width="300" height="200"/> <img
src="images/stadshem.jpg" width="300" height="200"/><br />
西雅图原生态公寓室内设计 与 Stadshem 小户型公寓设计（带阁楼）</p>
<hr/>
<p> <img src="images/qingxinhuoli.jpg" width="300" height="200"/> <img
src="images/renwen.jpg" width="300" height="200"/><br />
清新活力家居与人文简约悠然家居</p>
<hr />
</body>
</html>
```

网面预览效果如图 18-11 所示。

图 18-11　网页预览效果

18.6.py 文件的内容如下:

```python
from html.parser import HTMLParser
class MyHTMLParser(HTMLParser):

    def handle_starttag(self, tag, attrs):
        """
        recognize start tag, like <div>
        :param tag:
        :param attrs:
        :return:
        """
        print("Encountered a start tag:", tag)

    def handle_endtag(self, tag):
        """
        recognize end tag, like </div>
        :param tag:
        :return:
        """
        print("Encountered an end tag :", tag)

    def handle_data(self, data):
        """
        recognize data, html content string
        :param data:
        :return:
```

```
        """
        print("Encountered some data  :", data)

    def handle_startendtag(self, tag, attrs):
        """
        recognize tag that without endtag, like <img />
        :param tag:
        :param attrs:
        :return:
        """
        print("Encountered startendtag :", tag)

    def handle_comment(self,data):
        """

        :param data:
        :return:
        """
        print("Encountered comment :", data)

#打开 HTML 文件
path = "D:\\python\\ch18\\18.1.html"
filename = open(path)
data = filename.read()
filename.close()

#创建 MyHTMLParser 类的实例变量
p = MyHTMLParser()
p.feed(data)
p.close()
```

保存并运行程序，解析内容如下：

```
Encountered some data  :

Encountered a start tag: html
Encountered some data  :

Encountered a start tag: head
Encountered some data  :

Encountered a start tag: title
Encountered some data  : 房屋装饰装修效果图
```

```
Encountered an end tag : title
Encountered some data  :

Encountered an end tag : head
Encountered some data  :

Encountered a start tag: body
Encountered some data  :

Encountered a start tag: p
Encountered some data  :
Encountered startendtag : img
Encountered some data  :
Encountered startendtag : img
Encountered startendtag : br
Encountered some data  :
```
西雅图原生态公寓室内设计 与 Stadshem 小户型公寓设计（带阁楼）
```
Encountered an end tag : p
Encountered some data  :

Encountered startendtag : hr
Encountered some data  :

Encountered a start tag: p
Encountered some data  :
Encountered startendtag : img
Encountered some data  :
Encountered startendtag : img
Encountered startendtag : br
Encountered some data  :
```
清新活力家居与人文简约悠然家居
```
Encountered an end tag : p
Encountered some data  :

Encountered startendtag : hr
Encountered some data  :

Encountered an end tag : body
Encountered some data  :

Encountered an end tag : html
Encountered some data  :
```

解析 HTML 文件的技术主要是继承了 HTMLParser 类，然后重写了里面的一些方法，从而获取自己所需的信息。用户可以通过重写方法获得网页中指定的内容，例如：

（1）获取属性的函数为静态函数。直接定义在类中，返回属性名对应的属性。

```python
def _attr(attrlist, attrname):
    for attr in attrlist:
        if attr[0] == attrname:
            return attr[1]
    return None
```

（2）获取所有 p 标签的文本，比较简单的方法是只修改 handle_data。

```python
def handle_data(self, data):
    if self.lasttag == 'p':
        print("Encountered p data  :", data)
```

（3）获取 css 样式（class）为 p_font 的 p 标签的文本。

```python
def __init__(self):
    HTMLParser.__init__(self)
    self.flag = False

def handle_starttag(self, tag, attrs):
    if tag == 'p' and _attr(attrs, 'class') == 'p_font':
        self.flag = True

def handle_data(self, data):
    if self.flag == True:
        print("Encountered p data  :", data)
```

（4）获取 p 标签的属性列表。

```python
def handle_starttag(self, tag, attrs):
    if tag == 'p':
        print("Encountered p attrs  :", attrs)
```

（5）获取 p 标签的 class 属性。

```python
def handle_starttag(self, tag, attrs):
    if tag == 'p' and _attr(attrs, 'class'):
        print("Encountered p class  :", _attr(attrs, 'class'))
```

（6）获取 div 下的 p 标签的文本。

```python
def __init__(self):
    HTMLParser.__init__(self)
    self.in_div = False
```

```
def handle_starttag(self, tag, attrs):
    if tag == 'div':
        self.in_div = True


def handle_data(self, data):
    if self.in_div == True and self.lasttag == 'p':
```

下面的示例提取网页中标题的属性值和内容。

【例 18.10】提取网页中标题的属性值和内容（源代码\ch18\18.2.html 和 18.7.py）。

18.2.html 文件的内容如下：

```
<!DOCTYPE html>
<html>
<title id='10124' mouse='古诗'>这里是标题的内容</title>
<body>锄禾日当午，汗滴禾下土</body>
</html>
```

预览效果如图 18-12 所示。

图 18-12　网页预览效果

18.7.py 文件的内容如下：

```
from html.parser import HTMLParser
class MyClass(HTMLParser):
    a_t=False
    def handle_starttag(self, tag, attrs):
        #print("开始一个标签:",tag)
        print()
        if str(tag).startswith("title"):
            print(tag)
            self.a_t=True
            for attr in attrs:
                print("   属性值: ",attr)

    def handle_endtag(self, tag):
        if tag == "title":
            self.a_t=False
```

```
        #print("结束一个标签:",tag)


    def handle_data(self, data):
        if self.a_t is True:
            print("得到的数据: ",data)



#打开 HTML 文件
path = "D:\\python\\ch18\\18.2.html"
filename = open(path)
data = filename.read()
filename.close()

#创建 myClass 类的实例变量
p = MyClass()
p.feed(data)
p.close()
```

保存并运行程序，结果如图 18-13 所示。

```
title
    属性值: ('id', '10124')
    属性值: ('mouse', '古诗')
得到的数据: 这里是标题的内容
```

图 18-13　运行结果

18.7　疑难解惑

疑问 1：如何选择解析 XML 的方式？

解析 XML 的常见方法包括 SAX 和 DOM。因为 DOM 需要将 XML 数据映射到内存中的树，所以解析进度比较慢且耗内存。虽然 SAX 流式读取 XML 文件比较快且占用内存少，但需要用户实现回调函数。用户可以根据这两个方法的特点自行选择。

疑问 2：Python 可以读取 mailcap 文件吗？

mailcap 文件用于提示邮件读取器与网站浏览器等应用程序。下面是一小段 mailcap 文件：

```
image/jpeg; imageviewer %s
application/zip; gzip %s
```

Python 提供了 mailcap 模块来读取 mailcap 文件。
下面的示例读取上述 mailcap 文件：

```
import mailcap
dict = mailcap.getcaps()
command, entry = mailcap.findmatch(dict, "image/jpeg", filename="/temp/ demo")
print (command)
print (entry)
```

输出结果如下。

```
imageviewer /temp/demo
image/jpeg; imageviewer %s
```

mailcap 模块中的 getcaps()函数读取 mailcap 文件，然后返回一个字典集。

第19章 游戏应用——开发弹球游戏

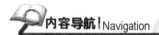内容导航 | Navigation

通过对前面章节的学习，相信读者已经对 Python 语言有了全面的认识。从本章开始，将进入项目实战演练阶段。本章将学习开发弹球游戏的过程，主要涉及 tkinter 库的应用。通过对本章内容的学习，相信读者会加深对 Python 语言的理解，并对游戏开发的流程有一个清晰的认识。

学习目标 | Objective

- 熟悉配置 Python 开发环境
- 理解弹球游戏的需求分析
- 熟悉弹球游戏中的算法
- 掌握具体功能的实现方法
- 熟悉弹球游戏的测试方法

19.1 准备工作

在开发弹球游戏之前，需要做一些准备工作，即配置 Python 开发环境和选择合适的开发工具。

19.1.1 配置 Python 开发环境

因为 Python 是跨平台的语言，它可以运行在 Windows、Mac 和各种 Linux/UNTX 系统上，所以首先要让计算机系统上有 Python 环境并且能运行 Python 的程序。安装完成后，就能得到 Python 解释器（负责把 Python 程序语言逐行转译）、一个命令行交互环境，以及一个简单的集成开发环境。

提 示
目前，Python 主流的版本有两个：2.x 版和 3.x 版，这两个版本是不兼容的。由于本书以 3.8 版本为基础，因此这里的示例开发将以 3.8 版本为基础环境。如果读者使用的是 2.X 版本，那么示例中的代码也要做出相应地修改。

在本书的第 1 章已经讲述了 Python 环境的配置方法，这里不再赘述。配置好 Python 环境

后，读者就可以创建弹球游戏了。因为大家用的编辑器都不尽相同，所以这里并不介绍通过编辑器或 IDE 建立项目的方法，而是直接在系统里建立项目文件夹，然后通过编辑器或 IDE 打开项目文件。当然，也可以直接通过 IDE 建立项目。

本示例将选择 D 盘存放项目。首先创建文件夹并命名为 PythonProject，为了便于管理，项目实战篇中的示例都放在这个文件夹下。在这个文件夹下，以所做项目的主题来命名此项目文件夹，因为第一个项目是弹球游戏，所以就以 Moonie 命名这样就有了以 Moonie 为名称的文件夹（项目）。然后就可以用任何编辑器或 IDE 打开这个文件夹（项目），但是文件夹内是空的，因为并没有开始写代码。接下来，在这个 Moonie 文件夹下用编辑器或 IDE 按照要求建立所需的 Python 文件即可，别忘了以.py 结尾。

19.1.2　选择合适的编辑器

Sublime Text、Notepad++都是很好的编辑器，读者可自行选择。这里需要注意的是，不能用 Word 和 Windows 自带的记事本。因为 Word 保存的不是纯文本文件，而记事本，会自作聪明地在文件开始的地方加上几个特殊字符（UTF-8 BOM），结果会导致程序运行出现莫名其妙的错误。

这里采用自带的 IDE 为 Python 文件编辑器，在编辑器中输入完整的代码后，将文件以.py 结尾即可。最后，读者需要在"命令提示符"窗口中运行 Python 文件，并查看运行结果。具体操作方法可参照第 1 章的内容。

19.1.3　巩固知识点

本示例主要涉及 GUI 编程，其中会使用到 tkinter 库。通过本示例的练习，读者需要理解 Python 的语法、类、函数、条件判断、引入模块、类的继承等基础知识，还需要掌握如何使用 tkinter 库创建图形界面，以及 canvas 组件的创建及其属性、方法、事件等的操作。

19.2　需求分析

在开发任何系统之前，都需要做系统需求分析。需求分析在软件开发中是非常重要的步骤，只有把用户的需求了解到位，才能开发出满足需求功能的软件系统。

本示例实现了一个简单的弹球游戏，该游戏在一个单独的图形窗口中运行。游戏初始化后，在游戏窗口单击鼠标左键开始游戏。玩家通过按键盘上的左、右方向键来控制弹板的移动，弹球和弹板撞击一次，将得一分，当弹球触底时，本局游戏结束。玩家一共有 4 次生命，即可以玩 4 次游戏，当生命大于等于 0 时，可以继续游戏；当生命小于 0 时，游戏结束。

通过分析可知，弹球游戏需要设计的功能如下：

（1）设置游戏：绘制窗口、弹板、初始弹球，设置生命提示文本、得分提示文本、游戏提示文本，将鼠标左键单击事件与开始游戏函数绑定在一起。

（2）单击鼠标左键开始游戏后，解除鼠标左键单击事件绑定、重设得分、删除游戏提示文本。

（3）进入游戏循环，判断弹球是否触底。

① 弹球触底：弹球速度设为 0，生命值减 1，再判断生命值是否小于 0。如果小于 0，游戏结束；否则重新开始执行第（1）项。

② 弹球未触底：首先绘制弹球，然后重新执行第（3）项。

19.3　弹球游戏中的算法

在此弹球游戏中，弹球偏移量的算法如下：

（1）预设弹球速度为 10，弹球运动方向为 direction =[1，-1]（向右向上运动）。

（2）当弹球碰到画布顶边、左边、右边及碰到弹板时，方向取反。

（3）取横坐标 x=direction[0]、纵坐标 y= direction[1]，将方向与速度相乘，得到弹球的偏移量(x,y)。

判定弹球与弹板相撞的算法如下：

（1）取得弹球和弹板的坐标。

（2）当弹球的横坐标在弹板之间，且弹球的右下角纵坐标在弹板的左上角与右下角的纵坐标之间时，判定为弹球与弹板相撞。

19.4　具体功能实现

通过上面的分析和环境配置后，本节将编写具体的代码来完成弹球游戏。这里主要学习相关的模块定义信息。

该示例只有一个程序文件：pinball_game.py。其代码如下：

```python
#! /usr/bin/env python3
# -*- coding: utf-8 -*-

import tkinter as tk

#游戏对象的一些通用方法
class GameObject(object):
    def __init__(self, canvas, item):
        self.canvas = canvas
        self.item = item

    # 删除对象
    def delete(self):
```

```
            self.canvas.delete(self.item)

        #得到对象的坐标
        def get_coords(self):
            return self.canvas.coords(self.item)

        #对象移动
        def move(self, x, y):
            self.canvas.move(self.item, x, y)

class Racket(GameObject):
    def __init__(self, canvas, x, y):
        item = canvas.create_rectangle(x, y, x + 90, y + 10, fill='green')
        super().__init__(canvas, item)

    #绘制弹板
    def draw(self, offset):
        pos = self.get_coords()
        width = self.canvas.winfo_width()
        #当弹板在画布内时，按给定偏移量移动
        if pos[0] + offset >= 0 and pos[2] + offset <= width:
            super().move(offset, 0)

class Ball(GameObject):
    def __init__(self, canvas, x, y):
        self.direction = [1, -1]
        self.speed = 10
        item = canvas.create_oval(x, y, x + 20, y + 20, fill='blue')
        super().__init__(canvas, item)

    #绘制弹球
    def draw(self):
        pos = self.get_coords()
        self.canvas_width = self.canvas.winfo_width()
        #方向判断
        if pos[1] <= 0:
            self.direction[1] *= -1
        if game.hit_racket():
            self.direction[1] *= -1
        if pos[0] <= 0 or pos[2] >= self.canvas_width:
            self.direction[0] *= -1
        #偏移量
```

```
            x = self.direction[0] * self.speed
            y = self.direction[1] * self.speed
            self.move(x, y)


    #游戏类，定义了游戏的完整流程
    class Game(tk.Frame):
        def __init__(self, master):
            # 调用父类(tk.Frame)并返回该类实例的__init__方法。
            super().__init__(master)

            self.lives = 3
            self.scores = 0
            self.width = 800
            self.height = 600

            # 设置画板并放置
            self.canvas = tk.Canvas(self, bg='#f8c26c', width=self.width,
    height=self.height)
            self.canvas.pack()
            self.pack()

            self.ball = None
            self.lives_text = None
            self.scores_text = None

            #初始化弹板
            self.racket = Racket(self.canvas, self.width/2-45, 480)

            self.setup_game()
            #将键盘焦点转移到画布组件上
            self.canvas.focus_set()

            #将键盘上的左、右键与弹板左、右移动函数绑定在一起
            self.canvas.bind('<KeyPress-Left>', lambda turn_left:
    self.racket.draw(-20))
            self.canvas.bind('<KeyPress-Right>', lambda turn_right:
    self.racket.draw(20))

        #加载游戏或者预置游戏
        def setup_game(self):
            #将球设置在弹板中间位置的上方
            self.reset_ball()
```

```
    #预置生命、得分和游戏提示的文本
    self.update_lives_text()
    self.update_scores_text()
    self.text = self.canvas.create_text(400, 200, text='单击鼠标左键开始游戏
', font=('Helvetica', 36))
    #将鼠标左键单击与开始游戏绑定在一起
    self.canvas.bind('<Button-1>', lambda start_game: self.start_game())

#在游戏预置时添加弹球，弹球在弹板中间位置的上方
def reset_ball(self):
    if self.ball != None:
        self.ball.delete()
    racket_pos = self.racket.get_coords()
    x = (racket_pos[0] + racket_pos[2]) * 0.5-10
    self.ball = Ball(self.canvas, x, 350)

#更新生命的数字
def update_lives_text(self):
    text = '生命: %s' % self.lives
    if self.lives_text is None:
        self.lives_text = self.canvas.create_text(60, 30, text=text,
font=('Helvetica', 16), fill='green')
    else:
        self.canvas.itemconfig(self.lives_text, text=text)

# 更新得分的数字
def update_scores_text(self):
    text = '得分: %s' % self.scores
    if self.scores_text is None:
        self.scores_text = self.canvas.create_text(60, 60, text=text,
font=('Helvetica', 16), fill='green')
    else:
        self.scores = self.scores + 1
        text = '得分: %s' % self.scores
        self.canvas.itemconfig(self.scores_text, text=text)

#开始游戏
def start_game(self):
    #依次解除绑定、重设得分、删除提示文本、开始游戏循环
    self.canvas.unbind('<Button-1>')
    self.reset_score()
    self.canvas.delete(self.text)
```

```python
        self.game_loop()

    # 重置得分的数字为0
    def reset_score(self):
        self.scores = 0
        text = '得分: %s' % self.scores
        self.canvas.itemconfig(self.scores_text, text=text)


    #游戏循环
    def game_loop(self):
        #若弹球超过底部，则将弹球的速度变为0，lives减1；否则绘制弹球，再次进行游戏循环
        if self.ball.get_coords()[3] >= self.height:
            self.ball.speed = 0
            self.lives -= 1
            #若lives小于0，则游戏结束；否则调整scores，重新预置游戏
            if self.lives < 0:
                self.canvas.create_text(400, 200, text='游戏结束',
font=('Helvetica', 36), fill='red')
            else:
                self.scores = self.scores - 1
                self.after(1000, self.setup_game)
        else:
            self.ball.draw()
            self.after(50, self.game_loop)
    #弹球与弹板的碰撞条件，每碰撞一次，就更新一次得分
    def hit_racket(self):
        ball_pos = self.ball.get_coords()
        racket_pos = self.racket.get_coords()
        if ball_pos[2] >= racket_pos[0] and ball_pos[0] <= racket_pos[2]:
            if ball_pos[3] >= racket_pos[1] and ball_pos[3] <= racket_pos[3]:
                self.update_scores_text()
                return True
        return False


if __name__ == '__main__':
    root = tk.Tk()
    root.title('弹球游戏')
    #设置窗口大小不可改变
    root.resizable(0, 0)
    #设置窗口总是显示在最前面
    root.wm_attributes("-topmost", 1)
    game = Game(root)
```

```
game.mainloop()
```

通过定义一些类和函数，从而实现游戏的各个功能。

1. GameObject 类

该类定义了游戏对象的功能函数，具体函数的功能如下：

（1）delete()函数：该函数的功能是删除指定对象。
（2）get_coords()函数：该函数的功能是获得指定对象的坐标。
（3）move()函数：该函数的功能是对指定对象进行移动。

2. Racket 类

该类继承类 GameObject，定义了游戏中弹板的一些参数和方法，具体函数的功能如下：

（1）__init__()函数：该函数定义变量和调用父类实例的__init__方法。
（2）draw()函数：该函数定义如何绘制弹板。

3. Ball 类

该类继承类 GameObject，定义了游戏中弹球的一些参数和方法，具体函数的功能如下：

（1）__init__()函数：该函数定义变量和调用父类实例的__init__方法。
（2）draw()函数：该函数定义如何绘制弹球。

4. Game 类

该类继承类 tk.Frame，定义了游戏中的变量和游戏的完整流程，具体函数的功能如下：

（1）__init__()函数：该函数定义游戏参数的初始值，包括生命、得分、画布大小、画布的创建和放置、初始化弹板位置并绘制和设置游戏，将键盘焦点转移到画布组件上，同时将键盘左、右键按键事件与弹板左、右移动函数绑定在一起。

（2）setup_game()函数：该函数的主要功能是加载或设置游戏，内容依次为：

① 重设弹球。
② 设置生命提示文本。
③ 设置得分提示文本。
④ 设置游戏提示文本。
⑤ 将鼠标左键单击事件与开始游戏函数绑定在一起。

（3）reset_ball()函数：该函数的主要功能是重设弹球，将弹球设置在弹板中间位置的上方。
（4）update_lives_text()函数：该函数的主要功能是设置或更新生命提示文本。
（5）update_scores_text()函数：该函数的主要功能是设置或更新得分提示文本。
（6）start_game()函数：该函数的主要功能是定义开始游戏后的程序运行流程或逻辑，依次为解除绑定、重设得分、删除提示文本、开始游戏循环。

（7）reset_score()函数：该函数的主要功能是重置得分为 0。

（8）game_loop()函数：该函数的主要功能是定义游戏循环的内容。若弹球触底，则将弹球的速度变为 0，生命减 1；否则绘制弹球，再次进行游戏循环。若生命小于 0，则结束游戏；否则调整得分，重新设置游戏，再开始一局。

（9）hit_racket()函数：该函数的主要功能是定义弹球与弹板的碰撞条件，每碰撞一次，就更新一次得分。

19.5　项目测试

在编辑器中写好以上模块内容后保存。下面将继续测试弹球游戏。

运行本示例的程序文件 pinball_game.py，显示游戏初始界面，如图 19-1 所示。

单击鼠标左键开始游戏，按键盘上的左、右方向键即可移动挡板，每弹一次球，就可以得到 1 分，如图 19-2 所示。

图 19-1　弹球游戏的初始界面

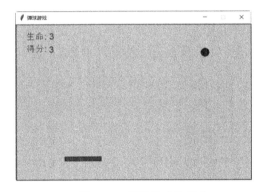

图 19-2　开始游戏并得分

当弹球触底后，本局游戏结束，游戏自动重置，生命减少 1 次，得分不变，如图 19-3 所示。单击鼠标左键可以继续游戏，直到消耗掉 4 次生命后，游戏结束，如图 19-4 所示。

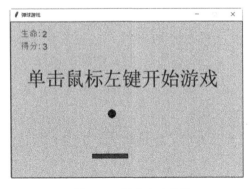

图 19-3　游戏自动重置

图 19-4　游戏结束

第20章 网络爬虫应用——豆瓣电影评论的情感分析

内容导航！Navigation

前面章节中曾讲述过 Python 解析 HTML 文件的方法，其实这也是网络爬虫的一种应用。本章将以豆瓣电影评论的情感分析为例进行讲解，通过对该示例的学习，强化读者对 Python 基础知识的理解。通过实现对一组数据的情感分析，加深读者对中文文本处理方法的理解，进一步掌握数据可视化的操作，为以后学习其他相关内容打下基础。

学习目标！Objective

- 熟悉爬虫的概念
- 掌握 Python 爬取网络数据的方法
- 熟悉豆瓣电影评论的情感分析项目的功能和算法
- 掌握豆瓣电影评论的情感分析项目的环境配置方法
- 掌握豆瓣电影评论的情感分析项目的具体功能实现方法
- 掌握豆瓣电影评论的情感分析项目的测试方法

20.1 什么是爬虫

爬虫即网络爬虫，可以将其理解为在网络上爬行的一组蜘蛛，如果把互联网比作一张大网，爬虫就是在这张网上爬来爬去的蜘蛛。如果爬虫遇到资源，就会抓取下来。至于抓取什么内容，由用户控制。

例如，爬虫抓取一个网页，在这个网页中发现了一条道路，即指向其他网页的超链接，它就可以爬到另一个网页上获取数据。这样，整个连在一起的大网对这只蜘蛛来说触手可及。

在用户浏览网页的过程中，可能会发现许多好看的图片。例如，输入百度的图片网址：http://image.baidu.com/，会看到几张图片及百度搜索框，其实这个过程就是用户输入网址之后，经过 DNS 服务器找到服务器主机，并向服务器发出一个请求，服务器经过解析发送给用户的浏览器 HTML、JS、CSS 等文件，将浏览器解析出来，用户便可以看到形形色色的图片。

因此，用户看到的网页实质是由 HTML 代码构成的，爬虫爬下来的便是这些内容，通过分析和过滤这些 HTML 代码，实现对图片、文字等资源的获取。

由于爬虫爬取数据时必须有一个目标的 URL 才可以获取数据，因此它是爬虫获取数据的基本依据，准确理解它的含义对爬虫学习有很大帮助。

URL 即统一资源定位符，也就是常说的网址。统一资源定位符是对可以从互联网上得到资源位置和访问方法的一种简洁表示，是互联网上标准资源的地址。互联网上的每个文件都有一个唯一的 URL，其包含的信息指出文件的位置及浏览器应该怎么处理。

URL 的格式由以下三部分组成：

（1）协议服务方式。

（2）存有该资源的主机 IP 地址，有时也包括端口号。

（3）主机资源的具体地址，如目录、文件名等。

20.2　Python 如何爬取数据

在 Python 中，爬取数据只需要简单的几行代码即可实现。这里需要用到 urllib 库中的 requests 模块。

例如，要爬取 http://image.baidu.com/中的数据，代码如下：

```
from urllib import request
htmlpage = urllib.request.urlopen("http://image.baidu.com/")
content=htmlpage.read().decode('utf-8')
print(content)
```

结果会爬取许多数据信息，而这些数据信息大多数是无用的，只有把这些数据进行加工处理才能有价值。

另外，requests 库也可以爬取网络数据。requests 库是 Python 语言基于 urllib 库编写的，采用的是 Apache2 Licensed 开源协议的 HTTP 库。使用 requests 会比 urllib 库更加方便，可以节约大量的工作。本章的项目中会使用 request 库，后面将详细讲述其安装和使用方法。

20.3　项目分析

情感分析又称倾向性分析、意见抽取、意见挖掘、情感挖掘、主观分析，它是用自然语言处理、文本挖掘及计算机语言学等方法对带有情感色彩的主观性文本进行分析、处理、归纳和推理的过程，它亦是学术领域研究多年的课题，利用 Google、百度搜索可以找到很多相关内容，其应用相当广泛。

本示例通过抽取豆瓣电影"加勒比海盗 5"的评论对其进行情感分析，并以一张饼状图呈现分析结果。

该项目运行过程如图 20-1 所示。

图 20-1 项目运行过程

本示例具体的算法如下：

（1）给定 url，本示例将要分析豆瓣电影"加勒比海盗 5"，其链接为 https://movie.douban.com/subject/6311；

（2）收集（1）中给定 url 的前 100 条评论，并对其打分转换为情感标签，然后保存评论和情感标签为一个文件 review.txt；

（3）利用 snownlp 逐条分析（2）中收集到的每个评论的情感并打分；

（4）根据（3）的打分，得出情感预测精度并画出正反比例的饼状图。

20.4 环境配置

本书在第 1 章已经讲述了 Python 环境的配置方法，这里就不再赘述。

唯一不同的是，本项目的运行需要 4 个库，即 snownlp、beautifulsoup、matplotlib 和 requests。发情感分析系统之前，需要将库配置完成。

20.4.1 下载并安装库文件

1. snownlp 库

snownlp 库主要可以进行中文分词、词性标注、情感分析、文本分类、转换拼音、繁体转简体、提取文本关键词、提取摘要、分割句子、文本相似分类等操作。snownlp 库的下载地址为 https://pypi.org/project/snownlp/，进入下载页面即可下载目前最新的版本 snownlp 0.12.3，如图 20-2 所示。

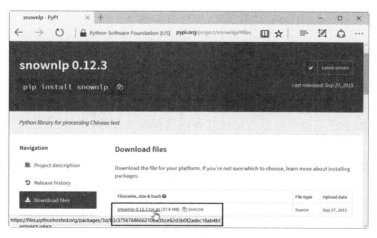

图 20-2 snownlp 库的下载页面

将下载的 snownlp-0.12.3.tar.gz 压缩文件解压，即可发现有一个 setup.py 安装文件，如图 20-3 所示。

图 20-3 解压文件

以管理员的身份运行"命令提示符"，进入文件解压的目录，然后执行下面的命令即可自动安装 snownlp 库。

```
python setup.py install
```

安装过程如图 20-4 所示。

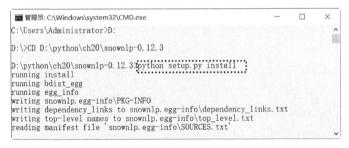

图 20-4 安装 snownlp 库

2. beautifulsoup 库

beautifulsoup 库是一个可以从 HTML 或 XML 文件中提取数据的 Python 库，简单来说，它能将 HTML 的标签文件解析成树形结构，方便获取到指定标签的对应属性。beautifulsoup 库不需要编写正则表达式就可以很方便地实现网页信息的提取，既灵活又高效，是非常受欢迎的网页解析库。

beautifulsoup 库的下载地址是 https://pypi.org/project/beautifulsoup4/，目前 beautifulsoup 库的最新版本是 4.8.1，如图 20-5 所示。安装 beautifulsoup 库与安装 snownlp 库的方法一样，这里不再重述。

图 20-5　beautifulsoup 库的下载页面

3. matplotlib 库

matplotlib 是 Python 中比较著名的绘图库，它提供了一整套与 matlab 相似的命令 API，十分适合交互式制图，并且也可以很方便地将它作为绘图控件嵌入 GUI 应用程序中。

matplotlib 库的下载地址是 https://pypi.org/project/matplotlib/。安装 matplotlib 库与安装 snownlp 库的方法一样，这里不再重述。

用户还可以在线安装 matplotlib 库，方法比较简单。以管理员的身份运行"命令提示符"，执行在线安装 matplotlib 库的命令即可：

```
pip install matplotlib
```

4. requests 库

requests 库是简单易用的 HTTP 库，使用起来要比 urllib 库简洁许多。用户可以使用 pip 命令安装 requests 库，方法比较简单。以管理员的身份运行"命令提示符"，执行 pip 安装命令：

```
pip install requests
```

开始自动下载并安装 requests 库，安装过程如图 20-6 所示。

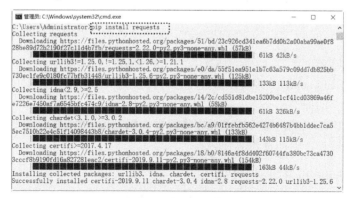

图 20-6　在线安装 requests 库

20.4.2　检查库文件是否安装成功

上面 4 个库文件安装完成后，用户需要检查一下是否安装成功。

以管理员的身份运行"命令提示符"，检查当前安装了哪些库，命令如下：

```
python -m pip list
```

检查结果如图 20-7 所示。

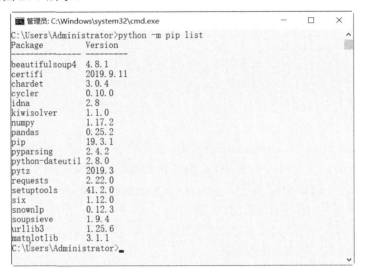

图 20-7　检查当前安装了哪些库

从结果可以看出，snownlp、beautifulsoup、matplotlib 和 requests 库已全部安装成功。

20.5　具体功能实现

该示例只有两个程序文件：ReviewCollection.py 和 SentimentAnalysis.py，下面分别介绍。

1. ReviewCollection.py 文件

ReviewCollection.py 文件的主要功能是定义两个函数，以便其他程序调用。每个函数的功能如下：

（1）StartoSentiment()函数：该函数将评分转换为情感标签。在本示例中，将大于或等于三星的评论当作正面评论，小于三星的评论当作负面评论。

（2）CollectReivew()函数：该函数收集给定电影 url 的前 n 条评论和评分，在本示例中设置收集前 100 条评论，返回评论和评分。

ReviewCollection.py 的具体代码如下：

```
#!/usr/bin/python
# -*- coding: utf-8 -*-
```

```
from bs4 import BeautifulSoup
import requests
import csv
import re
import time
import codecs


def StartoSentiment(star):
    '''
    将评分转换为情感标签
    简单起见，
    我们将大于或等于三星的评论当作正面评论，小于三星的评论当作负面评论
    '''
    score = int(star[-2])
    if score >= 3:
        return 1
    #elif score < 3:
    #    return -1
    else:
        return 0


def CollectReivew(root, n, outfile):
    '''
    收集给定电影 url 的前 n 条评论
    '''
    reviews = []
    sentiment = []
    urlnumber = 1
    while urlnumber < n:
        url = root + 'comments?start=' + str(urlnumber) +
'&limit=20&sort=new_score'
        print('要收集的电影评论网页为: ' + url)

        try:
            html = requests.get(url, timeout = 10)
        except Exception as e:
            break
        soup = BeautifulSoup(html.text.encode("utf-8"))

        #通过正则表达式匹配评论和评分
        for item in
```

```
soup.find_all(name='span',attrs={'class':re.compile(r'^allstar')}):
            sentiment.append(StartoSentiment(item['class'][0]))

        for item in soup.find_all(name='p',attrs={'class': ''}):
            if str(item).find('class="pl"') < 0:
                r = str(item.string).strip()
                reviews.append(r)

        urlnumber = urlnumber + 22
        time.sleep(3)

    with codecs.open(outfile, 'w', 'utf-8') as output:
        for i in range(len(sentiment)):
            output.write(reviews[i] + '\t' + str(sentiment[i]) + '\n')
    return (reviews, sentiment)
```

2. SentimentAnalysis.py 文件

SentimentAnalysis.py 文件为主程序文件，其包含的函数功能如下：

（1）PlotPie()函数：该函数的主要功能是画图，包括设置画饼状图的流程和参数。

（2）main()函数：该函数为执行函数，规定了程序执行的流程和逻辑。

```
#!/usr/bin/python
# -*- coding: utf-8 -*-

import ReviewCollection
from snownlp import SnowNLP
from matplotlib import pyplot as plt

#画饼状图
def PlotPie(ratio, labels, colors):
    plt.figure(figsize=(6, 8))
    explode = (0.05,0)

    patches,l_text,p_text =
plt.pie(ratio,explode=explode,labels=labels,colors=colors,
                        labeldistance=1.1,autopct='%3.1f%%',shadow=False,
                        startangle=90,pctdistance=0.6)

    plt.axis('equal')
    plt.legend()
    plt.show()

def main():
    #初始 url，加勒比海盗 5 的链接
    url = 'https://movie.douban.com/subject/6311303/'
    #保存评论文件
```

```python
outfile = 'review.txt'
(reviews, sentiment) = ReviewCollection.CollectReivew(url, 100, outfile)
numOfRevs = len(sentiment)
#print(numOfRevs, len(sentiment))
positive = 0.0
negative = 0.0
accuracy = 0.0
#利用 snownlp 逐条分析每条评论的情感
for i in range(numOfRevs):
    sent = SnowNLP(reviews[i])
    predict = sent.sentiments
    if predict >= 0.5:
        positive += 1
        if sentiment[i] == 1:
            accuracy += 1
    else:
        negative += 1
        if sentiment[i] == 0:
            accuracy += 1
#计算情感分析的精度
print('情感预测精度为: ' + str(accuracy/numOfRevs))

#绘制饼状图
#定义饼状图的标签
labels = ['Positive Reviews', 'Negetive Reviews']
#每个标签占的百分比
ratio = [positive/numOfRevs, negative/numOfRevs]
colors = ['red','yellowgreen']
PlotPie(ratio, labels, colors)

if __name__=="__main__":
    main()
```

20.6 项目测试

在编辑器中写好以上模块内容后保存。下面将测试豆瓣电影评论的情感分析过程。

运行本示例的主程序文件 SentimentAnalysis.py，开始爬取网页内容并做分析操作，如图 20-8 所示。

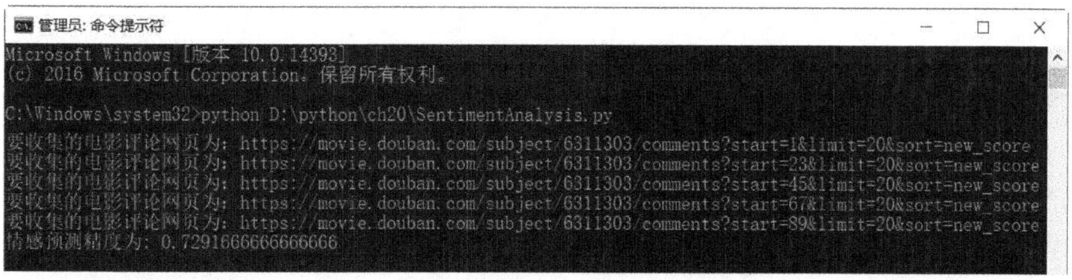

图 20-8　爬取网页内容并做分析操作

分析完成后，将自动生成一个情感分析的饼状图，如图 20-9 所示。

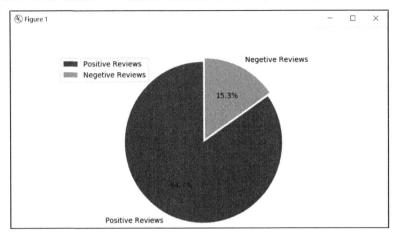

图 20-9　情感分析的饼状图

第21章 大数据分析应用——开发数据智能分类系统

 内容导航 | Navigation

目前，大数据分析的应用已非常广泛。处理大数据的算法有很多种，其中 K-Means 是常使用的一种，该算法的特点是简单、好理解、运算速度快，适用于处理大规模数据。本章将学习如何使用 Python 语言实现 K-Means 算法分析，并将结果生成可视化的图。

学习目标 | Objective

● 熟悉聚类算法的概念
● 理解 K-Means 算法的作用
● 掌握 pandas 库的下载和安装方法
● 掌握 K-Means 算法的实现方法
● 熟悉智能分类系统的测试方法

21.1　项目分析

在开发任何系统之前，读者都需要了解数据分析中聚类分析的概念。

聚类是数据挖掘领域中重要的技术之一，用于发现数据中未知的分类。聚类分析有很长的研究历史，其重要性已经越来越受到人们的肯定。聚类算法是机器学习、数据挖掘和模式识别等研究方向的重要研究内容之一，在识别数据对象的内在关系方面，具有极其重要的作用。

聚类算法在模式识别中的主要应用是语音识别、字符识别等；在机器学习中的主要应用是图像分割；在图像处理中的主要应用是数据压缩、信息检索。在机器学习中，聚类算法的另一个主要应用是数据挖掘、时空数据库、序列和异常数据分析等。此外，聚类算法还应用于统计科学，同时在生物学、地质学、地理学及市场营销等方面也有着重要的作用。

聚类算法有几十种，其中 K-Means 是聚类算法中的经常使用的一种，该算法的特点是简单、易理解、运算速度快，适用于处理大规模数据。本示例主要是手动实现 K-Means 算法，并将结果可视化。

该项目的运行过程如图 21-1 所示。

图 21-1　项目的运行过程

K-Means 聚类的算法如下：

（1）从所给的数据对象中任意选择 k 个对象作为初始聚类中心（本示例选取三个对象）。

（2）对剩下的所有对象，计算每个对象与这 K 个初始聚类中心的距离，根据设置好的阈值进行分类。

（3）重新计算每个（有变化）聚类的均值，取得新的聚类中心点。

（4）循环（2）和（3）直到每个聚类不再发生变化为止。

21.2　配置环境

本书的第 1 章已经讲述了 Python 环境的配置方法，这里就不再赘述。唯一不同的是，本项目的运行需要三个第三方库，即 pandas、numpy 和 matplotlib。

下面讲述这三个第三方库的下载与安装。

1. pandas 库

pandas 库提供高性能、易用数据类型和分析工具。用户可以使用 pip 命令安装 pandas 库，方法比较简单。以管理员的身份运行"命令提示符"，执行 pip 安装命令即可：

```
pip install pandas
```

2. numpy 库

numpy 库提供快速、简洁的多维数组语言机制，同时该库还包括操作线性几何、快速傅立叶转换及随机数等。本书在 14.3 节已经详细讲述了该库的安装方法，这里不再重述。

3. matplotlib 库

本书在 20.4 节中已经详细讲述了 matplotlib 库的安装方法，这里不再赘述。

21.3　具体功能实现

该示例只有两个文件：IRIS.csv 和 Kmeans.py，下面分别介绍这两个文件。

1. IRIS.csv 文件

IRIS.csv 是本示例中将要分析的数据文件。

2. Kmeans.py 文件

Kmeans.py 为本示例的功能分析主程序，其包含的函数功能如下：

（1）LoadData()函数：该函数调用 pandas 中的方法，解析所要分析的文件，获得标签（类别）和数据。

在此函数中，根据数据的类别不同，进行一次数据可视化，可与项目最后的数据可视化做一个对比。简单起见，此处的可视化只选择特征维度中的两个维度。

（2）EuclidDistance()函数：该函数的主要功能是计算欧几里得距离。

（3）CosineDistance()函数：该函数的主要功能是计算余弦相似度距离。

（4）RandomCentroid()函数：该函数的主要功能是随机生成初始的聚类中心，返回值为聚类中心的数组。

（5）KMeans()函数：该函数的主要功能是实现 Kmeans 聚类方法，返回值为聚类中心和相应的聚类对象。

（6）VisulizeResult()函数：该函数的主要功能是实现数据结果的可视化，结果为一个反映数据聚类情况的图表。

（7）Main()函数：该函数定义了本程序的执行流程和逻辑顺序。

Kmeans.py 文件的代码如下：

```python
#!/usr/bin/python
# -*- coding: utf-8 -*-

import random
import pandas
import matplotlib.pyplot as plt
import numpy as np

def LoadData(filename):
    # 使用 pandas 解析 csv 文件
    csv_data = pandas.read_csv(filename, header=None)
    csv_index = csv_data.columns.tolist()
    label = csv_data[csv_index[-1]].as_matrix()
    data = csv_data[csv_index[:-1]].as_matrix()
    label_index = csv_data[csv_index[-1]].value_counts().index.tolist()

    # 根据数据的类别不同，进行数据可视化
    # 简单起见，我们只选择特征维度中的两个维度进行可视化
    groups = csv_data.groupby(csv_index[-1])
    fig, ax = plt.subplots()
    for name, group in groups:
        ax.plot(group[csv_index[0]], group[csv_index[4]], marker='o',
linestyle='', ms=12, label=name)
```

```python
        plt.show()

        return (data, label)

    def EuclidDistance(vec1, vec2):
        # 计算欧几里得距离
        return np.sqrt(sum((vec1 - vec2)**2))

    def CosineDistance(vec1, vec2):
        # 计算余弦相似度距离
        sumxx, sumxy, sumyy = 0, 0, 0
        for i in range(len(vec1)):
            x = vec1[i]
            y = vec2[i]
            sumxx += x*x
            sumyy += y*y
            sumxy += x*y
        return sumxy/np.sqrt(sumxx*sumyy)

    def RandomCentroid(data, k):
        # 随机生成初始的聚类中心
        centroids = []
        rand_index = random.sample(range(100), k)
        for i in rand_index:
            centroids.append(data[i,:])
        return np.array(centroids)

    def KMeans(data, k, distancemeansure=EuclidDistance,
centroidselection=RandomCentroid):
        # KMeans 聚类方法实现
        (m, n) = data.shape
        # 保存聚类结果
        clusters = np.zeros(shape=(m, 2))
        centroids = centroidselection(data, k)
        # 标记聚类结果是否发生变化
        clusterChanged = True
        # 迭代进行聚类操作，直到每个数据点的类别不再发生变化
        while clusterChanged:
            clusterChanged = False

            # 记录每次分布聚类后，每个类别的数据个数及特征总和
            # 用以重新计算 centroid
            sumdata = np.zeros(shape=(k, n))
            sumpoint = np.zeros(shape=(k, 1))
```

```
            for i in range(m):
            # 对每个数据点进行类别分配
                minDist = float('inf')
                minIndex = -1
                for j in range(k):
                # 给定一个数据点，计算该数据点与每个 centroid 的距离
                    dist = distancemeansure(centroids[j,:],data[i,:])
                    if dist < minDist:
                        minDist = dist
                        minIndex = j
                if clusters[i,0] != minIndex:
                    clusterChanged = True
                clusters[i,:] = minIndex,minDist
                sumdata[minIndex,:] += data[i,:]
                sumpoint[minIndex,:] += 1


            # 根据分配的类别，重新计算 centroid
            for center in range(k):
                centroids[center,:] = sumdata[center,:]/sumpoint[center,:]


    return (centroids, clusters)


def VisulizeResult(data, k, centroids, clusters, dimension):
    (m, n) = data.shape
    # 简单起见，只选择特征维度中的两个维度进行可视化
    (dim1, dim2) = dimension
    mark = ['or', 'ob', 'og', 'ok', '^r', '+r']
    # 根据聚类结果，画出每个数据所属的类别，用不同的颜色 (符号) 标识
    for i in range(m):
        markIndex = int(clusters[i, 0])
        plt.plot(data[i, dim1], data[i, dim2], mark[markIndex])
    mark = ['Dr', 'Db', 'Dg', 'Dk', '^b', '+b']
    # 根据聚类结果，画出 KMeans 方法收敛时，聚类中心所在的位置，用不同的颜色 (符号) 标识
    for i in range(k):
        plt.plot(centroids[i, dim1], centroids[i, dim2], mark[i],
markersize=10)
    plt.show()


def main():
    # 使用经典数据及 iris 数据进行测试
    (data, label) = LoadData('IRIS.csv')
    centroids, clusters=KMeans(data, 3)
    VisulizeResult(data, 3, centroids, clusters, (0, 2))


if __name__ == '__main__':
```

```
main()
```

21.4 项目测试

在编辑器中写好以上模块内容后保存。下面将继续测试 K-Means 算法是如何实现的。

运行本示例的程序文件 Kmeans.py，结果显示的是没有采用 Kmeans 聚类方法的可视化效果，如图 21-2 所示。

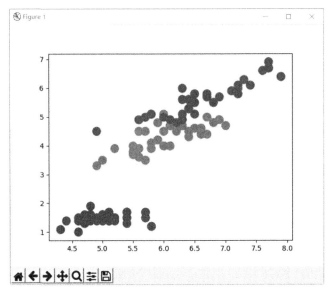

图 21-2　没有采用 Kmeans 聚类方法的可视化效果

关闭图 21-2 所示的窗口后，将会显示采用 Kmeans 聚类方法的可视化效果，如图 21-3 所示。

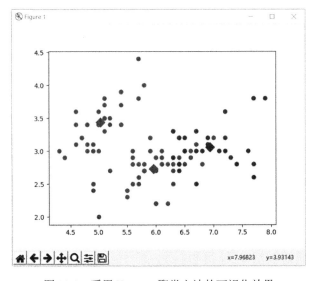

图 21-3　采用 Kmeans 聚类方法的可视化效果

在本示例中，由于 KMeans 默认是随机初始化的，因此每次得到的结果会不一样。当再次运行本示例时，发现没有采用 Kmeans 聚类方法的可视化效果并没有改变，如图 21-4 所示。

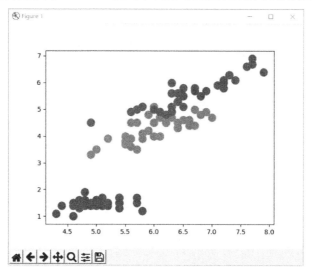

图 21-4　再次查看没有采用 Kmeans 聚类方法的可视化效果

关闭图 21-4 后，将会显示采用 Kmeans 聚类方法的可视化效果，如图 21-5 所示。从结果可以知道，可视化效果中的颜色（参考下载包中相应的图片）发生了变化。

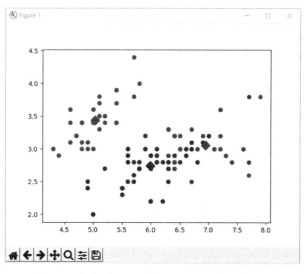

图 21-5　采用 Kmeans 聚类方法的可视化效果

第22章　数据挖掘应用——话题模型和词云可视化

内容导航！Navigation

随着大数据信息时代的到来，大量的文本数据给分析带来了困难，从而产生了对话模型算法，用于数据挖掘，从而找出有价值的信息，然后通过词云可视化，更加直观地查看数据规律。通过该案例的学习，强化读者对 Python 基础知识的理解，加深文本数据分析中的话题模型理论和词云可视化的理解。

学习目标！Objective

- 熟悉对话模型的概念
- 理解生成词云图的算法
- 掌握 jieba 库的下载和安装方法
- 掌握 gensim 库的下载和安装方法
- 掌握 wordcloud 库的下载和安装方法
- 掌握话题模型和词云化的实现方法
- 熟悉话题模型和词云化的测试方法

22.1　项目分析

随着信息时代的到来，数据产生的速度越来越快，大量的文本数据也给人类的分析带来困难。然而，这些大量文本数据的背后，其实蕴藏着丰富的价值，却还未被我们挖掘出来。为了挖掘这些大量文本数据背后的价值，人们想尽办法，采取各种手段，其中主题模型算法是文本处理与数据挖掘中一个非常重要的方法，它可以有效地从文本语义中提取主题信息。目前，主题模型已经被广泛地应用于文本分析领域，并且它还可以通过可视化，从视觉方面有效地传达主题信息。

本章通过开发一个话题模型+词云可视化的示例学习这种文本分析的方法。其中，词云以词语为基本单位，可以更加直观和艺术化地展示文本。

该项目的运行过程如图 22-1 所示。

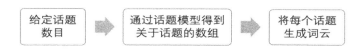

图 22-1　项目的运行过程

其具体算法如下：

（1）对要分析的文本进行预处理，得到一个处理过的词组成的文档。

（2）利用 gensim 将载入的文本文件构造成词-词频（term-frequency）矩阵。

（3）将词频（term-frequency）矩阵作为输入，利用 LDA 进行话题分析。

（4）利用词云工具 wordcloud 为每个话题生成词云。

22.2　配置环境

本书的第 1 章已经讲述了 Python 环境的配置方法，这里就不再重述。唯一不同的是，本项目的运行需要 4 个第三方库，即 jieba、matplotlib、gensim 和 wordcloud。

下面讲述这 4 个第三方库的下载和安装方法。

1. jieba 库

jieba 库是一个分词库，对中文有着强大的分词能力。

用户可以使用 pip 命令来安装 jieba 库，方法比较简单。以管理员的身份运行"命令提示符"，执行 pip 安装命令：

```
pip install jieba
```

开始自动下载并安装 jieba 库，执行过程如图 22-2 所示。

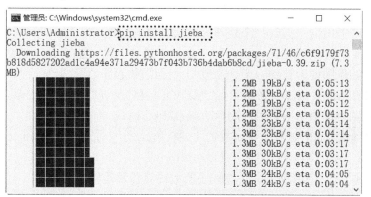

图 22-2　安装 jieba 库

2. matplotlib 库

本书在 20.4 节中已详细讲述了 matplotlib 库的安装方法，这里不再赘述。

3. gensim 库

gensim 库是一个自然语言处理库，能够将文档根据 TF-IDF、LDA、LSI 等模型转化为向量模式，以便进行深入处理。此外，gensim 库还实现了 word2vec 功能，能够将单词转化为词向量。

用户可以使用 pip 命令安装 gensim 库，方法比较简单。以管理员的身份运行"命令提示符"，执行 pip 安装命令即可：

```
pip install gensim
```

4. wordcloud 库

wordcloud 库的主要功能是生成词云图。词云图可以更加直观和艺术化地展示文本。

用户可以使用 pip 命令安装 wordcloud 库，方法比较简单。以管理员的身份运行"命令提示符"，执行 pip 安装命令即可：

```
pip install wordcloud
```

22.3　具体功能实现

本示例包含 10 个文本文件即 1.txt~10.txt，停用词列表 stopwords.txt 及汉字字体文件 simsun.ttc。其中，10 个文本文件（1.txt~10.txt）是将要分析的文本文件。

该示例只有一个程序文件 LDA.py，其包含的函数功能如下：

（1）SentenceSegmentation()函数：该函数的主要功能是给定一段文本，将文本按照句号、问号、感叹号、换行符进行分割，得到一个分割后的句子组成的数组。

（2）LoadStopWords()函数：该函数的主要功能是载入停用词文件，得到一个停用词的集合。

（3）WordSegmentation()函数：该函数的主要功能是利用 jieba 分词工具进行词分割，同时过滤掉文本中的停用词，得到一个处理过的词组成的数组。

（4）GenDocument()函数：该函数的主要功能是读入给定的文档，将文本进行预处理，同时去除文本中的停用词，得到一个处理过的词组成的文档。

（5）TopicModeling()函数：该函数的主要功能是将读入的文本利用话题模型 LDA 进行处理，得出每个话题及每个话题中对应的概率最高的词。

（6）GenWordCloud()函数：该函数的主要功能是利用词云工具 wordcloud 为每个话题生成词云。

（7）main()函数：该函数定义了本程序的运行流程及逻辑顺序。

LDA.py 文件的代码如下：

```
#! /usr/bin/env python3
# -*- coding: utf-8 -*-

import re
import jieba
```

```python
import gensim
from gensim import corpora, models
from wordcloud import WordCloud
import matplotlib.pyplot as plt

def SentenceSegmentation(text):
    """
    给定一段文本，将文本分割成若干句子
    这里简单使用句号、问号、感叹号及换行符进行分割
    """
    sentences = re.split(u'[\n。？！]', text)
    sentences = [sent for sent in sentences if len(sent) > 0]  # 去除只包含\n
或空白符的句子
    return sentences

def LoadStopWords(stopfile):
    """
    载入停用词文件
    """
    stop words = set() # 保存停用词集合
    fin = open(stopfile, 'r', encoding='utf-8', errors='ignore')
    for word in fin.readlines():
        stop words.add(word.strip())
    fin.close()
    return stop words

def WordSegmentation(text, stop words):
    """
    利用jieba分词工具进行词分割
    同时过滤掉文本中的停用词
    """
    jieba list = jieba.cut(text)
    word list = []
    for word in jieba list:
        if word not in stop words:
            word list.append(word)
    return word list

def GenDocument(filename):
    """
    读入给定的文档，将文本进行预处理
    去除停用词
    """
    document = []
    fin = open(filename, 'r', encoding='utf-8', errors='ignore')
    sentences = []
    for line in fin.readlines():
        sentences.append(line.strip())
    fin.close()

    stop words = LoadStopWords('stopwords.txt')

    for sent in sentences:
        results = jieba.cut(sent.strip())
        for item in results:
            if (not item in stop words) and (not len(item.strip()) == 0):
                document.append(item)
```

```
            return document

    def TopicModeling(n):
        """
        将读入的文本利用话题模型 LDA 进行处理
        得出每个话题及每个话题中对应的概率最高的词
        """
        texts = []
        for i in range(10):
            doc = GenDocument(str(i + 1) + '.txt')
            texts.append(doc)

        #利用 gensim 将载入的文本文件构造成词-词频(term-frequency)矩阵
        dictionary = corpora.Dictionary(texts)
        corpus = [dictionary.doc2bow(text) for text in texts]
        #将词题（term-frequency）矩阵作为输入，利用 LDA 进行话题分析
        lda = gensim.models.ldamodel.LdaModel(corpus, num topics=n, id2word =
dictionary, passes=20)

        topics = []
        for tid in range(n):
            wordDict = {}
            #选出每个话题中具有代表性的前 15 个词
            topicterms = lda.show topic(tid, topn=15)
            for item in topicterms:
                (w, p) = item
                #由于 LDA 保留的每个词属于该话题的概率值 p
                #该概率值本身较小，这里为了方便可视化，将概率 p 进一步放大
                wordDict[w] = (p*100)**2
            topics.append(wordDict)
        return topics

    def GenWordCloud(wordDict):
        """
        利用词云工具 Word Cloud 为每个话题生成词云
        """
        #由于原始 WordCloud 不支持中文，这里需要载入中文字体文件 simsun.ttc
        cloud = WordCloud(font path='simsun.ttc', background color='white',
max words=300, max font size=40, random state=42)
        wordcloud = cloud.generate from frequencies(wordDict)
        plt.figure()
        plt.imshow(wordcloud, interpolation="bilinear")
        plt.axis("off")
        plt.show()

    def main():
        #设置话题数目为 3
        numOfTopics = 3
        topics = TopicModeling(numOfTopics)
        for i in range(numOfTopics):
            GenWordCloud(topics[i])

    main()
```

22.4　项目测试

本项目模块内容完成后，下面将继续测试话题模型和词云可视化程序。

由于本示例设置的话题数目为三个，因此运行 LDA.py 文件后，即可得到三张词云图片，如图 22-3~图 22-5 所示。

图 22-3　第一个话题的词云图　　　　　　　图 22-4　第二个话题的词云图

图 22-5　第三个话题的词云图